新现代化译丛

科学与现代性
——整体科学理论

〔克罗地亚〕斯尔丹·勒拉斯 著
严忠志 译

商务印书馆
2011年·北京

Srdan Lelas
SCIENCE AND MODERNITY
Toward an Integral Theory of Science
© Kluwer Academic Publishers, 2000
根据荷兰克鲁维尔学术出版社 2000 年版译出

《新现代化译丛》编委会

主　编：郭传杰

编　委：（按姓氏笔画排列）

丁元竹	于维栋	马　诚	任玉岭	刘洪海
朱庆芳	许　平	杜占元	何传启	何鸣鸿
吴述尧	张　凤	李志刚	李泊溪	李晓西
李继星	杨宜勇	杨重光	邹力行	陈　丹
陈永申	陈争平	武夷山	胡伟略	胡志坚
郗小林	郭传杰	陶宗宝	董正华	谢文蕙
裘元伦	潘教峰			

秘书处：中国科学院中国现代化研究中心科学传播部

目　录

前言 ··· 1
鸣谢 ··· 5

第一编　神的科学

第一章　神的知识 ··· 3
  1. 疏离、自主、共存 ··· 5
  2. 知识：思维与存在的同一性 ······························ 11
  3. 知识：净化 ·· 16
  4. 知识：自我中心说 ··· 19
  5. 合理性 ··· 21

第二章　第一种代用品：理想的语言 ························· 26
  1. 科学逻辑 ·· 29
  2. 逻辑主义与净化 ··· 35
  3. 经验主义与主体的作用 ·································· 40
  4. 工具论 ··· 45

第三章　第二个替代物：客观知识 ····························· 50
  1. 本体论要素 ··· 54
  2. 语义要素 ·· 59
  3. 认识要素 ·· 63

4. 语用退避和宇宙语言 …………………………………… 67

第二编 世俗的科学

第四章 自然化的知识 ………………………………………… 77
    1. 自然主义转向 …………………………………………… 79
    2. 经过重新审视的知识 …………………………………… 87
    3. 科学的科学 ……………………………………………… 94

第五章 生物综合 …………………………………………… 102
    1. 生命 ……………………………………………………… 104
    2. 封闭的选择开放性与认知 ……………………………… 115
    3. 生存方式 ………………………………………………… 123

第六章 进化 ………………………………………………… 127
    1. 古典达尔文主义 ………………………………………… 129
    2. 现代达尔文主义 ………………………………………… 134
    3. 受体和效应器 …………………………………………… 138
    4. 进化论启迪 ……………………………………………… 147

第三编 人的科学

第七章 人类 ………………………………………………… 155
    1. 作为早产哺乳动物的人类 ……………………………… 157
    2. 作为发育迟缓的哺乳动物的人类 ……………………… 160
    3. 作为非特化哺乳动物的人类 …………………………… 163
    4. 闭合开放的活动场所 …………………………………… 166

第八章 神经综合 …………………………………………… 182
    1. 神经系统 ………………………………………………… 183

2. 人的神经系统和身体的重要性 ………………… 191
  3. 人类神经系统的不完善性 ……………………… 202
第九章 技术综合 …………………………………………… 209
  1. 工具观 …………………………………………… 211
  2. 宇宙观 …………………………………………… 214
  3. 它创生 …………………………………………… 220
  4. 技术理性 ………………………………………… 228
第十章 语言综合 …………………………………………… 236
  1. 命名和描述 ……………………………………… 237
  2. 构造 ……………………………………………… 241
  3. 实施 ……………………………………………… 246
  4. 创造 ……………………………………………… 250
  5. 模糊性 …………………………………………… 253
  6. 控制性隐喻 ……………………………………… 258
  7. 闭合 ……………………………………………… 265

第四编 现代科学

第十一章 科学与现代性 …………………………………… 275
  1. 人类的自创生方式 ……………………………… 276
  2. 城镇革命与科学的兴起 ………………………… 282
  3. 古代技术与现代技术 …………………………… 288
  4. 现代性 …………………………………………… 297
  5. 理性的经济人 …………………………………… 304
  6. 科学与现代性 …………………………………… 310

第十二章　现代科学:实验 ······················ 316
　　1. 理论与实验 ···························· 317
　　2. 观察 ·································· 325
　　3. 宏观实验 ······························ 331
　　4. 微观实验 ······························ 339
　　5. 自然的与人造的 ······················· 347

第十三章　现代科学:语言 ······················ 357
　　1. 发现与概括性 ························· 361
　　2. 描述与复制 ···························· 364
　　3. 解释与分层 ···························· 372
　　4. 理论、决定与实在 ····················· 389

第十四章　现代科学:社会综合 ·················· 395
　　1. 个人知识和个人知识的输入 ············ 397
　　2. 科学知识社会学中的强势计划 ·········· 408
　　3. 公共知识与积淀 ······················· 418

后　　记

第十五章　科学与现代性的终结 ················· 429

参考文献 ··· 444
索引 ·· 449

前　言

　　现代科学已经成为一种基本力量，与其他几种力量一起，影响当代生活，确定人类的未来走向。鉴于这一点，人们从各个角度对科学这一现象进行充分研究就不足为奇了。如果我们纵观从哲学和科学两个方面对人类认知进行研究的悠久历史，思考关于科学的卷帙浩繁的当代文献，我们会产生这种感觉：关于这一现象，可以涉及的一切几乎已经被人以某种方法加以阐述。然而，科学难题看来尚待解决，拼图的各个部分仍然无序排列，全面模式依然在暮色中徘徊。此外，从支持科学与反对科学的两大运动之间冲突的角度看，人们现在对这一现象的认识比过去更加缺乏一致性。在人们如今对科学的看法中，唐·伊德（1991年）发现了三个重大缺陷：科学哲学与技术哲学之间的问题、英美传统与欧美传统之间的问题、科学哲学领域中理论派倾向与实践派倾向之间的问题。围绕着这些问题，形成了两大激烈对抗的阵营，近来爆发成为所谓的"科学之战"：一方是理性论者，他们将科学视为确定的理性活动，从中可以撤销作为主体的人；另一方是相对论者，他们将科学视为无法超越其局部语境的作为主体的人形成的偶然社会建构。

　　这场争论涉及的根本问题是科学的合法性问题，实际上涉及科学自身的权利。它包括两个方面：一个方面涉及科学理论与现实之间的关系,另一个方面涉及科学与社会之间的关系。合法性问题的这两个侧面——即认识论侧面和社会侧面——形成了常常对立的两个传统:一个是所谓的"分析"或"英美"传统,另一个是所谓的"阐释"或"欧陆"传统。前者试图证明科学有理,后者要去掉科学的神话色彩。这两派形成了许多有用的洞见,但是,两派所持的基本态度都值得商榷,都没有使科学的价值充分发挥出来。结果,关心这场辩论的科学工作者不知所措,一般公众困惑不解,人们对科学的信任态度大大动摇。这一局面要求我们形成平衡、完整、可以弥补这些缺陷的新方法。

本书拟提出这样的方法。它是很久之前在波士顿开始的一项计划的成果。[1] 该计划侧重研究作为认知主体的人与作为认知对象的自然之间的物质互动。这种互动的一般性质受到生物与环境之间关系的影响,而不是受到心智与意向客体之间关系的影响。所以,合情合理的做法是,采纳自然主义的观点,这就是说,去关注生物学就这种互动所提出的论述。就人类社会的情况而言,这种相互作用通过文化的媒介作用来实现,随着历史的变迁而变化;与之类似,人们对自然的实际态度和认知态度也在历史变迁中出现变化。正如欧陆传统要求的,我们必须对这一点加以解释。媒介作用的渠道有三种:技术、语言和社会。现代科学也出现在相同的三种媒介之中,当然也出现在个人的心智中。无论以什么方式解释量子力学,解释一般的实验科学,我们都必须涉及实验设备的性质,涉及它与客体之间的相互作用,涉及它在人的认知中所起的作用。这使我们转向技术哲学。鉴

---

[1] 最初的结果见勒拉斯(1983年和1988年)。

于这种相互作用必然是公开形成的,必然是用语言来描述的,对它的分析包括经过详尽研究的传统题目、科学界使用的语言和相关社会关系。在这种情况下,这些做法可望形成一种对科学现象的彻底的无懈可击的描绘。

可能出现的情形是,在这样的描绘中,没有哪一种颜色呈现出最初的样子;不过我希望,我形成的图画是有独创性的,最终得到的结果不是拼凑而成的东西。今天,我们对自然和人类已经有了较好的了解,这使哲学家和科学家能够对限制因素进行系统考察,其中包括生物学方面的限制和历史方面的限制。这样的限制勾勒出人类认知的轮廓,从而也勾勒出现代科学的轮廓。基于我的有限能力和资源,我拟通过提出相反观点的方式来实现这一点。我所反对的人包括:那些认为科学必然建筑在明白无疑、一成不变的普遍基础之上的科学家和哲学家;那些认为可以从日常、普遍的直接经验——或者从基本实践——中从推知科学的科学现象学者;那些相信科学本质上是一种明确的逻辑推论网络的分析哲学家;那些假设能够将认知主体从科学知识中"清除出去"的科学实在论者和哲学实在论者;那些幻想需要理解的科学只有生物学和心理学的自然论者;那些把科学还原为社会话语和社会话语之下兴趣的社会构成主义者。如果我反对所有这些观点,那么,剩下的立场是什么?它如何让我们摆脱用科学论与反科学论之间的不幸对抗?在阅读本书之后,读者会自己找到答案。本书的最后一章也提出作者自己的一家之言。

斯尔丹·勒拉斯

鸣　谢

我在思想上受惠于许多人的帮助。第一位是萨格勒布大学理论物理学教授伊万·苏佩克。苏佩克教授曾经担任维尔纳·海森堡的助手，他不仅让我走进量子力学的奇妙世界，而且还了解了相关问题：量子力学理论的地位、应用量子力学理论引起的社会结果。此外，1976年至1977年，我应R. S. 科恩邀请，在波士顿大学任富布莱特学者。那段时间参与的一些学术活动让我深受启发，其中包括R. S. 科恩和M. 瓦托夫斯基主持的历史认识论方面的研讨会，D. 坎贝尔主持的进化认识论方面的研讨会，以及A. 西蒙尼主持的量子力学阐释方面的研讨会。另外，我后来再次以富布莱特学者的身份，在弗吉尼亚理工学院和弗吉尼亚州立大学工作了1年，受到R. 伯里安和他的同事们的热情帮助，那一段经历让我深受裨益。随后，我在牛津大学沃尔夫森学院从事了为期2个月的集中研究，取得了宝贵的经验。许多同事出席了一年一度的杜布罗夫尼克研讨会，其中的一些人为我写作本书提供了灵感，给予了鼓励和具体帮助，他们是罗姆·哈里、威廉·牛顿-史密斯、凯瑟琳·威尔克斯、吉姆·布朗以及叶连娜·玛姆祖。约翰·施塔赫尔的支持也非常具有价值。我对上述所有同行和机构深表感激。

假如没有我已故妻子雅斯曼娜的爱情和支持，我是不可能完成本书写作的。我还要特别感谢凯瑟琳·威尔克斯,这些年来,她不仅鼓励我,而且花费大量时间阅读了手稿。此外,帮助整理文稿的还有卡琳·弗里曼。

本书有些章节是在以前发表的一些文章的基础上充实而成的,这些刊物包括《比率》(1985年)、《哲学》(1986年)、《国际科学哲学杂志》(1989年)以及《英国科学哲学杂志》(1993年)。这些刊物的编辑和出版者允许我使用相关材料,我在此表示由衷谢意。

第一编 神的科学

第一章　神的知识

现代科学这一现象出现的原因既不是人类的好奇和疑问，也不是人类普遍存在的好问天性的任何其他特征。它在遭到粉碎的信仰中诞生，在对一种特殊历史宗教的与日俱增的怀疑心态中诞生，这种宗教就是基督教。在16世纪和17世纪，出现了一些特殊的历史力量，它们改变了欧洲的精神，对科学的基本结构的形成产生了影响。大约在那个时期，基督教的基本教义和理念首先被文艺复兴时代人士所持的几乎堪称异教的态度弱化，然后被宗教改革运动人士重新审视和定义。哥白尼学说在文艺复兴时期大行其道，把人从宇宙中心的位置上移开，让人在无穷无尽的太空中飘浮，从而使已遭侵蚀的经院哲学的权威面临雪上加霜的窘境。与此同时，哥白尼学说大大提升了人们对自己的认知力量的信心。宗教改革人士质疑宗教善恶观，完全相信对上帝的个人体验，完全相信对《圣经》的个人理解，并且以这样的东西来取代教会的权威和媒介作用，从而将文艺复兴的精神延续下来。于是，基督教信仰失去了独一无二的制度性支撑，接受了对经文的多样阐释，放松了对人们心灵的控制，并且创造了机会，让处于休眠状态的哲学怀疑论和宗教怀疑论得以觉醒和繁荣。

这一系列经过修正的古代怀疑论被当时的动机更新，其目的常常旨在破坏这一可能性：进行连贯一致的可靠的推理活动。于是，有人再次提出，只有信仰和神示才能为真理铺平道路；在伊拉斯谟为天主教提出的辩辞中，在蒙田证明宗教有理的文章中，我们都可以见到这一点。更常见的情况是，怀疑论那时被视为反对形形色色的正统信念的态度，甚至被视为反对任何正统观念的态度，其中包括宗教和哲学方面的正统观念；我们在皮埃尔·培尔的广为流传的文章中可以见到这一点。然而，与保守的对手类似，当时的宗教改革人士也同样表现出强烈的教条主义态度。他们对宗教方面的正统观念的抨击影响很大，（尽管引起了怀疑论）但是并不具有怀疑论性质。第三种势力——即所谓的"自然哲学家"——不得不另辟蹊径，在为信仰辩护的激进怀疑论与打着宗教改革旗号的狂热教条论之间寻找立足之地。

培根、伽利略、笛卡尔和牛顿这四位先行者建树不凡，他们的成就从根本上影响了很快被称为"科学"的这一现象。但是，他们都是虔诚的基督徒，后来的许多自然科学家也概莫能外（默顿，1936年）。他们创建的新科学带着固有的怀疑论，有时候甚至对经院哲学持激烈的反对态度，他们提出的概念模式也是全新的。尽管如此，新科学并未使他们自己与根深蒂固的宗教信念分离开来。现代科学正是在基督教的信念体系之内——而不是在其外——诞生和发展起来的。这意味着，在自然哲学（philosophia naturalis）和基督教神学发展过程之中的某个时期，两者之间形成了一种稳定的内在共存关系；如果两者之间没有出现妥协，这样的共存是不可能出现的。

崭露头角的自然哲学——现代自然科学在那时的名称——给自身订立了双重任务：其一是把知识从教条式僵化状态中挽

救出来；其二是为知识辩护、抵抗怀疑论形成的破坏。换言之，一方面要获得对理性的信任，以便与激进怀疑论对抗；另一方面要在应用理性的过程中保留批判态度，与顽固的教条论对抗。从那之后，自然哲学（philosophia naturalis）取得的巨大成就建筑在对这两者的独一无二的复杂结合的基础之上：批判教条论与积极怀疑论。这一结合独特、复杂，与那时的历史环境非常类似。人类取得的最可靠的知识选择了无法证明的教条论与自行否认的怀疑论之间的中间地带，从最初阶段开始便被怀疑所浸润；人类有史以来形成的最具批判性的态度是建立在信仰的基础之上的。怎么会出现那样的情形呢？

在新时代之初达成的这一妥协在很大程度上影响了现代科学；如果我们不理解它的来龙去脉，我们就难以把握这一现象的本质。不幸的是，科学哲学侧重于科学知识的所谓普遍条件，受到反形而上学狂热的影响，对这一历史事件的关注远远不够。仅仅使用一章篇幅是无法补救这一严重失误的，因此，在本章以下的讨论中，我们只能对这一富有成效的共存现象作一概述。

1. 疏离、自主、共存

有人可能说，就其功利主义伦理而言，现代科学态度与新教改革运动密切相关，例如，默顿（1936年、1938年）就持这一观点。但是，就其反教条论的力量而言，自然哲学（philosophia naturalis）超越了现代基督教之内的任何一个派别，是从古希腊传统和中世纪末期的基督教传统的不同成分中获得意识形态支持和灵感的。那时,自然哲学(philosophia naturalis)修改并且组合了传统因素,以便使它们适应现代精神。它从过去借鉴的最重要的一点是两种真理的信条,即信仰真理和理性真理。伽利略在《致克利斯金娜大公爵夫人的信》中就采纳这一点(伽利略,1898年)。参照这一说法,那时的论者小心翼翼地重新划分了神学与(自然)哲学之间的界线,确立了关于上帝与自然之间的新关系。[1]

在古希腊哲学中,两个不同的自然概念共生:一个是有机观,认为构成自然的万事万物产生于自然内部;另一个是机械观,认为自然根据某种预先设定的构思从外部形成。与之类似,在基督教传统中,我们也可以看到上帝的两个方面以及上帝与自然的关系:内在侧面和超越宇宙的侧面(胡卡斯,1972年)。偶尔也出现其中一个战胜另外一个的情况。例如,在中世纪,上帝主要被奉为创造万事万物的圣父,包括事物、植物、动物、人类;整个自然被视为一种拥有生命的神圣之物,是上帝的子嗣居住的家园。正是上帝的意志赋予了自然和自然界中的生灵存在的理由,让它们在自然中生存繁衍,从而保持与圣父、与世界的其他事物的无与伦比的有机统一性。上帝是世间生物的创造者,作为孩子的父亲,以间接方式在场;而且,上帝也以直接方式在场,根据他知道的人们的命运,关爱和支配自己所创造的一切生灵。此外,上帝让自然拥有他的天恩、意志和意图的符号,因此在上帝与世上的生灵之间,一直存在活跃的交流;人类借助类比和其他方式,可以解释这些符号(福柯,1966年)。

---

[1] 有关不同观点的论述,参见科耶夫(1964年)。

第一章 神的知识

另一方面,在柏拉图传统的处于潜在状态的精神中,人们发现作为造物主的上帝理念:上帝按照在他心里预先存在的构思,从无到有,让万事万物有了时间上的存在,其方式类似于艺术家创作作品的情形。在柏拉图的宇宙论中,demiourgos 的字面意义是"工匠"或者"手艺人",[1] 是具有人格的创造者;他根据永恒的模式,构成在时间上生成变化的世界。他永恒、睿智,是这个转瞬即逝的世界的结构和秩序的动力因,是让无理性的东西获得理性的动因。诺斯替教教徒采纳这个以较低地位神灵的形式出现的理念;在整个文艺复兴时期中,新柏拉图主义者让这一理念发扬光大。根据这个传统,上帝是永恒的,存在于这个转瞬即逝的世界之外,然而又见于这个转瞬即逝的世界之中,这类似于建筑师见于自己设计的建筑中,工匠见于自己制作的物品中。

在"科学革命"之前以及"科学革命"过程之中,有几位论者延续了柏拉图的传统,他们在多年之后被称为自然神论者。自然神论者认为,在最完美的世界被创造出来之后,神灵完全隐身而去;人们只能通过世界的构思来感悟神灵的存在——神灵的存在是隐秘的,但是可以通过表象加以辨别。他被视为创造世界的造物主,是至高无上的建筑者,而不是独一无二的父亲;他构筑宇宙的计划包括一套支配其结构和活力的永恒不变的普遍法则;在创造了世界之后,他身处世界之外,这类似于建筑师与建筑之间的关系。胡卡斯(1972 年,第 15 页)言简意赅地表达了这种对比观:在旧时代,"一个世界机体被生育出来";在新时

---

[1] 在笛卡尔著作中,使用的是拉丁语词汇 artifex;在法语中是 artisan;在英语中是 artificer。

代,"一个世界机械被制造出来"。在新时代,自然在两个方面与某种形式的活动、工作或者成因过程联系起来:其一是动因——或工匠——的活动方式或工作方式,其二是非个人成因产生作用或者形成结果的方式。从根本上说,被视为现代科学之神的正是自然神论者所说的这个"不在场的上帝"。

自然哲学家们认为,神圣建筑师——伽利略常用至高无上的建造者这个说法——的计划由基本原理和基本定律组成;根据这些基本原理和基本定律,世界机器在每个细节上产生作用,以独一无二的方式自行完善,从一种运动状态变为另一种状态。从本质上说,神圣建筑师就是最高立法者。于是,世界不再是被圣父的最高意志统治、受到个体意志支配的生灵组成的聚集体,而是一组要素,而那些要素按照非个人的力学定律起作用的机械力量联系起来。[1] 它是"微粒状态的运动物质",可以根据伽森狄、笛卡尔、牛顿或者博斯科维奇提出的"机械哲学"加以理解。[2] 从父亲到建筑师的变化并非必然意味着,根据这种相似性,自然以一部巨大机器——一台宇宙大钟——形象出现:因为万能的上帝本来可以造出自主存在的机体。然而,工匠或者手艺人可能往往制作无生命的物品,而不是创造有生命的活物。在促成自然世俗化的其他因素的推动之下,上帝概念的变化有助于自然形象的变化,自然最终成为一种没有精神但是具有合

---

[1] 开普勒在 1605 年写给赫尔瓦特·冯·霍恩贝古的信中说,不能将宇宙视为"神造生物的形象(instar divine animalis)",而是视为"大钟的形象(instar horologii)"。

[2] 有关这一点的详细讨论,参见霍尔(1954 年)。

理性、没有生命但是具有活力的自动装置。[1]

犹太教信奉彼岸神灵，这使自然失去了古希腊人认为它拥有的神性和荣耀。自然可能依旧被视为神圣的，不过其条件是，那一属性可以从创造者转移到所创造的事物上。基督徒一直将自然作为上帝的创造物来加以赞美，自然是为他们创造的，所以他们利用自然。但是，他们从来都不将自然神灵化，没有抱着谦恭和崇拜的态度对待自然。胡卡斯（1972年，第9页）说："因此，与非基督教的观念完全不同，在基督教看来，自然不是使人感到恐惧或者供人崇拜的神，而是上帝的一件作品，自然让人叹服、研究和管理。"上帝退出自然，把它交给了人类管理。

上帝从自然中退出，退至疏远的建筑师的地位，自然被降低为机械性制品；无论自然这件制品多么神奇，这都预示了对自然的新的疏离，既脱离了其创造者，也脱离了其使用者。一旦承认能够从自然中解读的不是与个人命运相联系的某种东西，而是机器的抽象蓝图，一旦上帝退入几乎完全超然存在的状态，对人类来说，世界的亲近性也随之消失，世界分裂为各不相同的范围：超念的绝对存在者的范围、被疏离的自然的范围、非自然化的人类的范围。自然中不存在什么精神方面的东西可以供人占用；上帝已经不再通过自然向人类传达信息了。自然的语言不再是人类日常生活的语言，不再是与人类相似的存在物的语言；它是一种理性化、数学化的抽象结构的语言；在这种语言背后是

---

[1] 诚然，在玻意耳看来，宇宙机械非常复杂，需要得到神灵的不断监管；牛顿认为，宇宙机械不时还需要维修；笛卡尔认为，宇宙机械需要不断再造。但是，在他们的科学体系中，上帝的干预并未起到什么恰当作用。

现代形而上学的同样理性化的抽象的绝对存在者。

这种疏离是朝向历史妥协的最重要的第一步，是自然自主性的先决条件，因而也是具有自主性的自然科学可能存在的先决条件。从历史和"逻辑"角度看，它的出现先于现代科学，因而不可能是现代科学的结果。其原因在于，只有在观点改变之后，只有将作为自然的内在动因的上帝从自然中抽离出来之后，只有上帝成为根本的理性设计者，不再干涉他自己创造的东西之后，人们才有可能将自然视为出自至高无上的存在者之手的自主之物。我们赞美它，但是我们必须独立地——这就是说，以独立于神学的方式——研究它，将它作为上帝的完美性的一种表达形式。这为自主性，为自然哲学（philosophia naturalis）的新完整性提供了追求已久、不可或缺的基础。伴随这一变化，世俗化的自然不再是宗教诠释学的论题，而是成为供人以客观方式——这就是说，在它自身的基础上——加以研究的对象。于是，研究自然的科学获得设计方式的权利，去理解和研究自然的实质。

新科学承认绝对存在者的地位，当时被视为通往上帝的一条补充途径，自然哲学的自主性和世俗性最初并未引起任何问题。新科学进行探索的目的并不是对该现象——即对宇宙机器的外观——进行描述，而是要寻找该现象依赖的、由至高无上的创造者在创造时制定的基本原则和公理，所以新科学被视为有助于理解绝对存在者的东西。那时的人相信，新科学通过了解宇宙的神圣蓝图的伟大性和完美性，通过显示自然体现的神圣精神的力量，从而增强人们对上帝、对上帝的神圣荣耀的信仰。培根说：在自然哲学中，人们"通过事物的表现"理解上帝，"自然哲学是根据上帝旨意行事的,是对抗迷信的最有效的良药,是备受推荐的培养信仰的有益之物,所以自然哲学被理所当然地给予了宗教,作为宗教的最忠诚的仆人,因为在这两者中,一个显示上帝的意志,另一个显示上帝的力量。"(《新工具》,第一卷,第LXXXIX页)牛顿也写道:"我们只能通过他对事物、对终极原因的最睿智、最杰出的设计来认识他;我们佩服他的完美,然而我们因为他的统治而尊崇和崇拜他……上帝拥有这样的特征,根据事物的表象来言说上帝的做法肯定属于自然哲学探讨的范围"(塞耶,1953年,第44—45页)。新科学与神学之间的和平共存关系非常稳固,在19世纪中叶之前有能力面对任何挑战。

2. 知识:思维与存在的同一性

自然哲学得到确保的自主性源于其对象的自主性和绝对存在者的超越性,为新科学精神存在净化了氛围。但是,至高无上的智性创造了世界这一信念给新精神提供了基本的本体论假定,即世界在本质上是合理的。除了将世界视为机器之外,那时的大多数思想家还将世界视为一种完美的逻辑体系;在这个逻辑体系中,活动依据基本规律出现,这类似于从基本前提得到结论的情形。这一假定在现代精神中根深蒂固,即便现代最成功的理论量子力学的统计学性质也几乎没有从中发现什么破绽。与量子力学问世之时的情形相比,如今的物理学家更接近信奉理性主义的爱因斯坦,与信奉存在论的玻尔渐行渐远。

当然,该假定也使人产生这一期望:人类借助逻辑推论能力,有可能探索自然的真正结构。但是,我们所描述的这些变化并未揭示人类认知的可能性和性质的任何东西;为了形成新的认识论框架,我们必须考虑基督教的另外两个信条。第一个是作为绝对完美存在者的上帝。牛顿在这段话中表达了这个常见的观点:"太阳、行星和彗星组成了这个完美无缺的系统,它只能是一位具有智性、具有力量的存在者的计划和控制的产物……至高无上的上帝是永恒、无限、绝对完美的存在者……他是永恒的、无限的、全能的、无所不在的;这就是说,他的持久性从永恒到永恒;他的在场从无限到无限;他掌管万事万物,洞悉已经存在和可能存在的万事万物"(塞耶,1954年,第43页)。[1]

这位完美无缺的存在者拥有完美的认识,这位全能的、无所不在的存在者体现的创造性和认知必然是一致的。这意味着,上帝在无需思考的状态下就知道他所创造的世界。在教义所规定的关于神的知识中,创造力和所创造的世界仅仅是一个行为的两个方面,思维、意志和存在者在绝对事物的同一性中稳固地统一起来。思维所及变为存在,存在的东西一直位于上帝的心灵和意志之中。完美性意味着同一性。这种同一性是神的必然知识所具有的绝对确定性的唯一保证和最基本的根据。其原因在于,只有在同一性中,才不可能出现对思维与存在之间的充分性或对应性的任何怀疑。上帝不可能想到怀疑;怀疑是上帝放

---

[1] 不过,神的这种全能性却有不可思议的局限性。除非笛卡尔感觉到矛盾性,否则他绝不会考虑上帝不可能实现的东西。上帝是不可能造出一个具有矛盾的世界的。

第一章 神的知识

进入人的头脑中的某种东西。因此,这种作为同一性的明白无疑的绝对知识是没有时间限制的、永远不变的、超自然的、超人类的。

那么,这与人类有什么关系呢?为了反驳他本人曾经大加倡导的激进怀疑论,为了揭示——或者说甚至确定——完全确定的人类知识的可能性,笛卡尔觉得,必须求助于完美无缺者的存在。但是,必须首先确保"人"的特殊地位,这就是说,确保人与上帝之间的独一无二的关系。其原因在于,只要引用《创世记》中的第一条命令就足以说明问题:"上帝说,'我们要照着我们的形象,按照我们的样式造人,使他们管理海里的鱼、空中的鸟、地上的牲畜和所有土地,管理地上爬行的一切动物……'上帝又对他们说,'要生养众多,遍满地面,治理大地。'"这条命令的意思通常被解释为:上帝的超越现世的完美性并非人力所及,人在时空两个方面都是有限的,在行动和认识两个方面力量也是有限的;尽管如此,人和上帝在这一点上具有相似性:两者都拥有理性。那时的人常常说,理性是神的心智的有限摹本,是"上帝的闪光"。理性作为对论证、证据和普遍逻辑的场所的冷静思考,使人在宇宙之中居于超乎寻常的地位,确保人参与对神圣知识的领悟。

笛卡尔接着论证说,一旦上帝让自己最珍爱的创造物——人——获得他自己拥有的部分神性,上帝是不可能改弦更张的。上帝不可能在让人拥有最强大的工具——与他自己的智性类似的某种东西——之后,仍旧让人面对被欺骗的可能性。诚然,从本质上看,人是具有两面性的生灵;理性这一神圣天赋与受到尘世束缚的肉身融为一体。人是世俗生灵,然而又是唯一拥有上帝般能力的生灵；人终有一死，然而又是永恒的，既关注今生，又关注来世，既地位低微，又享有特权，具有认知和怀疑的能力，具有辨识真伪的能力。作为有形的世俗生灵，人不可能排除产生种种偏见、误解和幻想之虞；理性可能并且通常被人滥用，或者完全处于不活跃状态。[1] 但是，至少从原则上看，作为一种享有特权、拥有理性的神圣生灵，人也拥有认识真理的能力。从本体论角度看，在哥白尼之后，"人"已经脱离了宇宙的核心地位；从认识论角度看，在笛卡尔之后，人仍然身处其中。

在基督教哲学传统中，所有这些学说存在了很长时间，但是怀疑论却引起了某些新的回应。有人试图说明，人们并未珍视这种神圣天赋、珍视这种宝贵能力，并未以恰当方式加以运用。理性处在人体之中，与其他世俗能力混在一起，常常迷失在毫无结果的思辨之中，要么被滥用于政治目的，要么根本没有得到运用。然而，人们那时相信，如果人以恰当方式使用神圣智性的这一有限但并不完美的摹本，人就有可能希望分享神圣知识；只要人们分享神圣知识，他们就可能获得明白无疑的真理。伽利略（1898年，第VII卷，第128页）写道："人的智慧理解某些陈述，将它们视为完整的，认为它们像自然一样，具有确定性。数学领域中的情况就是如此，首先是在几何和算术中。上帝的智慧知道所有的陈述，因此以无限方式知道数学领域中的许多陈述。但是我认为，人对为数不多的某些事物——人的能力可以涉及的东西——的知识可以与神的知识媲美；在它们处于最高层面

---

[1] 原因何在？这个引起争论的问题涉及范围更大、引起更多争论的问题：关于罪恶的问题。

第一章 神的知识

的必然性被人理解的情况下,这种知识具有客观确定性。"在关于几何和算术的"为数不多的"陈述中,思维与存在的同一性得以形成;在这种情况下,人的知识与神的知识相遇,上帝展示了对理性的恰当运用。

完美的存在者具有作为同一性的神圣知识,这个概念在时间长河中所起的作用表现在两个方面:其一,在人们头脑中保持一种意识,即这样的知识是存在的;其二,为人们的认知尝试提供标准、方向和动机。将享有特权的地位赋予人的做法巩固了这一期望:人们可以透过表象,解读神制订的宇宙计划,从而见证神的智性所具有的力量和荣耀。它养成了这一信念:真理是清楚明白的,在现象中将自身显现出来,是人们可以认知的;那时的人认为,这一信念可以抵消极端怀疑论造成的影响。此外,那时的人还认为,一旦人确实认识了自己,将它视为真理,人就可以获得与上帝的统一性。

这些信念不仅在人的认知活动中起到调节原则和支撑原则的作用,而且还对认知活动提出了明确要求;它们构建了研究自然的具体方法。正如某些论者所述,新科学的目标是:在人们的头脑中理解和复制神的计划——正是根据神的计划,宇宙得以创造和继续运转。这样的目标要求人努力采取神灵般的来世姿态,以现代天体力学所示范的方式,让自己从尘世中摆脱出来。在这种情况下,数学物理学成为整个科学的范式。在数学物理学中,人们可以领悟恰当运用人的理性的规范。这就是哲学的使命,至少康德持这样的观点:考虑到数学物理学的存在,探索并且评价运用理性的正确方式。于是,形成这个理念:将普遍的科学方法视为恰当运用神的禀赋的方法,以便获得思维与存在之间的神的同一性。

3. 知识:净化

所谓的"普遍的科学方法"是什么呢？这一方法的第一基本要素研究人性的模糊性,研究作为自然与神灵的独一无二的混合物的人性的两极性。基督教传统要求所有准备皈依的人进行忏悔,净化心灵;这一方法的第一要素——在获得神的知识道路上迈出的第一步——必须是净化;人必须陶冶自己,排除可能阻碍认识神的真理的全部肉体特征或精神特征。世俗的人陷于不可靠的、昙花一现的肉体之中,受到尘世生活的局限,被现世的情欲、迷信、偏见、误解和信条所累,是不可能达到神的精神境界的;在神的精神境界中,造物主的宇宙计划变得完全透明。必须让人的心智摆脱世俗性,其原因在于,只有实现这一点,人的心智才有可能希望进入神那样的状态,才能够恰当地使用神的禀赋,才能获得神的知识。

培根告诫与他同时代的人,必须以坚定的信念和严肃的态度,抛弃所有"偶像",人的知性必须得到彻底解放和净化,必须在科学基础上进入人的王国;这不能与进入天国相提并论,人只有以赤童的身份才能进入天国(《新工具》,第一卷,第LXVII页)。在培根看来,这种赤童般单纯或者说白纸状的心灵(tabula rasa)是先决条件,人们在进行任何科学探索之前,必须满足这一条件。笛卡尔采用了他的"笛卡尔式怀疑",该方式以最严格的态度重新审查过去的所有思想和经验,也有异曲同工之妙。在笛卡尔手中,重新确立的理性的力量首先被怀疑论者作为工

第一章 神的知识

具,以便将一切事物置于毫不留情的审视目光之下,从而排除(或者说圈出)任何带有疑点的事物。他们相信,如果人在理性之光的指引之下深入思考,最纯粹、最可靠的真理——神的真理——就会显现出来。只有上帝不怀疑,所以培根和笛卡尔所用的衡量标准是绝对存在者的衡量标准。

培根和笛卡尔提出的净化旨在达到彻底和完全的效果。培根认为,那些偶像"来自形形色色的哲学信条,来自错误的论证法则,侵入了人们的头脑",那些偶像是"通过人们相互之间的交谈和联系而形成的";在抛弃了它们之后,培根推崇部落偶像,即与作为人的我们相关的偶像。"部落偶像植根于人的本性之中,植根于部落或者族群之中。其原因在于,人的感觉是事物的尺度这一断言是错误的。恰恰相反,所有的知觉——无论是来自五官的,还是来自理智的——都是根据个人的尺度(原文为 ex analogia hominis),而不是根据宇宙的尺度。人的知性就像一面凹凸不平的镜子,以不规则性方式接收光线,将其自身的性质与事物的性质混淆起来,从而使事物的性质变形和扭曲"(《新工具》,第一卷,第 XLI 页)。到此为止,即使最后这一套偶像——人类本身——也必须加以超越。于是,剩下是净化的、非人化的、虚无的白纸状心灵。笛卡尔哲学在方法论意义上的怀疑具有相同的激进效果,最后形成的只有纯粹的思考(cogito)本身。

这一必要条件在那个时代被视为理所当然的东西,实际上非常重要;从那以后,它便决定了人们所持的认识论态度。它要求,为了获得神的知识,无论人所作出的努力多么片面,人都必须将自己从人的本性中解放出来。这一净化过程必须非常彻底,剩下的只有纯粹的基底(sub-jectum),"放在下面"的东西就像一面置于光线之下的镜子,抛出之物(ob-jectum,"放在前面之物")可以反射自身。认知主体必须加以"打磨",直到它达到一种完全空洞、完全自我否定的状态,一种几乎彻底毁灭的状态。其原因在于,这是唯一的保证:它获得的知识不会由于与人性混淆而被歪曲,它的反射根据宇宙的尺度(ex analogia mundi),这就是说,符合思维与存在的神的同一性的尺度。所以,新的认识论之路是通往排除主体之路,或者更准确地说,是通往主体的自我否定之路,用波普(1972年)在一个非波普语境中所用的术语来说,是通往"没有主体的知识"之路。罗蒂(1979年)说,人的心智拥有"透明的本质";它可以加以净化,直到达到绝对透明的状态,直到它不在知识上留下痕迹。它最终甚至应能将自身从认知过程中抽离出来,以便获得思维与存在的适当同一性,即神的知识的本质。无论认知过程实际上如何进行,无论从将外部客体的烙印注入空无主体的经验的角度,还是从造物主置放在人的心智中的理念的角度,在自我消灭的被动主体的心智中的任何东西都是从外部注入的,类似于把水注入水桶的情形(我在此再次引用波普的说法)。

  培根最先引入的镜子这一比喻——或者罗蒂所说的"视觉比喻"——包含了人类所处的认知困境的所有要素:以不可避免的方式将世界分为客体和及其图像,反射的媒介必须并且能够完全透明。如果说神的知识本质上是最初创造行为中思维与存在的同一性,那么,除非人们克服分割状态,实现与上帝的统一性,被分为神的精神与人的身体的人根本不可能指望实现这种同一性。这种情形出现的唯一途径是作为主体的人作出自我牺牲。如果这一目标被认为是无法实现的,人就可以用镜射图像来聊以自慰:它保留了与客体相关的主题的它异性,但是却回避了其他任何媒介作用。也许,身处现实世俗生活之中的人可能指望的最佳状态是被动——这样它就可以尽可能地客观——呈现;这就是说,一点一点地将基本外部结构投射到内在的心理屏幕上。我们人类大概仅仅可能得到同一性的替代物,它以独一无二的对应形式,或者以(依据这个比喻的形成方式构成的图形或者代数的)双射投射的形式,出现在外部世界与心理意象之间。然而,这两者之间的对应类似于镜子中的反射,应该是独一无二、没有扭曲、未经媒介的投射,所以,在这种谦虚说法背后是这个牢固树立的要求:认知主体进行消除自我的净化。

4. 知识:自我中心说

后来,教会遭到排斥,不再是唯一的中间媒介,与上帝的交流以及对圣经的阐释主要被视为因人而异的事情;那时,认知主体就不可能从行为惯例意义加以理解了。就人理解上帝和《圣经》的尝试而言,它取决于个人——或许得到某些有效方式的帮助——作出努力,其目的是要发现获得神的知识的途径。事实上,与上帝之间的统一性只能是因人而异的。因此,认知只能见于个人心智的内在心理空间之中。心智必须获得保护自身的方式,以对抗笛卡尔式样恶魔和培根式偶像,其原因在于,感性和理性都存在于心智之中。基本的笛卡尔式真实——著名的思考(cogito)——是在第一人称我中形成的;除了个人的体验之外,不可能存在任何别的体验。宇宙的意象必须在个人的心智中进行重构,作为个人自己的知识。在这种情况下,出人意料的是,虽然基底(sub-jectum)显然是一种无形的实体,把认知主体还原为纯粹基底的做法并未抹去其个性。不过,这一出人意料的调整并未给两者的共存造成什么问题:因为有人假定,在真的知识中,人将与上帝融为一体,即使个性也将被完全超越。

从那以后,这种认知个性论的一个隐含意义一直带来令人困扰的问题。根据这个说法,享有特权的表征种类起到构成知识基础的作用,它必须在个性化空间中得以实现。在笛卡尔看来,享有特权的表征是个性化心智可以明晰分辨的(clare et distincte)感知表征,即那些给人的心智留下深刻印象,从而使人"不可能对其产生任何怀疑的"表征。如果我像孩童一样单纯,可以明确清晰地理解它们,我立即体验——或者意识到——它们,并且对此有必然感;这是诚实的上帝已经提供给我的某种东西,我可以分享神的知识。这些是绝对的要素;神的另外一个禀赋——理性——可以根据它们开始产生作用。我们在纯洁的个人心智中清楚见到的东西闪烁着神的光芒,作为神赐真实性(veracitas dei)被置于主体之上,主体能够做的只有进行追溯。莱布尼兹将它们称为原初真理(primae veritate),其直接性——其令人信服的性质——使人们得以避开怀疑论态度。在这种情况下,怀疑论必然会退而质疑可能从这些原初真理推知的东西。

罗蒂提醒我们,领悟这样的问题需要"内在之眼"(或者笛卡尔所称的"自然之光");而"内在之眼"或"自然之光"勘察正在寻找明确真理的具体主体的内心空间。有的论者认为,它预设了意识。无论如何,笛卡尔安坐在扶手椅上,系统地审视了他个人经验中积蓄的东西,把他无法视为明白无疑的真实东西搁置一旁。然后,剩下的真理被他当作知识圣殿的基础,他要借助自己的方式建造这座圣殿。在具体主体内心中建造圣殿——这是多么自负的想法！然而，尽管笛卡尔怀有远大抱负，要超越人性和个人之特质，以便在知识方面与上帝融为一体，但是科学和认识论仍旧被全然无助地禁锢于个人的心智之中。

在大多数科学实践者看来，这是一种出人意料的转折：科学与哲学在此分道扬镳。人们认为，认识论应该对知识的来源、范围和可靠性进行评价，而认识论却出现了内转；与此同时，借助于数学、实验和批判话语，科学侧重于探究外部世界。笛卡尔的基础认识论完全浸入单个认知主体的内心之中，力图将其内容挖掘出来，置于外部世界的光天化日之下，以便排除人的所有特征。另一方面，科学接纳了那个时代的实用精神，冲出了这个包围，采用的方式是将笛卡尔提出的超越个性的要求转变为便于使用的"相对性"原则。该原则要求，陈述自然法则的方式不能随着任何个人特性条件的变化而变化，至少摆脱了某些培根式偶像的影响。那时的人们相信，人们拥有理性，因而能够提出独立于人的任何特殊性、独立于任何具体的内在态度的科学理论。那时创立了类似于皇家学会和学院这样的机构，以便通过公开辩论和实验演示的方式，确保从私人空间之内不可避免的认知闭合中打开一条出路。

5. 合理性

于是，作为认知主体的人得以净化，而且得到一套享有特权的基本陈述，那些陈述起到前提的作用，使理性得以运用；接着，这一认知主体需要可靠方式——可靠步骤——来利用这些前提，以经验方式或者以具体到个别事物的理性主义的方式，提出普遍的基本法则。这种方式后来被称为"科学"或"理性"方法。就它而言，毋庸置疑的一点是，尽管提出了不同的哲学范畴，尽管个人之间存在着差异，四位前辈从本质上共有相同的方案。根据这一方案，迷茫的贵族坐在扶手椅上，在应用具有方法论性质的怀疑之前得到了经验，实际的清教徒通过摆脱所有可能偶像的影响，让自己变得单纯；接着，进行探索的心智从经验出发，开始进行了通往可靠知识的旅程。从经验要素开始，这样的旅程延伸下去，有的是通过排除所有引起怀疑的东西，直至得到确定的明白无疑的基本真理，有的是通过小心、审慎的归纳，直至获得理由充足的普遍陈述。在这种情况下，从"我思故我在"（cogito ergo sum）的高度，或者说从类似普遍存在的引力定律的高度，这种旅程沿着演绎的斜坡，回到关于经验的特殊陈述。这个方法让人从生活之中随手得到的、不证自明的简单真理出发，进而得到更复杂、涉及范围更大的原理，它被称为"分析法"。从被视为公理、涉及范围更大的原理出发，进而获得推知的定理，这种做法被称为"综合法"。

伽利略和牛顿并未就这种新方法加以系统论述，但是，他们两位提供的只言片语的评述——尤其重要是他们两位的实践——显示了所描述的这种态度：将这种方法的归纳与演绎、分析与综合、经验与理性方面结合起来。新科学的理论家培根和笛卡尔看似站在对立的一面，即便他们也加入了这一行列。培根写道："……这是真正的体验方法……它首先点燃蜡烛，然后借助蜡烛之光照亮道路；它始于充分排序和经过消化的经验，而不是始于失误或不稳定的东西，进而演绎出公理，根据已经确定的公理进行新的实验……"(《新工具》,第一卷,第 LXXXII 页)。另一方面,笛卡尔需要实验的帮助,以便协助理性去应用一般原则。他们两位都认为,人们应该而且能够让这个方法变得准确和严格,这样,"剩下的只有一条发现合理、健全条件的途径,这就是说,整个认识过程应该从头开始,从开始就不应让心智自行其道,而是在每一步上都对其加以引导;整个过程有条不紊,仿佛是机械运行"(培根,《新工具》之《序言》)。怀疑论的攻击出现之后,人们已经不可能继续对感性经验和理性的不可靠性持视而不见的态度,因此,这四位前辈都鼓吹两者之间的相互监督和相互支持。他们认为,理性应被五官感觉控制,应被五官感觉证明是正确的,五官感觉应被理性控制,应被理性证明是正确的。于是,培根允许特殊真理通过五官感觉的途径,进入净化的心理空间,其条件是对五官感觉加以审慎、理性的审察;在根据高级原理推论以便得到特殊例示的推理过程中,笛卡尔要求实验的指导。

当然,我们发现这种情形时一点都不感到惊奇:可以在这类一般性的层面上重构这种普通模式;但是,人们也可以在更具体更新颖的推荐做法中发现一致性,其中最重要的是运用数学和实验得到的结果。伽利略清楚地认识到,如果没有数学的帮助,理性可能很容易迷失在咬文嚼字的词语中,理性在经院哲学中的遭遇就说明了这一点。伽利略曾经说过:"如果没有数学,人们就会在黑暗的迷宫中游荡。"那个新时代沿袭了新柏拉图主义传统,重申了数学的重要作用,并未提出什么反对之辞;这不仅体现在数学所起的基础作用——即作为正确推理活动练习——方面,而且体现在伽利略提出的这一著名论述的基本意义上:自然之书是"用数学语言写就的……它所用的字母是三角形、圆形和其他的图形;如果没有数学,人类仅凭自己的能力连其中的一个单词也无法理解"(《试金者》)。

就实验而言,情况稍难一些,因为必须首先取代一个重要的"偶像"。在古希腊,人们认为技艺(techne)与自然(physis)之间存在根本区别,因为人工制品在完美性上根本无法与自然相提并论。通常,很可能出现的情形是,人类的干预只能扭曲而不是改进自然自身形成的东西。所以,真正的知识只能在最古老意义的"理论"(theoria)——某种内心领悟——中才能得到。尽管笛卡尔并未否认实验的重要性,他其实并未远离这一传统。然而,培根认为,自然在完美性方面并未达到人类无法加以改进的程度。此外,他还提出:"正反两个方面的实例和实验带来对自然的更正确阐释;在这样的情形中,感觉仅仅触及实验,实验触及自然中的相关点和事物本身"(《学术的进步》)。当然,伽利略和牛顿都会赞同这一说法。伽利略不假思索地相信,通过他的并不完美的望远镜看到的东西是真实的;他肯定会赞同培根提出的考虑知识的适用性的要求。如果整个世界出自神圣工匠之手,如果人类是按照神的模样造出来的,那么,人类的构想不可能是欺骗的手段;恰恰相反,它是认识真理的具体途径。

如今备受争议的合理性这一概念不能与所说的科学方法混为一谈。前者所涉及的范围更宽,而且还应意味着疏离、净化及实用考虑。我们将会反复遇到这个概念。让我们暂时接受它的部分意义,即现代科学合理性是怀疑论留下的关于感性经验和理性的疑问的替代品,科学合理性对数学和实验持充分相信的态度。但是,我们不能忘记,上帝曾经被视为至高无上的工匠和数学家；假如对上帝的看法没有出现变化，我们在这里所说的方法创新是不可能提出来的。说到底，正是这一理性的、至高无上的心智渗透到整个宇宙之中，它可以在它制造的人的心智的有限范围内，将自身反映出来。

让我们作一小结吧。现代科学的可能性基于这一信念，即人能获得神的知识，因此是以下述几点为前提的：

A. 存在着绝对、完美、理性的存在者，他创造了完美合理的世界，并且拥有对它的绝对知识。

B. 真理——这就是说，思维与存在的同一性——的唯一保证在该知识中实现。

C. 具体的人拥有理性；理性是神的心智的有限摹本，让人得以——至少在一定程度上——触及神的知识。

D. 为了实现这一目标，必须满足以下条件：

（1）必须将与人性相关的一切东西从人的心智中清除出去。

（2）在清除过程中，必须在人的心智中确定一套享有特权的表征，必须赋予它们作为基础的角色。

（3）必须根据科学方式，使用在此基础上起作用的神的禀赋，这就是理性。

于是，怀疑论与教条论之间的中间地带得以确定。针对怀疑论，重申或确定了关于神的知识的存在、享有特权的信念以及科学方法的信条；针对教条论，通过批判性评价和系统怀疑，提出和使用了净化。

第二章　第一种代用品：理想的语言

新的神学、现代自然科学与笛卡尔认识论之间的和谐共存状态大约持续了两个世纪。后来，出现了新的危机。最早的征兆出现在19世纪后半叶；那时，黑格尔已经完成其宏大的绝对精神体系，达尔文危及了人在生物世界中享有特殊地位这一传统信念。这两位提出的理论在颠覆人类万物之灵地位的过程中起到了推波助澜的作用：黑格尔认为，人只不过是旨在实现完全自身同一性的绝对精神的载体，达尔文甚至对这样的见解持保留态度，否认人是特别创造之物的说法。此外，这种感觉已经初露端倪：随着黑格尔哲学的问世，基于古代和早期传统的形而上学的潜力已被消耗殆尽。在第一次世界大战的灾难和随之出现的世界经济的崩溃之后，当时已经广为人知的那场危机达到了顶点。有的人见证了欧洲庞大帝国的衰落，了解了那次世界大战的荒诞性和悲剧性，看到了工业革命带来的令人沮丧的后果，目睹了失业者和贫穷百姓的苦难；对他们来说，以及对那些关注人类命运的人来说，基督教世界的一切价值观那时看来不仅再次沦为被人怀疑的地位，而且几乎整体上变为过时的东西。

在新时代之初，上帝离开了自然界；从那之后，人们一直感受到自然界世俗化带来的后果。伴随着新的危机，人们怀疑，上帝是否也离开了人类世界？人们心里产生了日益强烈的印象：个人的本质和生活在任何理性体系之内都无法被人理解，无论是宗教体系还是哲学体系都爱莫能助。其原因不仅在于人的本质可能是非理性的，而且在于人根本没有什么一成不变的本质。上帝离开了，让人获得了自由，在世界上安身立命；人的生活仅仅成为在艰难可能性中进行自由选择的过程；这样的过程凸显出个人可能带有的任何本性。上帝离开了自然界和人类世界，从而变为不在场的上帝；在某种意义上，基督徒的这种感觉超过了过去的自然神论者。上帝的超然存在被人认为已经完结，他很快被人宣布死亡。人类发现，自己孤零零地活在冷漠、荒诞的宇宙之中。在宇宙孤立状态中，他们苦苦追问，没有根基的存在和令人恐怖的自由究竟有何意义（如果有任何意义残留下来的话）？此外，在现实生活中，极权主义意识形态和独裁主义政权已经引起了人们的这种担心：与上帝一起，自由主义的西方世界也在慢慢走向死亡。民主理想和自由竞争的理想已经淡化，个人命运被毫无希望地置于民族"利益"或阶级"利益"的控制之下。

那场新危机来势猛烈，但是，它既未影响科学的进步也未影响技术的发展，资本主义经济以相对快速的方式恢复了元气。然而，人们的自我感觉出现了程度最剧烈、时间最长久的变化，几乎使人濒临虚无主义。在那些凄凉年代中，人类合理性的神的基础遭到摧毁，上帝在人类之中的存在遭到质疑，人们可以指望的唯一领域就是自然科学（它创立了饱受争议的新的宏大理论）和技术（它的发展得益于灾难性事件）。维也纳小组的成员认为，这是希望的标志，是寻找启迪的方向。在他们看来，如果能够找到自然科学取得成功的途径,并且将其作为理性态度的可能象征,如果可以将相同的策略应用于人的问题,那么,人们就有可能重获恢复对理性的信任,就能获得人类状况的可靠知识,就能找到摆脱危机的方法。有的人相信,通过明确阐述科学知识的基本结构,就能在表示直接所与事物的概念的基础上,对所有知识领域的概念进行理性的重构(卡尔纳普,1928年,第V页),从而创造先决条件,去过"有意识的重构生活",为"对社会经济秩序的理性改造"(《世界的科学构想:维也纳小组》,1929年,第7页)。

与其他人类似,维也纳小组的成员也对传统产生了幻灭感,对传统持批判态度。他们认为,那场危机的思想根源在于"形而上学和神学思维",那种思维"如今死灰复燃,不仅出现在生活中,而且还出现科学领域里"[1](同上,第3页)。他们"在排斥公开的形而上学和种种隐藏的先验论的过程中"团结一致,既不能坚持科学革命过程中建立起来的神学与科学之间的共存状态,也不能坚持基于那时所假设的形而上学预设的科学理念。因此,该小组的第一个目标是要说明,形而上学问题一般说来要么是科学方式可以解决的科学问题,要么是源于使用非形式化语言的欺骗性的伪问题。这个目标需要对科学与形而上学进行新的更彻底的区别,从而创立一种"摆脱形而上学影响的科学"。科学已经征服了自主存在的发展空间,所以,那时进行区别的动

---

[1] 这是相当不可思议但又相当典型的判断。有的哲学家承认说,形而上学已经死亡,所以,这一判断说明了维也纳小组与他们所处时代的一致性。当然,它也说明17世纪传统对维也纳小组的影响。

机并不是要为科学的发展开拓那样的空间。该动机有两个方面:其一,将形而上学与其假定的理性的或者所谓的科学基础分割开来;其二,将科学与历史和形而上学基础分离开来,其方式是清除科学之中的"形而上学掺杂物"。正如这些进行区别要求和净化的要求所显示的,尽管两个时期之间存在种种差异,那时的局势与17世纪的局势非常相似。

在那场反对形而上学的战役中,确定无疑的新东西是随后在认识论和科学理念中出现的放弃求助于神灵的做法。在17世纪,有人侈谈完美、理性的造物主:造物主单凭自己的意志行为,设计并且创造了世界;他拥有神的知识,思维与存在在这样的知识中实现了同一性;他通过与人共有理性,从而将人置于享有特权的地位;他提供保证,使人的知识的某些内容变得明白无疑的、绝对的。然而,时过境迁,诸如此类的说法这时被视为毫无意义的言辞。形而上学的终结意味着,所有这一切已经不复存在。不过,不知何故,有一个信念得以维持下来:科学不在此例,科学研究将会发现让科学超乎寻常的东西。

1. 科学逻辑

在这种情况下,维也纳小组制订计划的起点是怀着以下目标研究科学:第一,发现科学取得成功、成为可靠知识的方法和规范;人们可望利用那些方法和规范,重构其他领域的知识。第二,用这些规范去判断科学,以便将形而上学从科学中清除出去。那么,应该如何去发现科学取得成功、成为可靠知识的方法和规范呢?作为思想成就和行为惯例的科学经历了300年的发展,人们已经无需对其进行臆测了。许多科学研究结果体现在著作和文章之中,"知识体系"确实摆在那里,以书面科学文献的形式呈现在人们面前。在这种情况下,对外在事物的探索可以代替对主观心智结构的不可靠的内省,代替笛卡尔所说的幽灵般内在之眼进行的徒劳探索,简言之,代替所谓的"心灵主义认识论",将那样的事物摆在研究者面前,作为物质客体加以探索。白纸黑字的标记相对说来是永恒的,这种方式可以根据需要经常重复。这有可能给具体主体的狭窄空间提供出口,使其进入主体之间交流的广阔空间,心智中难以捉摸的东西通过阐述、外化和客体化,变为清晰书写出来的知识。这一情景为"语言学转向"铺平了道路。[1] 另一方面,科学的制度化生存状态非常丰富,其自身也可成为研究对象。除了老牌大学之外,还成立了科学协会和科学院,建立了个人和公共档案馆,科学史和科学家传记也相继问世。

卡尔纳普确认了这些事实,提出了两种研究科学的方法。第一种将科学作为历史现象,作为生活在特定历史时期、处于特定地方、带有特定社会和文化背景的活生生的人所从事的一种活动或者一组活动。这一组活动可以利用不同的科学体系,从

---

[1] 就所谓"转向"而言,康德促成了两次。第一次是"哥白尼转向",从将知识构造视为客体形成的东西转为将知识构造视为主体创立的东西。第二次与语言学转向类似,从对内心理念的洛克式内省转为对当时科学所用的范畴的研究。那时,那些范畴被认为出自拥有纯粹直觉和理性的先验主体的头脑。纯粹理性是深受启蒙运动钟爱的理念,被当时的科学加以重构,是神的知识的第一个替代物,它的出现先于理想语言和客观知识。

许多不同的角度加以研究,其中包括社会、经济、政治、文化、心理以及历史。概括而言,这些研究可被称为"科学的科学"。另一方面,可以不将科学作为活动,而是作为与其生产分离的产品来研究,作为嵌入在科学语言之中的一种独立存在的"知识体系"来研究。卡尔纳普将第二种方法称为"科学逻辑",作了如下描述:"如果我们不是研究科学家的行为,而是研究他们取得的结果,这就是说,研究作为有序知识体系的科学,那么,我们就得到另一个意义上的科学理论。"这里所说的"结果"不是信念、形象这样的东西,也不是受到这类东西影响的行为。那样做所研究的是科学心理。我们所说的"结果"的意思是某些语言表达,即科学家所进行的陈述。从这个意义上讲,科学理论的任务是分析这样的陈述,研究它们的类型和关系,分析作为这些陈述的组分的术语,分析作为这些陈述的有序体系的理论。陈述是由人们为了特定目的发出的声音、作出的标记或者类似东西形成的序列。但是,卡尔纳普继续写道:"在分析科学陈述时,有可能根据进行陈述的人,根据此类陈述出现时的心理状态和社会状态,作出抽象结论。"在此类抽象结论条件下对科学的语言表达所进行的分析就是科学逻辑(诺伊拉特等,1938年,第42—43页;楷体系笔者所加)。在赖欣巴哈(1938年)提出的对"发现语境"与"证明语境"进行的同样严格的分离中,在维也纳小组提出的赞同赖欣巴哈观点的计划中,也反映出相同的态度。

形成这种倾向的理由意味深长。休谟分析了归纳法,康德批判了纯粹理性,新康德主义者的努力以失败告终,尤其重要的是,人类知识有效性的神的保证被人唾弃。在这种情况下,显而易见的一点是,对科学知识的发现过程或者产生过程的描述无法显示其可靠性。发现和语言表达总是地位已被推翻的人的一家之言,内在的心理过程无法让发现和语言表达摆脱主观性的影响。因此,如果要考察科学知识的有效性,必须做的事情不是关注科学理念形成的方式,而是关注它们得以证明有理的方式。那时有人相信,这两个过程是互不相干的。其原因在于,知识的产生于人的内在心理空间中,而证明有理的行为出现在口头语言的人际空间里。此类信念是这一历史悠久的哲学传统的延续:根据该传统的观点,如果陈述与实际情况相符,它就是正确的;如果陈述与实际情况相悖,它就是谬误的。因此,陈述正确与否与得到该陈述的方式没有关系,无论是否有人进行陈述都是如此。知识是与形成知识的行为区分开来的。知识的形成过程毕竟总是局部的,总是与人、场所和时间密切联系的,而该过程的产物可能移动,有可能被另一个人在另一时间和空间里采纳。当已经形成的陈述、假说和理论被人检验——即面对现实——时,才会出现证明有理的过程。科学的本质存在于证实过程之中,因此,只有在分析了最终结果——即科学语言的片段——的结构和命运之后,人们才能理解科学的是否成功、是否可靠。

　　侧重科学逻辑和证明语境的倾向再次揭示了维也纳小组在一定程度上对传统的继承。其原因在于,按照卡尔纳普的理论,我们突然脱离了笛卡尔哲学的框架,然后又立刻回去了。把活动与结果区分开来的做法看来是相当有道理的;所以,这里的问题不是在于对两者进行区分,而是在于进行刻板的区分。正如我们的分析将要说明的,如果与语言的语用学分离开来,科学逻辑就会变成与经典认识论类似的东西。其原因在于,它变为脱

第二章 第一种代用品：理想的语言

离认知主体的知识研究，变为脱离生产者的产品研究。语言学转向作为科学逻辑的转向，并没有抛弃传统的无主体认识论。

不过，还是让我们回过头去说说这个计划。任何自称科学的语言必须遵循某些规范；在对这类规范进行探索时，研究者必须承认这一点：在抛弃了神的权威的支撑之后，任何种类的规范都必须来自我们所在的这个并不完美、充满偶然的世界。因此，证明有理的普遍规范（统一的语言）提供途径，让我们对所有知识领域进行理性重构和统一；对这类普遍规范（统一的语言）的探索必须首先从实际科学所提供的范例开始。但是，如果给我们提供规范的是同一个范例，选择范例所依据的标准或者规范是什么呢？维也纳小组的成员似乎对于这个问题不以为然，对所谓的"自然论谬误"——从实际存在的事物推知应该存在的事物的谬误——也不以为然。他们毫不迟疑、毫不怀疑地认为，范例就是数学物理学。根据科学革命时已经接受的理由，数学物理学被直截了当地假设为所有科学中最成熟的学科，数学知识被假设为最令人信服的、最为可靠的知识。罗素和怀特黑德似乎完全在纯粹逻辑的基础上重构了算术学；从那以后，这个选择尤其受到鼓励。他们阐明，让数学摆脱形而上学、变得如此可靠的东西正是数学确定的逻辑结构。卡尔纳普和其他人相信，相同的情形也适用于将数学语言作为其语言的数学物理学。那时有人认为，罗素和怀特黑德对《数学原理》中的算术学进行逻辑重构，这为理性重构应该采取的方式提供了明确例子。既然那是对数学语言的逻辑分析和逻辑重构，人们就可采用重构方式。因此，除了明确的范例之外，科学逻辑还获得它的合适工具——"逻辑分析方法"；该方法被理解为《数学原理》中所用策略的延伸，作为经验科学语言的"原理逻辑"。

然而，在维也纳小组的计划中，无论是从当代科学获得规范的尝试，还是让规范——如果它们被假定时——适应科学的尝试，已经成为活力来源，成为持久的紧张状态的来源。尽管忽视了"自然论谬误"，在形而上学死亡之后，那种紧张状态也是不可能消除的。他们满怀希望，觉得分析实际科学所揭示的规范将会非常明确清晰，显而易见，这样的规范将会获得类似于康德所说的先验权威，或者说甚至神的法令（fiat）的权威。然而，那一希望并未维持多长时间；后来，对经过重构的实际科学规范进行了具有自我批判性质的调整，这要求他们放弃自己的整个计划。

然而，在进展顺利的那些日子里，科学逻辑获得了范例和方法，科学与形而上学之间的区别似乎唾手可得。对数学和数学物理学的初步逻辑分析显示，科学语言与其他语言不同，其原因是，它仅仅存在于这样的（或者说能够以这种方式加以重构的）陈述中：它们要么是正确的，要么是谬误的；它们的真实与谬误可以从陈述的结构本身，从现状之间的逻辑关系，借助经验方式加以明确判定。换言之，科学与非科学之间的不同之处在于对证实原则的严格应用；根据这个原则，科学领域中的每一陈述必然在经验层面上是可以直接证实的，或者逻辑上从直接可以证实的句子推知而来，因而是可以间接证实的。人们可以说明，形而上学的陈述不符合这个原则；因此，它们肯定不是科学的。维也纳小组及其继承人逻辑经验主义者重申了休谟提出的关于将无用书籍从图书馆中清理出去的主张；该主张可被视为对笛卡尔哲学和培根哲学的净化计划的继承。

将科学研究还原为对科学语言的逻辑分析这一做法改变了

所有的认识论问题,使之变为语言建构问题或者证明有理的问题,从而变为逻辑练习。那时有人认为,采用这种方式,便可以使科学和科学思想体系摆脱任何形而上学掺杂物的影响。按照以上的提示,我们可以说明,这样的计划带有它旨在摆脱的形而上学背景的印迹;在两个世纪之前,该背景使现代科学的形成变为可能。我们现在转向了这一点。

2. 逻辑主义与净化

划分出科学与形而上学之间的界线之后,就可以集中精力去清除科学领域中的形而上学了,这就是说,着手实施维也纳小组计划的第二个部分。然而,清理行动的范围大大超过了预期。如果说科学逻辑旨在针对科学心理学或者科学社会学这样的东西,那么,必须通过科学分析,不仅必须清除其对象——即科学文本——中的形而上学掺杂物,而且还必须清除可能表示科学的具体研究者的任何东西。这并非仅仅限于抹去科学文本作者的名字,抹去形成文本的场所名称和时间。在按照预定规则,对文本进行逻辑分析和严格重构之后,必须清除的正是科学文本所带有的任何个人、社会、文化和历史方面的痕迹。对"陈述者提出的抽象说法,对形成这类主张的心理状态和社会状态的"抽象结论,都必须以这种方式加以阐释。这一要求看似毫无害处、明确无误。科学论文不正是以非个人的客观化风格写成的?尽管如此,它给科学语言的研究和分析带来了严重后果。

与所有语言类似,科学语言也有三个方面的因素:句法、语义和语用,它们分别表示一组特定的关系。"句法"指的是语言成分之间的关系;"语义"指的是语言成分或者语言结构与外部的非语言结构之间的关系;"语用"指的是语言结构与语言使用者之间的关系。按照莫立斯(诺伊拉特等,1938年)的观点,对这三个方面的研究采用了三种不同的方法:形式方法、经验方法和语用学方法。"形式论者倾向于将任何公理化系统都视为语言,不考虑是否存在它所指的东西,不考虑该系统实际上是否被任何阐释群体使用;经验论者倾向于强调符号与对象之间联系的必然性——符号表示对象,符号真实地陈述对象的特性;语用论者倾向于将语言视为交际活动,这种活动的起源和本质是社会的,一个群体通过这种交际活动,能够更好地满足个人需要和共同需要"(同上,第88页)。同理,莫立斯认为,科学依赖"理论、观察和实践这三大支柱。"他写道:"科学是一种符号系统,这些符号之间、符号与对象之间、与实践之间具有特定关系;科学同时既是一种语言,又是一种关于对象的知识,一种活动;对科学语言的句法、语义和语用系统的研究反过来又形成元科学——关于科学的科学"(同上,第70页)。莫立斯所说的关于科学的科学与卡尔纳普的观点大不相同,它主要是对语言的研究,即对科学研究结果的研究,然后通过语言,对这种语言形成者从事的活动的研究。它涉及语言的所有方面,其中包括语言与使用者之间的关系,因而也与卡尔纳普的科学逻辑不同。

换言之,卡尔纳普的科学逻辑要求,对科学语言的研究必须对个人说话主体,对个人说话主体使用语言的语境进行抽象,首先将句法和语义与语用分离开来,然后宣称语用与科学语言无关。因此,根据卡尔纳普的观点,对科学语言的研究必须首先排除科学语言中的语用因素,这就是说,排除任何具体的人可能留下的痕迹。这是先验要求,是进行任何科学探索之前首先必须满足的一点。当然,卡尔纳普可能提到这一事实:在科学活动中,人们所做的一切旨在确保个人特性没有起到任何作用。科学努力成为主体之间的活动;但是,这一事实并不足以提供理由让人相信,科学语言的句法和语义能够并且应该与语言实践分离开来。鉴于科学语言实际上是一种科学话语,人们通过它来提炼论点,成形逻辑,所以这一点尤其清楚。

科学语言可以从语用中,因而从科学实践中提取出来;这一信念暗示,语言的语用方面是独立于句法和语义的,可能在不付出什么代价的情况下被人抛弃。尽管这个信念可能是靠不住的,但是接着出现的是一个更不可靠的信念。有人假设,在数学领域中形成的现代数理逻辑提供了模型之后,人们可以让句法独立于语义;可以从形式层面来研究科学语言,"不考虑是否存在它所指的东西,不考虑该系统实际上是否被任何阐释群体使用"。这就是说,(正如我们将要论及的)对科学语言的语义选择给科学哲学提出问题;假如理性重构能够以纯粹形式的方式进行,即通过形式排列、整理、压缩和净化的方式进行,它就可能变得非常方便。

简言之,正是这一点将科学陈述与其他任何陈述区分开来:科学陈述要么是正确的,要么是错误的,其正误可用特殊方式加以确定。因此,重构的主要目标必须假设,科学理论的每一陈述都具有这样的逻辑形式和语言形式,其真值可以加以明确判定。一旦得到这样的形式——《数学原理》说明这是可以实现的——它相当于构成陈述的词语的所指对象,即它们表示的对象和属性,从而决定其实际真值。用逻辑实证主义的行话来说,可以对科学理论的逻辑结构加以重构,甚至加以改进,使其成为非阐释性符号演算,基本陈述是正确的对象领域随后将会提供对此类演算的阐释。于是,纯粹形式语言的理念就这样提了出来,科学语言的句法与语义被分开加以研究,——单独对待。

对理论的形式重构首先要将所有符号分为两个种类:描述的(名称和形容词)和逻辑的(逻辑联结词或逻辑常量)。在这种情况下,如果一系列符号符合特定的构成规则,它就是形式语言的公式;根据变换规则运算,公式可以互相转换。主要的规则限制是,良好的公式所具有的真值必须能明确确定,进行转换能够保证公式的真值得以保留。[1] 当句子结构完成时,重构可能从所谓的"原子述句"——"原子述句"的真值由观察"直接给予"——开始,然后再根据规则,用复杂的公式将它们组合起来。自然,"真值"概念指的是语义;但是,也可以从形式层面进行处理,将其作为仅有真假两种值、依附于公式的索引。在进行形式操作之前,不必对真值进行确定。

一旦形成符号和公式的形式体系,一旦排除无法用《数学原理》标记法的公式来表达的东西,就可对其进行"阐释"。这相当于发现描述性术语的所指对象和基本原子句。最初,有人以为,公式或句子的所指对象是对象领域中使该公式或句子真实的"事态"。结果,在确定了这类用于基本公式的所指对象之后,在进行一系列转换——即逻辑操作——之后,可以得到与其他"事态"相联系的其他公式,这样,它们的真值可被确定下来。如果

---

[1] 隐喻或类比并不以这里所描述的方式保留逻辑形式,因此,它们在科学中没有地位。对这个问题的不同分析,参见本书第十章和第十三章。

该推论——这就是说,该系列转换——在逻辑上是有效的,那么,就必然会再次得到表示实际事态的真陈述。

这种形式化为何如此重要?对可能动机的重构心理可能像这样。至少维也纳小组的某些成员认为,除了需要逻辑一致性的明显要求和回避任何形而上学的热情之外,还有一个更具实质意义的理由。选来表示对象及其属性的符号是任意的,因此,任何形式语言的实质在于符号之间的逻辑(句法)关系网络。在形式系统得以解释之后,在符号表示对象及其属性之后,符号之间的关系便表示对象与其属性之间的关系。这时,根据维特根斯坦的《逻辑哲学论》(Tractatus),"提供命题的本质意味着提供……世界的本质"(5.4711),无论"世界"这个词汇表示什么意思都是如此。如果命题的本质是其逻辑结构,这就是说,是它所证实的逻辑关系,那么,因为逻辑渗透科学语言,所以"逻辑渗透世界"(5.61)。因此,在符号之间关系与所指之间关系之间,存在着一种配对,即在形式层面上重构的科学语言与世界之间的一种结构相似性。如果说表述——或者更确切地说,表述系统——的句法结构与世界的逻辑结构不是相同的,它们至少是互相对应的。语义仅仅传达这种对应性。

现在,我们就能明白必须忍受痛苦、对科学理论进行仔细的形式重构的原因了。即使这种从实践和参照中净化而来的形式语言仍旧是人们使用的语言,它在形式性方面被清晰、明确揭示出来的逻辑结构并非如此。它与世界的逻辑结构对应。逻辑超越每个人和人所在的环境,与主体间的世界形成直接的对应关系,无论它是纯粹理性的世界,客观经验的世界,还是物质客体的世界概莫能外。形式化语言的具体所指对象(解释或者语义)

在此并不相关。我们肯定已经看到,"世界的逻辑结构"(这是卡尔纳普的一本著作的书名)这一理念与神圣造物主心里的蓝图之间的差异并不太大:在上帝说出"就这样吧"之前,在他绝对具有逻辑性的完美心智中,已经形成了该蓝图。经过重构的科学语言,这就是说,被还原为逻辑结构的语言,与任何语用——甚至与(已经变得模糊的)语义——割裂开来,只能被理解为宇宙语言。卡尔纳普式抽象化显然近似于培根当年进行的让人的心智摆脱所有偶像影响的尝试。他将语言与个人实践和社会实践分离开来,然后进行分析,仿佛语言没有使用者和阐释者,被这种分析还原为形式结构;这样的语言是非常纯粹的,完全先验的。它肯定不会显示任何个人特性或者洞穴偶像,它肯定也不是受到剧场偶像和市场偶像影响的人类话语构成的语言。它非常纯粹,要么可以与神的蓝图联系起来,要么与康德式先验主义的主体联系起来;前者让人转向形而上学,后者是逻辑经验主义加以回避的东西。除此之外,还剩下什么东西呢?

3. 经验主义与主体的作用

就应用"《数学原理》逻辑"来探讨经验科学的做法,人们展开了激烈争论,对某些要求进行了柔性处理,在逻辑经验主义者内部也存在个体差异;尽管如此,据称反映科学语言结构的总体模式得以维持下来。根据证实原则,条件和陈述被分为两大类:一个大类的真理是直接了解的,另一个大类真理是从其他陈述的真理推知的。于是,科学语言被认为由两个层面或者两种次语言构成的:一种是观察语言(L_o),它包含对直接所与事物的语言描述,一种是理论语言(L_t)。两者之间的联系通过对应规则(C)和指称规则来建立。逻辑经验主义认为,意义在本质上与确定真值的方法一致,L_o与L_t之间的差异在于它们的条件和陈述获得其意义的方式。在前者中,通过直接观察获得意义;在后者中,要么借助对应规则通过L_o获得意义,要么通过L_t中的其他条件获得意义,而L_t的意义由C和L_o来确定。

鉴于理论语言获得意义的特殊方式,有可能将它视为没有经过解释的形式系统,该系统最终通过对应规则得以解释。最好并且被认为可能的做法是,在这一形式系统内部,区分一组特殊公式(称为公理);根据公理可以演绎出所有其他公式(称为定理)。最初的计划还假定,L_o层面——就是"基本陈述"——与理论的公理(另一种基本陈述)层面之间的一切完全是形式计算问题,这就是说,纯粹的归纳逻辑和演绎逻辑。他们希望,除了构造规则和转换规则之外,对应规则也可进行形式化处理,所有的形式规则可以保证,直接从观察得到的L_o之中的陈述的真值通过C和L_t,从L_o一直明确向上,形成公理。对科学的数学化处理是获得这种保证的标准方式。从一个层面达到另一层面以及折返回来的整个运动都可以实现,正如培根当年梦寐以求的,"仿佛受到(逻辑)机械的控制"。

然而,问题最早出现在对应规则上;该规则本该将两种次语言综合为独一无二的整体,并且确保真值从L_o明确地转移到L_t。第一个要求是,它们应该以明确说明的方式,作为L_t和L_o之间的关系加以表述。当有人清楚地看到,这样的要求将会严重减弱科学语言的丰富性,于是,它被放宽了,而且允许使用隐含定义或者语境定义。下一个放宽做法是,承认将一组句子"分解"为另一组句子所形成的关系。最后,便直截了当地将 L_t 翻译为 L_o 了。对应规则形成经验内容从 L_o 转到 L_t 的渠道;它们与逻辑句法的形式规则不同,保证理论语言和认知意义,具体规定将理论语言应用于现象的步骤。然而,随着人们对它们的随意解释,原来的理念被淡化了,维也纳小组的整个计划也被大打折扣。

而且,对 L_o 的解释也出现了问题。首先,L_o 是由陈述构成的次语言,这种陈述的真假可以直接加以证实。根据石里克的观点,如果某一事物"能够在所与中展示出来"(艾耶尔,1959年,第 88 页),它就是可证实的(或者说确证的);此外,所与几乎以彻底的笛卡尔哲学语言,被定义为"最简单的、不再怀疑的东西"(同上,第 84 页)。逻辑经验主义认为,"最简单的、不再怀疑的东西"就是观察中得到的东西。但是,在观察中得到什么呢?这个问题有几个答案。不过,L_o 的候选对象可能是"感觉材料语言"的句子,可能是"事物语言"(公共物质对象和活动的语言),可能是"基本句子",也可能是任何种类的基本陈述。无论属于哪一类,它们肯定都在没有任何媒介的情况下与观察联系在一起的,中间不可出现任何种类的推论。事实上,将科学语言分割为 L_o 和 L_t 的做法问题多多,有些任意而为的色彩。然而,有的人那时相信,存在着此类陈述构成的丰富系统,那样的陈述与经验之间具有上面所说的关系。他们还相信,一旦建立了一组基本陈述句子,规定了对应规则,形式化的理论语言就会获得适当的解释,这就是说,获得"经验内容"。此外,他们还面对这个两难困境:感觉语言或者事物语言看来是人为的东西,因为在"所与"这个概念中,三个不同方面通常交织在一起。在这个语境中,将某物给予某人的意思是:这个人必须(1)感觉到某物,

(2)能够指向某物,(3)言说某物。如果像弗雷格、《逻辑哲学论》(Tractatus)中的维特根斯坦和卡尔纳普所做的那样,我们假设科学领域中研究的东西基本上是关系,是逻辑关系,这一合并实际上没有什么关系。感觉、言说和涉指行为可能显示相同的逻辑结构,因此,语义选择可能在某种意义上是毫不相关的。其净结果是,他们从来没有摆脱选择什么语言作为 L 的这个两难困境。

观察中直接给予的是什么?无论以什么方式来回答这个问题,它都包含了具体的个人可能进入整个计划的唯一场所,包含了提醒我们这一点的唯一残余:科学可能与活生生的人相关。其原因在于,人是将观察和观察语言联系起来的动因。没有别的因素可以实现这一点。然而,在被观察的事物与表达观察到的事物所用的语言之间,人们实际上建立起至关重要的联系。这一点是如何实现的?这是心理学——或者说,还有感知和语言社会学——研究的内容。因此,它属于科学的科学,而不是科学逻辑。从科学逻辑的观点看,解释 L_o 的任务是,以特定的方式,赋予每个陈述可以观察的所指,从而让任何观察者都能明确、客观地判定其真值。而且,只有最后的结论有作用,其余所有东西都是无关紧要的,必须加以抽象化。对 L_o 的解释——从而对 L_t 的解释——被还原为观察;观察具有的唯一任务是,让任何种类的对象与表示该对象的术语产生接触,不考虑任何可能与具体观察者的心理有关的因素,不考虑具体观察者以前的经验、知识、社会环境等因素。

卡尔纳普认为,如果就适当的论据 b(事物)来说,生物 N "借助一些观察",在适当的环境中,能够证实 P(b) 或者非 P(b),那么,对"生物 N"来说,述词 P——让我们以物理学所用的事物语言中的事物述词为例——是"可以观察的"。在 L_o 仅仅由此类述词构成的情况下,存在对 L_o 的解释,从而以独立于该生物的方式,在经验要素与观察次语言之间建立明确的对应。在科学逻辑的语境中,这种对应无法加以进一步分析或者具体说明,因为任何更深层次的分析——或具体说明——即便不涉及对工具的考察,不涉及心理学和社会学语境等因素,至少也会涉及语言的其余部分。卡尔纳普假设,存在这类明确、未经媒介的简洁对应,这种看法是"直接所与"神话的本质。

通过嵌入"生物 N"办法,经典的笛卡尔式认识论——它将一切事物归结为具体认知主体的赞同——的基本要素再次从后门溜了进来。不过,根据直接所与的神话,这次是一种幽灵般神秘的东西,其唯一功能就是给 L_o 的陈述贴上"正确"或"错误"标签。它必须发现 L_o 的句子所表达的某物是否是正确的。对观察次语言的解释与具体的人联系起来了,但是被理解为仅仅是非个人化、类型化、几乎没有躯体[1]的基质(subjectum)。在科学逻辑语境中,具体观察者的地位被大大削弱;它是一种"自我",既无个人因素,也无任何群体因素、社会因素或者历史因素。实际上,主体——即生物 N——只是发现者,其功能在于说明术语或者述词与 N 记录的"事态"之间的对应是否被建立起来。它是表示"是/否"的某种小器具。当陈述是正确的——即存在着两者之间的对应——时,它"咔嚓"一声表示"是",情况相反时便表示"否"。在此,几乎可以原封不动地使用培根的"仿佛是机械运行"的说法。我们可以想象一台装有与人类的五官类

---

[1] 因为言说和感觉是与身体其余部分分离开来的。

似的传感器的电脑:一方面,它能够辨识事物和事物语言,另一方面,它能够辨识陈述。它能够进行比较,如果它们对应,它就标示"正确",如果它们不对应,它就标示"错误"。关于这个问题,莫立斯说得相当明白:"对每个命题的证实总是需要某种工具;无论这是科学家本人,还是实验所使用的器具,从方法的角度看,两者之间并不存在什么重大区别"(诺伊拉特等,1938年,第72页;楷体是笔者添加的)。由此可见,通过坚持科学逻辑,逻辑经验主义将经验主义还原为抽象陈述。

4. 工具论

让我们作一小结。要使科学理论的语言获得意义,所有来自从非语言世界的信息必须经过"若干观察"的验证台,然后在 L_o 中阐述出来。这个过程必须是"定向的"、"直接的";这意味着媒介物——或者说在"生物 N"中体现的验证台——必须是透明的,必须在真值方面具有"透明本质",最终可从该过程中得到。一旦给 L_o 的陈述贴上"正确"或者"错误"标签,就绝对不能留下粘贴方式的任何痕迹。这一归属过程在个人的时空中发生,但是并不留下什么标示;"生物"只起到工具的作用。无需向我们提示这一推理风格属于哪一个传统。

如果在观察与语言之间关系中,作为主体的人没有留下痕迹,它也许出现在语言本身中。毕竟,观察语言必然是人所使用的语言。然而,为了保持一贯性,逻辑经验主义必须认为观察语言具有工具作用。其原因在于,一旦具体理论 L_t 中的所有陈述通过了证明步骤,这就是说,一旦从 L_o 到 L_t 的真值得以确定,

L。就变为多余的东西,可以被人抛弃。有人相信,可以让语义独立于句法,让形式系统独立于对它的阐释。据此,他们必然认为,理论语言是独立于观察语言的;如果我们认为 L_t 的逻辑结构与世界的逻辑结构对应,情况尤其如此。获得经验内容的过程是意义和真值得以确定的过程,立刻变为不可或缺的东西。它是不可或缺的原因是,一旦意义和真值得以确定,L_t 便独立存在了。与每一工具的情况类似,一旦完成使命,工具便消失了,而结果完全以独立方式存在。在各种观察工具——其中最重要的是人本身——显示出 L_t 中基本句子的真伪之后,一旦对应规则和指称规则将这些真值转移到 L_t 的句子,使其成为公理之后,就可以拆除整个支架,科学大厦将会干干净净、大放光彩,完全不受任何人为之物的影响。

唯一出现例外的情况是没有以标准方式解释理论语言。一旦"(批判)实在论和唯心论关于外部世界和其他人的心智的现实性或非现实性的陈述"被认为具有"形而上学的特点","因为不能证实的,没有内容的",是"毫无意义的"(《世界的科学构想:维也纳小组》,1929 年,第 10 页),关于对应的说法——或者从某一外部事物通过观察者和观察语言变为科学理论的信息流——也就变得毫无意义了。那么,人就必须坚持"构成体系的最低层次",它们"包含具体心灵的经验和特性的概念"(同上,第 11 页)。人还必须忽视"具体心灵的经验和特性"的个人性质与观察语言的所谓公共性质之间的紧张状态。在这个语境中,作为主体的人并不具有工具性,并不是可有可无的,而是突然变为认识过程的起点和终点,[1]这类似于观察语言是逻辑推知过程

---

1 这使我们再次想到了笛卡尔的观点。

的起点和终点的情形。在这种情况下,理论语言能够起到什么作用呢?与观察语言类似,理论语言获得了意义,进而完全从相同的范围获得的所指对象,所以,理论语言已经不再与任何外部事物对应。当它阐释自身的逻辑结构时,它就不能引入新的范围或者模式了。那么,除了工具作用之外,它能否发挥其他作用呢?显然不能,其原因在于,L_t 没有自身的语言以外的所指对象,所以只能被理解为对 L_o 表示的同一外部世界的经过压缩和简略化的描述。在这种情况下,理论术语为 L_o 的相关术语所标示的要素组态和复合体建构场所。它们的作用完全是对观察——或者正如某些人所说的,对事实——进行总结、分类和系统化。

除此之外,由于 L_o 是由必然超越实际经验的普遍陈述构成的,它还发挥重要的动态但依旧具有工具性的作用;它提供通向未来的桥梁。它不仅是系统化和压缩的工具,而且也是预测的工具。它可被视为一套"推论许可"、行动指南或者操作工具,为逻辑转换服务,从描述过去经验的一组陈述转向表示可能的未来经验的另一组陈述,从 L_o 的一个次组转为 L_o 的另一个次组。正如波普所说,它是"受到称赞的小器具制作和管道作用",将过去与未来连接起来。

这种工具论坚持认为,科学理论的综合的、非逻辑内容被其经验内容消耗殆尽。一种理论的核心部分——其普遍法则——正是一组规则,用来统一描述,作出可以观察的预测;规则并不把我们带到被观察的现象世界的上方、下方或者后面。他们要讨论 L_t 的描述性术语想象中表示的无法观察的"理论"实体,这种做法是没有什么意义的。他们要在与超越 L_o 的某物对应的意义上,讨论 L_t 的真伪,这种做法也是没有意义的。真正有意义的是其经验充分性:它总结和预测可观察现象的能力。

有人可能觉得,我们已经让主体回到讨论中来了。但是,这种主体——作为人的主体——依然仅仅是一台逻辑机器,一台真值显示器。它仅仅是一种抽象感知的偶然载体,被非个人化的、主体之间的观察语言完全代表并取代。前一种工具论强调观察者和观察语言的工具性,其优势在于每个人的生命的短暂性质。[1] 后一种工具论宣称理论语言的工具性,源于同一观察者的不可或缺性。两种工具论都具有悠久历史。早在《蒂迈乌斯篇》中,柏拉图就表述了科学理论的工具性论点。认知主体的工具性这一理念至少可以追溯到科学革命时期。逻辑经验主义软化了维也纳小组的计划,在两者之间摇摆不定。根据一句古老的经验主义名言,"在感觉中没有的东西,在知性中也不会有(nihil in intellectu quod non fuerit in sensu)",逻辑经验主义既强调感知的不可或缺性,又强调观察的客观性或主体间性。因此,在逻辑经验主义中,L_o 既是一种工具又是认知的实质。

然而,后者将观察还原为对来自外界客体的印迹的被动接受,还原为不受任何带有个人色彩的事物的影响、不受任何带有现实人性特点的事物的影响的纯粹观照。纯粹原则——即观察主体的透明性——和可观察性原则在此汇合起来。否则,假如进行观察的主体不是透明的,我们就会面临堕入唯我论的危险。这里的两难困境显而易见:要么我们困在现象世界之中,科学理论并不告诉我们感觉世界之外的任何东西;要么观察者和观察

---

1 参见下一章。

语言仅仅是工具,它们被使用之后,可以被人撤走。逻辑经验主义无法解决这个问题。一旦失去神的基础,人类就已经开始漂浮;人发现自己既在自己的产品——科学知识——之内,又在科学知识之外。实质已经不复存在,一切都具有工具性:理论语言、观察语言以及人本身。

尽管逻辑经验主义否认科学的任何形而上学基础,它提供的关于神的知识的认识论替代理念包含的许多东西与17世纪的科学思想体系类似。为了厘清这些东西,让我们以前一章所用的方式,对本章内容小结如下:

A. 存在着一种理想的科学语言,它没有任何人为痕迹,完全由真实性已被明确确定的陈述构成。

B. 理想语言的逻辑结构代表世界的逻辑结构。

C. 借助理性重构,人们可以将实际的科学语言转换成理想语言。

D. 为了实现这一目标,人们必须满足以下条件:

(1) 必须将科学语言的句法和语义与语用分离开来,必须清除科学语言中所有语用成分。

(2) 必须提供享有特权的次语言 L_o 以及对它的阐释;理论次语言 L_t 必须可被还原为次语言 L_o。

(3) 必须提供逻辑句法的构成规则和转换规则,必须以理性重构的方式,对其加以应用。

如果将本书这两章的小结加以比较,读者自然会看到两者之间的区别。

第三章 第二个替代物：客观知识

偶然困在"生物 N"中的抽象认知被视为任何形式的认知都有的要素；工具性被完全转为理论语言，即便如此，逻辑经验主义内部的紧张状态并未完全排除。其中之一是规范任务与描述任务之间的压力，即建立规范的强烈欲望与对科学持现实态度的决心之间的紧张状态，而这种紧张状态最终逐步终结了维也纳小组的计划。对科学持现实态度至少需要对进行研究的科学家的直觉抱有初步的尊重，而这种直觉既不珍爱过分的逻辑主义，也不完全欣赏对科学理论的工具论解释。现实方法不可能对已经在科学界中牢固地树立的这个观点持视而不见的态度：理论术语应该表示真实的但未被观察到（或者通常仅仅是间接观察到）的实体和特性。先是牛顿和笛卡尔的自然哲学，后来是波尔兹曼的唯物论和爱因斯坦的实在论，如今是对量子力学和相对论的实在论解释；在这个过程中的大多数科学家都认为，任何理论语言——一旦该理论被接受——实际上都必须被视为对作为观察基础的现实的真实描述。

这一信念与人们所说的科学研究的基本动机密切相连。假如工具论是正确的，假如理论只不过是对经验和预测未来经验的工具的概括性安排，究竟是什么促使科学家探索更普遍、更一致的理论呢？这是否仅仅是对现象描述的优雅性和经济性呢？

第三章 第二个替代物:客观知识

此外,科学家常常渴望证明假定实体——例如,原子或者中子——的存在,我们如何解释这种情况?如果被假定的实体的存在只是对现存经验进行分类整理,在预测未来经验时加以使用,为什么要劳神费力地去探索存在呢?然而,常被证明的一点是,这类探索在形成新经验和新理论方面起到富有成效的作用。再则,预测——它被工具论者视为理论的唯一目的——有时候取得的成功大大超过经验论者认为它具有的能力。人类发现了海王星和冥王星,发现了中微子和阳电子,发现了不同理论预先描述的其他实体;它们仅仅这类辉煌设想的一些样本。如何去解释这些成就呢?在工具论者看来,它们不过是"宇宙的偶然性"(斯马特,1963年)。如果现象与真实世界之间的联系被切断,那么,经验是否像理论所预测的那样一起出现就纯属偶然了。

必然存在更密切的联系;如果说它不是在实在世界与现象世界之间,那么,它应该在理论与经验之间。范·弗拉森(1980年)利用这一必然性来支撑他对经验主义的简单但强有力的辩护。他的基本论点基于这个已被确立的假设:现代科学一直使用可观察性原则。该原则要求,实在事物——如果它要成为科学研究的对象——必然会在可观察的现象中显现出来。经验主义可能接受了历史悠久的西方哲学和西方科学的传统;根据该传统,对现象的解释在于假定据信会揭示现象的"隐秘原因"。在这个语境中,"揭示"甚至可能意味着,现象通过某种连续不断的过程,以明确方式与其他的某物联系起来。但是,经验主义坚持认为,无论"其他的某物"、"隐秘原因"或者"假定的实体"这样的短语表示什么意思,这里所说的某物必须在所研究的现象中被发现和揭示;它必然是可观察的。换言之,可观察性原则意味着,前面提到的隐秘的东西与显现的东西之间的联系必须以某种方式加以确定,于是,"揭示"现象同时会将位于黑暗之中的东西带到光天化日之下。解释现象这一行为的确切意思是,让这种联系看上去似乎有理,或者说至少是可以接受的,从而将"隐形的"变为"可见的"。现代科学并不容忍"原则上无法观察"这一说法,无论其对象是实体、特性还是诸如此类的东西均是如此。这使为经验主义提出辩辞显得容易了;一旦两者之间的联系得以接受并且稳定下来,或者我们应该说,得以牢固地树立,有人就可以宣称说,原来隐秘的东西现在是可观察的,理论现在纯粹是"经验层面上适当的"。

于是,工具论提出的质疑经过反弹,回到了原地。面对这种为经验主义提出的辩辞,面对两种宏大理论(相对论和量子力学理论)提出的论证充分的反实在论阐释,实在论观点的追随者们被迫以明确方式,详细展开实在论,以便为其辩护。所谓的科学实在论就是其结果。在其倡导者中,有的人希望将它限定为对科学理论的地位和科学术语的地位的探讨,这一点在以上讨论中有所提示。但是,为了抓住科学实在论的支撑论点和背后动机,我们必须寻找更大范围的框架。

在我们这个时代,甚至哲学家们也大声宣称,形而上学已经终结,表述实在论(特别是有人所称的"形而上学实在论")并且为之辩解并非易事。请不要忘了,通过求助上帝或者任何先验的东西、为科学实在论辩解的任何言辞现都遭到排斥,因此,必须寻找一个更自然的基础。然而,这里的根本难题在于两点:其一是实在论者的内在需要,即用语言来描述独立于语言的世界之中的事物,描述事物与语言本身的关系(进行所有这些活动的方式是独立于语言的);其二是实在论者让实在——通过人的语言——自行表达的抱负。在科学领域中,科学实在论涉及的实在——这就是说,科学的理论语言据说表示的实在——是超越人类的五官感觉的。从这个意义上讲,它被视为无法观察的。然而,即便在用逻辑经验主义倡导的理性方式进行重构的情况下,科学的理论语言也是具有感知的人使用的语言。而且,从本质上看,对这种语言的证明(以及它的意义)依赖这种有感知(并且善于言辞)的人的在场。在这种情况下,关于"无法观察的实在"的说法是否可能独立于说话主体所在的现象世界,独立于说话主体使用的语言?它是否可能是某种不属于进行言说和五官感知的人的语言?

这一基本难题使得科学实在论的表述必然以许多方式进行尝试。哲学家和科学家不遗余力地加以阐述,他们对实在论信条的表述有时候似乎不仅各不相同,而且各树一帜。[1] 不过,尽管它们种类繁多,我们可以列举实在论得以表述的四种语境,每一种都以某种方式与支持或者反对实在论的一种主要论点相关。它们分别是:与存在概念相关的本体论语境、与意义概念相关的语义语境、与证明概念相关的认识论语境、与接受和成功概念相关的语用语境。这四种语境——或者其中某些语境——与不同的概念和论点相连,可被视为基本实在论的不同要素和侧面(牛顿-史密斯,1981年;胡克,1987年)。下面,让我们逐一探讨。

---

1 有关形形色色的讨论,参见哈里(1986年)。

1. 本体论要素

对本体论要素的一般表述大致如下："科学实在论认为,正确理论所描述的本质、状态和过程实际上确实存在"(哈金,1983年,第21页)。这一说法看上去相当简单。然而,我们仔细分析就会发现,它由三个断言组成:其一是关于一般存在的断言,其二是关于附属性质的断言,其三是关于存在状态的断言。

帕特南(1982年,第49页)将第一个断言称为"形而上学的",它的意思是,世界由独立于心智的客体的某些固定整体构成。德维特(1984年,第43页)是这样对其进行表述的:物质客体以外在于我们、独立于我们的感性经验的方式存在。胡克(1987年,第256页)的表述与之类似:存在在逻辑上和概念上是独立于认识条件的(实在独立于认知而存在)。我们立刻发现,如果不涉及"心智"、"我们"、"感性经验"、"认识条件"等东西,表述实在论就会非常困难。我们立刻发现,自己身处笛卡尔哲学的二元论中:一方面有物质世界,另一方面有心智、感性经验、认识条件和认知行为。前者独立于后者。完全应该使用述词"形而上学的"。

在评述以上陈述的一般内容——即独立概念——之前,方便的做法是先陈述第二个断言;其原因在于,它涉及与存在[1]相关的另外一个特性,该特性说明"独立"的意义。根据胡克的表述,第二个断言说:实在是可认知的,认知者和认知对象以因果

---

[1] 如果说存在可以被视为一种特性的话。

方式发生联系,而不是以任何更密切的构成方式发生联系(同上,第256页)。于是,这里所提示的是,"独立"是一个关系层面上的单向概念,"实在"独立于心智,但是心智并非必然独立于实在。其原因在于,可认知性和因果影响从物质实在转向心智,但是,至少就存在而言,这种转向并非反向进行,"不是以任何更密切的构成方式发生联系"。在可认知事物与认知者关系中,不存在相互作用;实在对心智的知识没有兴趣。笛卡尔哲学将世界划分为心智和物质;现在,这一划分得到单向因果性和可认知性的不对称关系的修正。我们还要注意的是,当"可认知"特性被添加到"独立"特性上,以便使这一概念具有更多内容时,无论认知者是谁,实在与认知者的关系甚至变得更紧密了。

"可认知"是一个相当晦涩难懂的特征,所以,我们应该采用赫尔曼(1983年)的做法,试一试另一个表述;也许,它对科学哲学来说更适当一些。这个表述就是:自然科学研究独立于心智的物质世界。这可重新表述为:"独立于心智的世界存在着,而且是科学研究的对象。"可认知肯定比科学研究的对象更有力,后者仅仅让人回到"那里摆着的"存在。然而,一种平衡在两者关系中得以实现:单向因果性——意味着心智的被动客体性——被"独立于世界的心智"的客体性所补充。

在这两个命题中,一个涉及被称为实在的外在的独立存在,另一个涉及这种实在与心智之间(可认知事物与认知者之间、客体与主体之间)从根本上说的非对称关系;在这两个命题中,科学实在论不仅确认现代科学家的直觉,而且确认现代人的最基本的存在。这是因为,现代人认为,外部实在缺乏内在精神和心智,并不显示与人的类似性,并不与人交流。在人与外部世界之间,有一条深邃的鸿沟,即人的必死性。在现代,这一普遍感觉以这些意识的方式出现:个人的存在或非存在对世界没什么影响;我们作为感知者和认知者对外部世界非常敏感,而世界对我们并不敏感;对我们人类来说,外部世界是外在的、疏离的,所以,对外部世界而言,我们人类是外在的、疏离的,或者说,反之亦然。人类已经不再是世界的中心,世界也不再以人类为导向。同理,世界也不是我们可以容易发现自我的家园。使我们的存在能够拥有某种意义的唯一存在者,能够最终听到我们的祈祷、关心我们的存在者已经撤离了这个世界。于是,外部世界已被变为某种疏离、冷漠、独立于心智、非人、超验和神秘的东西,以抛出之物(ob-jectum)的形式,被放在我们面前。[1]

人具有昙花一现的性质,我们可以容易地想象世界本身可以在没有我们的情况下存在,想象外部世界的麻木性,所有这些念头都使实在论变得非常重要,使独立说变得很有说服力。"毫无疑问,我们这个星球上的生命在某种程度上是一种令人愉快的意外事件",这一意识促使斯马特(1963年,第22页)得出结论说:"因此,我们应该能够就没有生命的宇宙,理智地提出看法。"看来,这类观点是以这样的形式表达出来的:"两个物体相互吸引,该引力的大小与它们的质量乘积成正比,与它们距离的平方成反比。"在这个表述中,除了别的以外,既没有任何具有感知的人,也没有这个句子的说话主体。陈述并不(而且绝不)提示——更不用说实际上暗示——所说内容依赖观察者和言说者的存在。即使对许多逻辑实证主义者来说,这一做法是反直觉

---

[1] 关于这一点的进一步谈论,参见本书第一章。

第三章 第二个替代物:客观知识

的:在科学语言中,包括明确与具体"生物 N"相关的感知数据语言。然而,从逻辑上说,随着一个具有感知的人诞生的每一分钟,世界可能被重新构造。其原因在于,从我们的经验,从我们的死亡意识,或者从别的角度都无法从逻辑上论证外部世界的独立存在。外部世界存在的必然性并不是逻辑必然性;但是,我们知道,外部实在的存在也不是以简单方式加以假定的。[1]

最后,本体论要素的第三个断言具体说明了存在观念尤其适用的外部对象的种类,具体说明了人们心里所想的存在"种类"。内格尔(1961 年,第 118 页)是这样表述的:"我们必须认为,该理论明显假定的对象具有一种物质实在,这种实在至少与一般人认为的日常物体——例如,棍子和石头——具有的实在同等。"日常言说和日常物体占了上风:科学实体存在的方式与一般的日常物体的存在方式没有什么两样。然而,这一说法欠缺说服力,因为它认为桌子和分子具有相同的存在状态;假如世界缺乏感知者,分子或者桌子是不会消失的。一个更有说服力的观点借鉴了爱因斯坦对这两种桌子的区分,即其他人所作的"显现"形象与"科学"形象之间的区分;人们看到、使用前一种桌子,并且描绘说,它是棕色的,有四条腿,还有抽屉等,而现代物理所说的桌子是不同分子和分子复合体排列而成的。接着,它通过宣称,显现形象随着观察者的消失而消失,从而认为后者具有更基本的实在,甚至唯一的实在。

第三个论点抓住了科学的一般策略,该策略在古代已被具体说明,并且被认为是对实在论非常有利的东西。该策略概括

---

[1] 相关的科学论证,参见本书第五章。

说明,科学的目的不仅要描述人们的经验,以简要方式对经验进行排序,从而可以预测未来经验;而且,科学还致力于解释经验。正如上面所提示的,解释在于通过假定一种潜在的实在("科学形象"中描述的"真正实在"),潜在的实在被赋予力量,可以形成人们所感受的东西,从而使"显现"形象成为人可以理解的东西。由此可见,这里所用的"明显"一词是有目的;它并非必须要求,理论中假定的所有实体在所描述的意义上都是真实的。某些"实体",比如"力线"、"等电势体"等是辅助概念,具有刻意界定的清楚的工具性作用;它们并不被人认为是实在的东西。内格尔想到的那些实体是其存在被明确肯定的实体,例如,电子、冥王星、基因。[1]

第三个断言的两个版本都表达了一种由历史和宗教原因形成的古老倾向,即将我们珍爱的理论的基本概念具体化的倾向;该倾向存在于科学家和哲学家中,可以追溯到柏拉图哲学。一旦我们由于某种未知的原因相信理论是正确的,一旦我们相信现象与实在之间的联系,我们就愿意将外部世界之中的真实存在给予明显假定的实体。哈金(1983年)评述说,具体化通常出现在漫长过程的结束时;这就是说,在科学领域中经常出现的情形是,一个概念开始时被人从工具角度加以解释,在上述联系变得稳定之后,最终被人理解为表示真实实体的东西。科学实在论表述经常包括"成熟理论"、"正确理论"以及"得到认可的理论"这类短语,其原因正在于此。

为了确定本体论要素的一般特色,为了更进一步,让我们再

　　1　当然,这一区分并非无懈可击。

看两种表述。第一种依然是胡克(1974年,第409页)的观点:"科学实在论是这一观点,即科学理论旨在表达的恰当意义既是对物质世界的文字描述,又要表达存在的事物和及其运动方式。它表达的是这一观点,如果一种科学理论实际上是正确的,那么,在世界上确实存在该理论认为存在的实体,确实有理论术语来描述它们的特征。"换言之,科学发现已经存在的东西。塞勒斯用类似方式写道:"依我所见,有充足理由相信一种理论——事实上——就是拥有充足理由相信,存在着该理论假定的实体。"这些表述也说明,以相互孤立的方式对待科学实在论的不同要素的做法是很不恰当的。胡克的表述包含"文字"一词,它涉及理论语言的语义层面。另一方面,塞勒斯谈到了接受的理由,从而要我们去面对认识论领域。因此,我们下面必须论及这两个方面。

2. 语义要素

当我们谈到存在时,我们很快落入涉及关系的话语中:"独立于……"、"是……对象"、心智"可以认知"的关系。在语言学转向之后,讨论外部实在与心智中概念的做法已经过时,至少在科学哲学领域如此。关于理念或者内心实体的话语已被关于语言的话语代替。科学实在论反对维也纳小组计划的某些支持者对理论术语的工具化解释,但却接受在话语方面出现的这一变化,从而利用了逻辑经验主义提供的对科学语言的大量分析。具体说来,它接受了逻辑经验主义的涉指和真理的语义概念。这一点见于类似的表述:成熟科学理论的核心术语一般表示真实但无法观察的实体及特性。这里所用的修饰语"核心"和"一般"考虑到了"力线"这样的例外情况,而突出"成熟科学理论"的做法暗示,理论必须得到证实,从而是真实的,这就是说,对基本术语的工具论解释已经完全转换为实在论解释。

这样的表述假设,存在精确的脱离语境的方式来确定哪一个"核心"术语在涉指层面上与"无法观察的"外部实在联系,哪一个"核心"术语在涉指层面上不与"无法观察的"外部实在联系。于是,人们立刻产生基于直觉的想法(它将在下面得到证实):语言的语用仍然是毫不相关的。就已经引起许多争议的"无法观察的"一语而言,它说明了两个问题。第一个问题涉及可能将科学语言划分为理论部分和非理论部分的可能性,第二个问题涉及将客体和活动划分为可观察的和无法观察的两个部分的可能性。这些问题将在本书第十二章和第十三章中分别加以讨论,但是,我们可以暂时说,"无法观察的"(或者说"理论的")的意思仅仅是"假定的","可观察的"的意思是陈旧的经验论所说的"直接所与的"。

上面提及的表述我们常常见到,它将科学实在论与"意义指称论"绑在了一起。根据这一理论,如果一个描述性术语要拥有意义,它就必须说明、标示或表示某事物,而不是一组别的文字,必须表示某个非语言的事物。在实在论的解释中,一个描述性术语必须表示独立于言说者的外部实在的客体或者客体的特性,所以,实在论在某种方式上相当具体。与逻辑经验论者类似,实在论者也认为,语言完全是描述性的,这就是说,语言表示别的某物。但是,实在论者认为,语言不仅仅是讲话者思维(在思维中,所指可能是心理实体)的表达,不仅仅是解释说话者经

第三章 第二个替代物:客观知识

验的工具,不仅仅是两个心智之间的话语媒介。科学实在论者加固了与本体论要素的联系:在这个语境中,说一个理论术语"表示"就意味着,存在"超越"语言和心智的"某物"。有人认为,科学理论的存在性陈述(即外表假定)必须在字面意义上理解,可以不考虑语境,而不是根据使用语境,在隐喻意义上理解。

由此可见,在逻辑经验主义的刺激下,科学实在论继续了这一传统:将意义或者涉指概念与存在概念结合起来,而不是与实践概念结合起来。请记住:如果存在着说明科学陈述真伪的事态,那么,科学陈述中的术语就具有意义或者涉指。在科学哲学领域中,一旦"真"这个术语——随着塔斯基的理论出现——变为被称作"语义学"的元语言的一个技术术语,意义就从解释形式语言的(语义)模式的角度加以定义了。科学实在论所做的不过是增添了这一点:认为该模式——或者说"事态"——必须是独立于心智的实在的一部分。在这种情况下,出现了进一步结果。例如,人们必须认为,相同的术语表示相同的实体,即便相同的术语出现在不同理论中也不会改变意义。换言之,涉指必须不受语境的影响。逻辑实证主义中没有道理的假设变为科学实在论中得以证实的东西。

此外,所谓的真理——这时作为与该模式的存在联系起来的一个语义学概念——应是某种超越依附于元语言陈述的形式索引的东西;它以某种方式,涉及语言与独立于语言的所指对象之间、语言与该模式之间的某种对应。胡克(1987年,第256页)明确指出:"真理存在于语言与世界之间的适当对应关系中。"胡克接着很快转向认识论方面的考虑:"真理是否存在与认识接受或排斥标准无关。科学理论既是认识接受或排斥的候选对象,也是真理的候选对象。(因此),理论术语具有与作为真理的备选项的要素相适应的语义内容,而且,这种语义内容并不完全可还原为可观察条件的语义内容。"

这一语言形式从逻辑经验主义借鉴而来,它使我们在前一章中讨论的许多内容都可派上用场。例如,根据这一表述,我们可以回到维特根斯坦的早期观点,和他一起主张两种逻辑结构之间的对应性——一个是世界的逻辑结构,另一个是语言的逻辑结构。不过,我们要在维特根斯坦的早期观点上添加这一点:处于这种对应状态的不仅有术语与句子之间的关系,而且还有术语之间的关系。其原因在于,实在论者会说,在科学领域中,人们所处的位置与日常生活的位置没有什么两样。在日常生活中,人们可以判断"正在下雨"这一陈述的真伪;同理,人们也可判断科学理论的陈述。它们是两种实在:常识(现象或者显现)的实在和科学(本体或者隐秘)的实在以相同方式,在本质上将可以让人判断真伪。人们稍作观察,便足以确定天是否在下雨,确定电子是否存在。其原因在于,在科学领域中,即使观察可能位于漫长过程的终点,其结果会是相同的,人们稍作观察,便能作出判断。因此,相同的真理概念对两者都适用;"正在下雨"的真理性和"电子带有负电荷"的真理性是同一种真理的实例。并非所有的实在论者都赞同这个观点。他们之中的某些人自称"理论方面的反实在论者","理论实体方面的实在论者"。他们颠倒这个说法,认为一种理论有可能是谬误的,即有可能忽视逻辑结构之间的对应,然而该理论的某些术语却表示真理存在的实体(卡特莱特,1983年;哈金,1983年;哈里,1986年)。每一名实在论者看来都排除的可能性是,理论是真实的,核心术语并不表示任何真实的东西。

　　现在,很难找到按照早期维特根斯坦的方式、完全赞同对应关系的实在论者。反对这种对应的主要论点是这一经典说法:为了证明某陈述有理,就必须独立地了解两个方面,了解语言和独立于语言的实在。我们不可能独立地接近外部世界,因而不能证明两者之间的对应。然而,尚未提出任何适合实在论的其他真理概念。所以,这个论点尽管古老,没有阻止许多人相信对应。如果说不是它作为某种毋庸置疑、在成熟科学理论中已经取得成功的东西,那么,它可以作为可靠的科学方式能够为之铺平道路的一种可以实现的目标。不管怎么说,如果不解决对应问题,对涉指——或者与模式关系——的讨论是无法得到确切结论的,这将我们带到上面引用的胡克的表述中包含的认识要素。这再次证明,没有哪一种要素可以独立存在。

3. 认识要素

　　我们可以认为,科学实在论鼓吹的存在、意义和真理三者的统一性必然伴随对步骤或过程的描述;通过这样步骤或过程,存在、意义和真理在某种相互关系中以确定。这样,真理不单单是语义概念,而且将会变为认识概念。于是,无论科学实在论可能就步骤提供什么描述,实在都在该步骤中发挥重大作用。因此,牛顿-史密斯(1981年,第28页以及各处)认为,科学实在论涉及这个根本假设:科学命题的真伪取决于世界独立于我们的方式。换言之,这里假定的是,对于科学语言中的每个句子,可以判定其真值,构成最终判断的是实在本身。然而,这里的核心问题,即"独立于我们"这个短语的意义。在牛顿-史密斯的语言表达方式中,它在一定程度上是隐秘的。但是,从一位对手的这一陈述中,它得以阐明:"我将实在论的特征概括为这一信念,即来自受到争议的范畴的陈述(理论陈述)拥有*独立于我们认知方式的客观真值*"(达米特,1978年,第146页;楷体是笔者加的)。或者用帕特南(1975年,第69页)的话来说:"(就具体理论或者话语而言)实在论者认为,(1)该理论的句子可真可伪,(2)决定它们真伪的是某种外在的东西,这就是说,它(一般说来)不是我们的——实际或者潜在的——感觉材料,不是我们心智的结构,也不是诸如此类的东西。"于是,我们有看到合二为一的两个观点。第一个可被称为外在性原则,它认为"决定句子真伪的是某种外在的东西","它的存在独立于我们";第二个认为这种自身形成的过程"独立于我们的认知方式"。

外在性原则必不可少,与从事实际工作的科学家的直觉完全符合;正如我们将要看到的,它也完全符合自然论的说法。科学实在论强调第二个观点,将它称为自主性原则,从而强有力地提出,实在作为判断句子真伪的动因,是单独产生作用的,文字以自身的方式表示意义,说话者因而变得毫无关系了。在这种情况下,认识要素看来仅仅强调认识步骤的一种假定存在的真值恒定事实。实际上,它宣称的并非仅仅这一点,它还公开表达了对认识主体的自我否认。如果"正在下雨"是真实的,它也与任何言说者无关;认识要素通过强调这一点,为存在断言增添了一个相当独立的主张,即正是外部世界以独立于我们的方式,决定我们的陈述的真伪。它假定,在我们作出的陈述与外部的非人实在之间,存在着某种直接关系;事实上,它假设,作为语言与实在之间的可能不可避免的中间者,我们是完全透明的。

这一态度说明了这一事实的原因:恰当的认识要素,即描述确定真值(或意义、所指)所用步骤的认识要素,严格说来并不是实在论的要素;它被视为某种纯粹工具性的东西。我们评价一种理论的真值;倘若它被证明是真的,我们接受它,我们承诺在未来的探讨中使用它。在这种情况下,认识要素描述这一评价、接受和承诺,将理论与理论使用者联系起来。但是,与选择理论术语的工具性的工具主义针锋相对,实在论青睐言说者和使用者的工具性,而这一点看来是不可避免的。在这一方面,实在论是我们这一强大、正统的直觉的受害者:如果因为可靠的工具性步骤,一种理论应被称为正确的,那么,即使没有人去实施该步骤,它也是正确的。总之,认知者并不重要;他们至多是具有透明本质的自我否认的中介者。即使当科学实在论承认说,认知者并不具有通向独立于心智的外部实在的渠道,因而需要观察时,认知者的感知也不被视为阻止真理通过现象、从实在转到语言的障碍。

科学实在论者试图在媒介的性质中找到这一观点的支撑。根据他们的说法,在连接外部实在与科学语言的因果链条中,中介者——"生物 N"——是一个核心要素。这种链条可能漫长而复杂:它涉及知觉的因果作用,涉及复杂的因果过程;该过程从知觉开始,通过中枢神经系统的其他部分,最后形成话语。有些科学自称能描述这个过程。所以,如果说我们现在并不知道这一链条的构成方式的细节,不知道这一链条产生作用的细节,就让那些科学在未来的探索中去发现它们吧。但是,在实在论者看来,必须事先假设某种东西。无论该过程是如何实现的,它都必须是明确的；它必须以明确方式，将外部世界中的简单"事态"与科学语言中的一个简单句子联系起来（或者更准确地说，将外部实在中的一个实体及特性与科学语言中的一个理论术语和述词联系起来）。两者之间的联系应该是明确的。这一点至关重要，因为只有在这种情况下，"生物N"的透明性才能加以证实。我们再次回到没有主体的认识论。

不同的比喻被人使用，以便说明这一假设。最常见的绘画投射和制图投射比喻具有实现完美的潜能，直至获得镜像，即一对一投射或映射。同理，这些投射必须符合相同的标准要求：随着投射的改进或者组合，起到媒介作用的介质必须消退在不易捉摸的透明状态中，逐步接近消灭点。正如上面所谈到的，在投射完成之后，操作投射的介质（主体）必须退出。[1] 在这个背景中，我们是否再次看见作为终极状态的神的同一性呢？

在科学实在论的这三个要素中，我们发现所有传统认识论共有的相同主题：认知主体的工具性和非必要性。因此，我们可以用与前面章节类似的方式，将本章内容作如下小结。

A. 存在独立于心智的外部实在，它对人类认知产生强烈影响。

B. 存在着客观（科学）知识[2]它与外部实在形成明确、未经媒介的对应。

C. 如果以下条件得以满足，人类认知主体能够获得这样的知识：

---

1 参见胡克（1987年）和乌克提茨（1984年）引用的福尔默的观点。
2 或者说宇宙语言。参见以下内容。

（1）排除科学语言中所有的语用成分，这就是说，抹去认识步骤的所有痕迹，从而抹去认知主体的所有痕迹。

（2）严格应用科学方法。

4．语用退避和宇宙语言

实在论者反对这些类比类推，通常在所谓的"成功论证"或"近似对应"概念中找到证据。本体论要素得到人们对以下两个方面的认识有力支撑，其一是自己内心世界的短暂性，其二是外部世界的超越性。对从本质看（sub specie aeternitatis）的真理，我们的直觉没有那么强烈；对作为理论语言与实在之间未经媒介对应的真理，我们的直觉更弱一些。为了缓解这些不同直觉之间的紧张状态，为了打破对应理念使科学实在论陷入的僵局，许多论者在科学取得的明显成功中寻求慰藉。例如，麦克马林求助于他所称的结构科学，比如，地理学和化学。他指出，在这些学科中，我们见到"对内在结构的越来越细微的具体说明。这种具体说明在长时间中积累而成，理论实体在此基本上在论证过程中产生作用，并不只是对'潜在实在'的直觉假定，最初比喻在其中已被证明一直是卓有成效的，能够不断进行扩张"（引文见莱普林，1984年，第17页）。在其他科学——例如，物理学——领域中，我们可以很有信心地说，我们现在知道的范围和深度超过了以往任何时代。这就是支撑这一看法的乐观归纳的基础：在科学领域中，我们向着形成更好——如果说不是更真实——的理论的方向前进。

然而，如果纵观历史，我们就会发现，乐观归纳是与悲观归纳并存的。在科学经历如此漫长的历史之后，波普转过头去考察历史，他看到的是一片坟场，里面埋葬着僵化假说、整体理论、错误开始和错误结论，埋葬着失败的实验、遭到误导的观察，诸如此类，不胜枚举。从今天的角度看，过去一个世纪提出的概念在意义上都出现了变化。历史告诉我们，我们没有理由相信，我们今天倍加珍爱的理论明天将会依然保持活力。人生短暂，这是实在论的一个强有力的论证；它意味着人提出的概念也是昙花一现的东西，这对实在论来说是不利的东西。那么，好吧，将成功论证变为更适当地描绘真正科学实践的问题。"在实在论者看来，现在的问题是"，他说，"如何解释通常失败的策略所取得的偶然成功"（引文见莱普林，第89页）。

获得慰藉的另外一种方式更危险、更有趣。有人曾经采用投射比喻和映射比喻来解释认识过程的不纯性，而不是可改进性。形成的近似对应概念旨在取代在一定程度上非真实的双射式一对一投射，它常常被用来达到相同效果。近似对应涉及近似真理问题，带来了许多麻烦。它带有破坏整个计划的危险，然而，看上去像是一个不可避免的举动。

一个句子近似真，这究竟是什么意思？它的真值是否处于真伪之间的某个位置？该句子是非真非伪，还是近似真或近似伪，或者两者兼而有之？如果真理是程度问题，是人们逐步靠近的某种东西，这对实在论来说意味着什么？直觉告诉我们，真理要么是人们一举获得的东西，要么是根本无法触及的东西，真陈述根本不可能被人抛弃，不可能被提升到更高真的程度。当然，就近似真理而言，讨论理论比涉及陈述时有意义。但是，在这种情况下，实在论却面临另外一个问题。实在论断言，真实理论的

第三章 第二个替代物:客观知识

术语名副其实地表示外部存在的实体,如果该理论仅仅是近似真的,所涉及的是什么样的存在?它是否是一种近似存在,是处于存在与非存在之间的某种东西?如果有人像卡特莱特那样,将关于理论真实的问题与关于理论实体的存在问题分离开来,这种做法也帮不了多大的忙,因为在量子力学这样的理论中,实体(或者系统)的概念实际上被还原为"希尔伯特空间"、"状态"、"可观察的"、"量度"这样的概念。

与近似论相伴的常常是另外一个说法,即存在着一个逐步变化的不对称过程,它使人们越来越接近真理。然而,包括波普在内,[1]没有谁测量出到达纯粹和质朴真理的距离,从而以无可争辩的方式显示会合位置。即使将来某一天有人像实在论者希望的那样,提出了对这类过程的描述,它也仍然是主体自我消除的过程,因为正是主体使这种对应近似。况且,这看来那并不现实。如果有人说,科学的目标就是发现纯粹和质朴的真理,这种观点同样适用。如果假定人被排除,该目标根本没有实现,我们如何知道这就是科学的目标呢?

无论我们对渐进近似的理念和成功论证的理念持何态度,引入它们显示出旨在解释这一事实的意图:认知主体提供了无法避开的媒介。涉及"近似对应",随着关于知觉与语言因果性的可能的理论,出现了一种由乐观归纳驱动的意图,它旨在以正面方式,将认识要素引入科学实在论。帕特南提出的内在实在论就是这类尝试的一个例子,它将真理定义为"对合理的可接受性的一种理想化";这是一个内在标准,可以用来判断语境、人的

---

[1] 参见牛顿-史密斯(1981年)。

目标及兴趣。在他提出的适度实在论中,牛顿-史密斯认为,理论的任何"神学"变体作为字面描述,与世界的对应只有上帝才能知道,因此应该将实在论从神学中解放出来。他相信,人们有可能找到纯粹的世俗方法,从而使真理只是人的探讨系统的产物。于是,他与戴维森携手,采用这个具体说明,修改了对应理论:有时对说话主体 N 来说,判断句子真伪的依据是世界的状态,所以,世界与句子就不再是宇宙之中单独存在的事物了(牛顿-史密斯,1981年)。胡克让对应适用于作为总体的理论,这一做法在很大程度上使这个概念变得模糊起来。在这种情况下,他进而宣称,理论是我们认识实在的指南(胡克,1987年)。

读者肯定已经注意到,我们现在进入一个全新领域,即科学实践领域。[1] 对实在论的经典表述的这类修正说法将人们的注意力从语言与实在之间未经媒介的关系转向了中介者。于是,曾经遭到排斥的主体从后门溜了进来,科学实在论随之经历构造变化。对工具论者来说,求助评价理论、接受理论或者排斥理论的做法是理所当然的行为;[2] 对实在论者来说,这样的做法提出了严肃问题。例如,"成为指南"这个说法带有强烈的工具主义意味。它是否表示,在恰当阐释的条件下,实在论和工具论将要汇合起来?毕竟,这两个基本原则——(工具论者坚持的)可观察性原则和(实在论者强调的)外在性原则——暗示相同之点,即与被观察的某事物的互动点。

---

[1] 这一改变的最佳说明是罗姆·哈里(1986年)提出的"适度参照实在论"。

[2] 参见范·弗拉森(1980年)。

正如有人所说的,实在论的这种软化——或者说世俗化和实用化——在麦克马林提出的这个小结中得到极好说明:"我再次申明,科学实在论提出的基本断言是,科学理论取得的长期成功使人有理由相信,理论所假定的那些实体和结构确实存在。这一看法包括四个重要限制。(1)理论必须在相当长的时段中都是成功的;(2)理论在解释方面的成功使人有理由——尽管这并非是决定性根据——相信它;(3)人们相信的是,理论结构是某种类似真实世界的结构的东西;(4)没有断言,所假定的实体具有特殊的、更基本的、享有特权的存在形式"(转引自莱普林,第26页)。在这里,我们看到了近似化("某种类似的东西")、历史("长期成功")和实践("理由"和"相信"而不是"根据")。关于独立于任何认识方法的说法烟消云散,真理变为一个人的概念。接着,麦克马林提出了结论:"当然,'相当长的时段'、'某种理由'和'某种类似的东西'这些限定听起来相当模糊,不过,模糊性是哲学家面对的挑战。是否能够将它们表述得更准确一些呢?对此我并不确定;正如我已经说明的,旨在强调科学实在论观点的尝试使该理论容易遭到人们的反驳。"(同上)

麦克马林的这一看法可能是正确的:人们不可能更准确进行表述,而且不可能让科学实在论继续发展。如果他的看法是正确的,其原因肯定在于,科学实在论无法抛弃其基本前提,抛弃它的反人类中心说。斯马特(1963年)宣称,哲学和科学的使命是"从本质上(sub specie aeternitatis)观察世界,这种观察方式贬低人们具有个人特性的领地视角"(同上,第84页)[1],他在

---

[1] 这使人想起培根当年提出的观点。

那时就已经将该问题置于这一传统之中。他的这本著作的核心主题"旨在说明，与科学知识所起的作用类似，哲学思想的明晰性帮助人们以真正客观的方式观察世界，让我们明白，人根本没有占据万物中心的位置"（同上，第151页）。斯马特认为，这种脱离世界的姿态和随之形成的客观知识是用一种"宇宙语言"进行表达的，这种语言抹去了人类中心说的所有痕迹。

胡克（1987年）也谈到"系统的反人类中心说"；西蒙尼（1970年）将它称为名副其实的哥白尼转向——当年，哥白尼将人从世界中心位置驱赶出去，而自我标榜的康德转向实际上让人重返世界中心。显然，在这样的反人类中心说中，两样东西被混在一起，而且以不可思议方式互相交换；从人生的短暂性，即从人的本体有限性，推知了人的认识有限性。然而，这一点并不成立。反驳基督教提出的人是按照神的形象创造出来、被置于宇宙核心这一教义是一码事，拒绝承认人处于自己认识的核心位置（因为不可能出现其他情形）却是另一码事。再则，或许与斯马特的意图恰恰相反，要人使用宇宙语言这一雄心勃勃的要求实际上使人重返享有特权的地位，使人拥有满足这一要求的超凡能力。在这一点而言，我们只能重复这些古老的问题：人微不足道、带有局限，被囚禁在自己的感知和语言之中，怎么能达到可以勘察世界并且以宇宙语言表述观察结果的位置呢？这样，人不是变成了异乎寻常的存在？变成唯一能够将自己从认知过程中"抽离出来"、使自己完全透明、通过自我否定（如果说不是完全自我消灭的话）来超越自己的存在？

因此，尽管科学实在论从实用出发，采取了退却行动，我们依然可以质疑的是，它是否能够摆脱完美存在者、完美知识和完美语言的阴影？摆脱思维（或者宇宙语言）与存在（或者世界）的同一性这一形而上学理念的阴影？尚不确定的一点是，如果保持我们已经讨论的形式，科学实在论是否可以容纳这种生物的存在呢？这种生物微不足道，生命短暂，活在现世之中，在科学语言与自然之间起到媒介作用，必然起到阻碍那种同一性实现的作用。其原因在于，尽管这两种替代物——逻辑经验主义和科学实在论——都意识到人的孤独，意识到人对形而上学所持的怀疑态度，两者都对上面提到的前提持肯定态度；这些前提过去得到形而上学的充分支持，如今却失去了存在的基础。然而，它们拒绝公开诉诸神灵，诉诸任何形而上学臆测，从而引起了形而上学的痛苦。难怪自然论——形而上学面对的最严肃的长期竞争对手——在这场争斗中占据了上风。

第二编 世俗的科学

第四章　自然化的知识

神的科学的哲学——或者称为无主体知识的认识论——尽管基本定向不同,还是被迫对知识载体作出解释,其原因在于,如果要排除主体,至少必须识别主体。笛卡尔哲学的内在之眼审视内在心理表征,需要一种标记;这种标记要么显示内在描述的可靠性和神圣起源,要么显示这种描述的不可靠性和人的堕落。在这种情况下,神的知识的认识论使用符号来净化人的心智,以便获得神的纯洁性,将经验主体,即具体的人,仅仅视为纯粹理性——或者理想语言、客观知识——的临时载体。经验主体具有偶然性和临时性的特点,在它被分析和完全描述之后,必须加以排除,以便不在知识中留下任何痕迹。有人希望,这样的知识将会模仿神的同一性,或者说至少在知识与已知事物之间取得独特的未经媒介的对应。神的知识的认识论和它的替代物是自我消灭的主体的认识论。然而,随着上帝离开世界,其中包括自然界和人的世界,随着形而上学与上帝一起死亡,人类存在的孤独性和平常性凸显出来,整个世界经历了巨大变化。纯粹理性、理想语言和客观知识,这三者都源于作为同一性的神的知识和人与神类似这两个结构性比喻,这时失去了根基;这些替代物的隐秘背景被揭示出来,传统被完全抛弃,人们要求提出关于经验主体的明确的成熟理论,这些进展的出现仅仅是一个时间问题。

诚然,哲学总是关注主体,要么为了排除主体,要么为了证实主体;但是,在这样的过程中,哲学总是带着宏伟抱负:在任何认知过程出现之前发现知识的合理基础。从笛卡尔开始一直到胡塞尔,这一抱负引领着哲学家们从主体内部的角度来探究主体,只有在取得可靠、坚实的基础(无论它是明确的独特理念,原始的直觉经验,还是原子层面的观察或范式都行)之后,才对客体进行研究。探索的运动方向总是从内到外,从自我意识到对研究对象的意识。[1] 在这种情况下,难怪客体的存在和自主性几乎一直是无法破解的难题。

看来,现在应该是体验某种不同东西的时候了。与传统观念割裂的第一步可以是颠倒它的方向,用伽利略的观点取代笛卡尔的观点。如果说主体总是身在世界之中的主体——实际情况也确实如此——的话,那么,我们可以从外部对它进行研究,这就是说,以伽利略的科学观对待客体的方式,从世界——而不是从主体自身——的角度对其进行研究。当然,对沉浸在世界中的世俗之人来说,这是一个不可靠的实验。但是,在以下的篇幅中,我将试图说明,以这种方式进行的实验做法可能给我们带

---

[1] 稍微例外的是唐·伊德(1991年,第72页)所称的"身体哲学家"那个小组,那就是伊德本人、P. 希伦、H. 德雷菲斯、J. 科克尔曼斯和 P. 克里斯。该小组从讨论埃德蒙·胡塞尔的现象学开始,进而研究了梅洛-庞蒂和海德格尔的理论,然后对技术哲学进行了短暂涉猎,如今与科学哲学领域中的英美传统融为一体,进入了自然认识论的领域。然而,一直没变的是胡塞尔的抱负:从人在日常生活里与世界的基本接触过程中去形成科学。于是,他们将科学和科学史从用来描述这种接触的手段中排除出去。

第四章　自然化的知识

来两个好处：其一，获得今世的见解；其二，获得对科学的自觉理解（而不是对认识主体的自我意识），这种理解绝不失去对客体的考量。现代自然论断言，可以对一切事物进行科学研究，因而它是哲学领域中率先提倡使用伽利略方法研究认知主体的学说。有人否认人类知识具有超自然的神的特征，例如，约翰·杜威(1938年)要求说明，"逻辑方面的因素是如何与生物因素联系起来的？""理性操作是如何从生物活动发展而来的？""生物功能和结构是如何为自觉研究铺平道路，是如何描述其模型的？"若干人进行了尝试，希望回答杜威提出的质疑，本章将要讨论他们当中一些人的观点。笔者自己的观点将在本书的其余章节中加以阐述。

1. 自然主义转向

在杜威建议的方向上，近年来出现的第一个变化是对逻辑经验主义进行严肃批判[1]的一部分尝试。在一个问题上，上文(第二章)谈及的一系列问题和尝试性解决方案已经在很大程度

---

[1] 对逻辑经验主义的批判来自两大阵营：一个是来自所谓的欧陆"阐释辩证"(拉德尼兹基，1968年)哲学传统，另一个来自其自身的分析哲学传统。后者始于20世纪50年代早期(奎因，1951年；图尔明，1953年)，后来在这些事件的影响下达到巅峰：波普的《发现的逻辑》(*Logik der Forschung*)有了英文译本(1959年)，奎因出版了他的系列论文(1960年)，内格尔(1961年)提出了一种自然论解决方法。与此同时，得益于伯纳尔(1939年)、默顿(1949年)和库恩(1962年)的著作，替代科学逻辑——即科学的科学——的其他方法也获得了推动力。库恩起到成形点的作用，格式塔心理学、历史、社会学和科学哲学在他的著作中融合起来。

上排除了维也纳小组最初计划中对科学的理性重构;于是,奎因最终呼吁,放弃那艘无法修理的船只。[1] 他后来提出的问题是,"但是,为什么要进行这些创造性? 为什么要搞这些虚构的东西?""对他的感官受体的刺激是人掌握的所有证据,其最终目的旨在形成对世界的看法。为什么不直截了当地考察这种建构的实际发生的过程呢? 为什么不求助于心理学呢?"(1968年,第92页)

自从洛克时代以来,心理学一直被人使用;在康德和弗雷格之后大都被人放弃了。但是,这并不是奎因心里所想的那种心理学,因为它具有哲学和内省特征,并不是对经验主体的经验性研究。奎因选择的是科学心理学,他要抛弃的不仅是内省,而且还有单独依据结果、对认知主体的重构。他更喜欢在新的条件下,通过新的途径——这就是说,在科学范围之内并且由科学本身——对经验主体进行直接研究。奎因不是(像康德和逻辑经验论者所做的那样)将科学作为隐性托词来加以利用,而是呼吁将科学用作一种显性手段,研究创造科学并且属于科学所研究的同一领域的主体。"认识论或者类似的东西只是归为心理学的一个部分,因而是自然科学的一个部分。它研究一种自然现象,即作为主体的生理学意义上的人。作为主体的人被给予受到实验控制的特定输入,例如,以各种频率出现的某些辐射形式。在适当的时候,主体用输出的方式,发送对外部三维世界及其历史的描述"(同上)。[2]

---

[1] 正如我们在前一章中所见,科学实在论也出现了某种类似的东西。

[2] 奎因的科学心理学显然带有行为主义色彩。当代自然论者,例如戈尔德曼(1986年)和吉厄(1988年,1992年)更喜欢认知心理学。

奎因跟踪逻辑经验论自身的反形而上学狂热,将逻辑经验论推向了极端;在他之后,西蒙尼将这种新方法的目标描述为"理解作为自然实体的认知主体"(西蒙尼,1993年,第21页),而不是理解作为可能偶然处于人体之内的经过重构的心智。他以这种方式对该计划进行了描述:"对知识断言的系统评价是认识论的核心任务。根据自然论者的观点,如果不适当关注认知主体在自然中的地位,这个任务是无法圆满完成的。所有可被恰当地称为自然主义认识论者的哲学家都赞同这两个观点:第一,人类以及他们的认知能力都是自然中的实体,与自然科学研究的其他实体相互作用;第二,自然科学对人类的研究结果,特别是生物学和经验心理学研究的结果,与认识论探讨相关,并且可能起到至关重要的作用"(西蒙尼,1987年,第1页)。

奎因抛弃了科学领域中的臆测性"理性重构",他的自然论最后将科学和认识论与17世纪的形而上学背景分离开来。巴里·斯特劳德将奎因的计划正确地描述为"对知觉、认识、思维、语言习得以及人类知识——可以发现的关于人如何逐步了解知识的一切方面——的传播和历史发展的科学研究(斯特劳德,1981年,第71页)",完全有理由用"对知识的更传统的哲学考察"的方式来面对它。其原因在于,传统认识论通常假设,"人的知识以某种方式基于人的五官感觉";"至少存在这种可能性,即世界与它被人所感觉的状态大不相同",所以传统认识论"提出我们之中的任何人如何知道关于周围世界的任何事物这个问题"(同上)。这使对知识的传统哲学审查几乎完全是——或者说至少主要是——回答怀疑论者的尝试,这就是说,在承认任何知识之前,努力建立知识的牢固基础。接着,斯特劳德得出带有批判性质的正确结论:"(奎因结合了两个相当普遍但是可以区分的因素,一个是客观的,另一个是主观的)鉴于他的这种知识观,他的自然化认识论计划无法回答看似最基本的问题,即怎么可能得到关于世界的任何知识呢?"我们将会看到,这种无能是刻意而为的。

斯特劳德提出的第二个结论是,"在奎因的观点中,没有说明这个问题的不一致性或者不合理性"(同上);这个结论需要加以直接回应,因为如果这里存在缺陷,它不会是刻意而为的。这就是说,与奎因的观点没有什么关系,自然化认识论赋予"最基本的问题"不同意义,致使它事实上变为不合理的。为了说明这一点,让我们以这种方式重复怀疑论者的断言:外部世界与人们感知的不一样,这在逻辑上是可能的。依照这种表述,这个断言要求反对者在逻辑上说明,在特定条件下,"外部世界与人们感知的不一样"是不可能的。于是,怀疑论者的质疑要么可能被接受,要么可能"失去了力量"。接受这一质疑是相当危险之举,因为它要求从逻辑上证明,要么世界必然与人们认为的一致,要么这个问题是自相矛盾的。这样的证明是无法完成的,所以这是困住许多哲学家的陷阱。另外一种回应是,通过说明该质疑的不合理性,从而试图取消这个问题。这就是自然论旨在实现的目标。

让我们先提出一个看似荒诞的问题:这种逻辑可能性最初是如何浮现出来的?当然,要得到完整的答案,我们应该追溯到哲学的起源。然而,现代哲学处理这个问题的背景带有笛卡尔哲学的色彩,其架构包括这种有人所说的这二者的共存:绝对存在者的信念与笛卡尔式恶魔的逻辑可能性的信念。首先,我们

第四章 自然化的知识

在此可以说明,笛卡尔的怀疑论仅仅是表面上的。其原因在于,在笛卡尔之后,绝对完美存在者的存在在逻辑上排除了该恶魔的存在。恶魔(或者说,它的现代变体"缸中之脑")这个比喻表明这一逻辑可能性:或与存在一种操纵人们感觉输入的动因,这使我们觉得,世界与我们看到和理解的一样,而实际上世界完全不同,或者说它根本就不存在。于是,笛卡尔坚持认为,不可想象的——这就是说,从逻辑上不可能的——是,完美存在者按照他自己的形象创造了我们人类,他可以通过允许恶魔存在的方式,欺骗他创造出来的享有特权的生灵。换言之,要么人的理性是按照与至高心智类似的方式形成的,因而不可能是完全错误的,要么它不是以那种方式形成的,在那种情况下,人类与绝对存在者之间根本没有什么享有特权的关系。一旦有谁取得人类享有特权的地位,在逻辑上便不存在容纳怀疑论态度的任何余地。

然而,一旦完美存在者和人类享有特权的地位的信念遭到削弱,一旦有人要求对这两个假设进行理性证明,怀疑论便应运而生了。一旦拒绝完美存在者的理念,一旦否认人类享有特权地位的说法,从逻辑上说,思维与存在之间完全差异的不可能性便会消失,就会存在出现恶魔的可能性。如果这两个最普遍的前提——绝对存在者的存在、人与上帝的相似性——被人否定,对笛卡尔哲学恶魔的不可能性的逻辑证明就失去了基础。而且,反之亦然。一旦我们像真正的怀疑论那样,承认我们可能完全受到欺骗的可能性,完美存在者和人类与上帝之间享有特权的地位的存在这两个观念本身就变得可疑了。由此可见,这个陷阱在于怀疑论者的这种做法之中:要人们——以完全概括的方式——无中生有地推断知识的可能性(或者推断恶魔的不可能性);怀疑论者不允许一般的假定,甚至不允许任何偏离传统信念的观点。由于不存在没有前提的逻辑证明,所以这样的推断显然是不可能的。其原因在于,显而易见的是,这个问题一方面要求逻辑证明,另一方面又排除了进行逻辑证明的所有途径。这是不合理的。

我们也可使用另外一种方式,说明这个问题的不合理性,说明它假定的要求的不合理性。这个问题隐含这一要求,即知识——其可能性尚需加以证明——应该是绝对确定的。在笛卡尔哲学的语境中,这意味,它与神的知识一样,是完全确定的。这种确定性的唯一保证——思维与存在之间的神的同一性——并不考虑媒介作用。因此,这个问题还要求借助人类的逻辑来证明,人类可以通过消灭自己的人性特点,获得超人知识。这——如果说不是矛盾的——也是不合理的。怀疑论者——与笛卡尔的做法类似——并非仅仅自称如此,他们要求的东西超过了笛卡尔本人的观点:他要求反对者证明最不合理的推论的合理性,这就是说,"我思我不在"(Cogito ergo **nihil** sum)的合理性。因此,传统的认识论问题根本算不上什么问题;它是一种没有理由的不可能的要求。它以其看似无害的弦外之音,首先要求人们放弃自己的神灵式宝座,接着在没有得到绝对存在者帮助的情况下,将自己重新绑在上面。

放弃是自然主义认识论的基本假设。自然论明确主张怀疑论所提问题隐含的东西:人并不是享有特权的生灵。在这种情况下,自然论合理地拒绝了这一要求:从逻辑上证明知识的可能性是不合理的。从这个意义上说,斯特劳德是正确的;奎因确实

第四章 自然化的知识

没有回答"最基本的问题",因为在他看来,没有什么需要回答的问题。一旦你(像怀疑论要求的那样)接受其基本假定,这个问题就不再是问题;它是否定的回答。根据后达尔文、后黑格尔精神,自然主义认识论赞同将绝对事物中从人类世界中撤离出来,从而沿袭了自然科学在两个世纪之前采取的行动。例如,在用奎因提出的心理学呼吁补充了杜威提出的使用生物学的呼吁之后,坎贝尔根据进化论明确宣布:"采用进化论的认识论至少是这样一种认识论:它认定并且适合作为生物和社会进化结果的人的地位……现代生物学告诉我们,人类是从某种简单的单细胞或者类似病毒的祖先和更简单的前辈进化而来的……无论在其中的任何阶段,都不存在任何从外界输入知识的情况,不存在输入认知机制的情况,不存在输入基本确定性的情况"(1974年,第413页;楷体是笔者添加的)。当然,这里所说的"外界"的意思是人所在的自然界之外,即绝对事物的王国。自然论重申了科学革命之后被视为理所当然的自然界的自足性;而且,通过抛弃对人与创造世界的至高无上智性之间的特殊联系,它也再次确定了人的孤独状态。自然是一个完整、自主的自生系统,它从自身不仅产生偶然出现的认知主体,而且还产生了整个认知。因此,科学完全是生物进化和人类在历史中自我创造的结果。直至这时,笛卡尔哲学的认识论、17世纪形成的妥协和现代哲学的形而上学背景这三者才最终被人否定,那场革命才得以完成。

然而,并非所有信奉自然化认识论的人全都愿意迈出这最后一步。他们之中的许多人不愿让科学失去哲学基础。看来,在当代自然论中,依然存在着沿袭传统路线的余地。自然的自足和自主本身可被解释为具有神的本源；享有特权的认知主体的进化可被解释为自然被创造时固有的东西。这种说法从而排除了任何进一步干预的必要性。因此，只要进化论能够为其提供更进一步的证明，人类拥有的享有特权的地位原则上可以维持下去。[1] 拒绝完全放弃的自然论者提出，通过求助于科学，自然化认识论用不着比现代科学本身具有更强的怀疑态度，其计划可以用培根方式或者笛卡尔方式加以实施。例如，在渐进进步理念的鼓舞下，西蒙尼明确提到了培根的部落偶像，即"由人的五官感觉和知性固有的非完美性引起的对自然的扭曲描述"（1993年，第24页）。西蒙尼继续写道：

> 然而，我们可以为培根的乐观论辩白，说明部落偶像和其他偶像是可以认定的、可以纠正的，尽管完成这一任务所要求的条件大大超过培根提出的方法。神经生理学、知觉心理学、认知心理学以及相关研究在对科学方法的历史研究的辅助之下，已经获得了信息，让人们理解"人类的知性……是如何扭曲事物的性质"，如何让事物的性质变形的。或许，并不存在这样的主观的错误根源：它们原则上无法通过对认知结构本身进行科学研究的方式加以发现。如果理智——它被视为一种自然系统，但是其操作受到文化的约束——的作用被人们充分认识，这样的知识可被用于对研究方法本身进行的微调之中。如果这样，闭合这个圆圈的计划可能有助于实现培根提出的恢复理想（同上）。

随着发现之后出现的是排除。西蒙尼将自然化认识论称为

---

[1] 有关批判性分析，请参见本书第六章。

"闭合圆圈"计划,它可被视为通过科学方式、将科学知识中所有"主观"成分清除出去的计划,这就是说,在对认知主体进行科学研究之后将其驱除的计划。这次,正是科学让人回到享有特权的地位。结果,自然主义转向成了自然主义论的回归。

我们稍后将对这个观点进行批判性分析,但是,这一直截了当的所谓的"第一人称"论证已经向我们提出告诫:西蒙尼提出乐观论的理由可能并不充足。我们可以容易地看到,人们可以对奎因式输入和输出与独立观察到的"实在"——即人所处的环境——进行比较,根据对另一个人的科学研究,评价其知识生成机制。不过,无论是在一个人或者整个人类的自学过程中,都不存在独立理解环境的情况。对知识主体的任何科学研究都不大可能赋予认知主体神灵式地位。

2. 经过重新审视的知识

无须进一步加以探讨,我们可以看到排除风头正盛的形而上学背景的做法是如何从根本上改变相关现状的。自然论者放弃对神的知识的探求,实际上(ipso facto)放弃了对作为同一性的知识的追求,放弃了为人类享有的特权地位的辩护。这些做法不落窠臼,另辟蹊径。它要求的不仅是对"最基本的问题"的重新审查,而且还有对所有具体的认识探索的重新审查。假如我们认为,神的知识的理念甚至连作为调控原则的作用也没有起到,那么,诸如此类的问题就会获得不同意义,暗示不同答案:"我们可以根据什么参照点,来评价现存人类知识的有效性?""如果知识不是同一性,它与世界的关系——即便以不对称方式——属于什么种类?""假如人类并未被给予享有特权的地位,在世界之中,在与世界的关系中,人的位置是什么?"此外,最新界定的自然主义认识论的任务——即对经验主体的经验性研究——提出这样的新问题:"认知主体拥有身体意味着是什么?""身体对认知主体进行了什么规定?"纵然这些问题有的听起来像是老生常谈,为人熟知,但是,人们寻求新答案的语境现在却是相当陌生的。在贸然进行详细分析之前,让我们简单回顾前面几章所作的小结,勾勒出一些变化。

A. 和 B. 自然论否认这些看法:存在人们可以理解的绝对的神的知识,它被视为思维与存在同一性;存在明确表示世界逻辑关系的理想(宇宙)语言;存在客观(科学)知识,它与独立于心智的外界实在形成明确的未经媒介的对应。自然论认为,所有这些观念都已过时,与对人的知识的认识毫不相干。它否认以任何上述形式出现的知识与已知事物的同一性,这意味着,不仅承认世界可能与我们感觉的东西不同,而且意味着承认它必然如此。自然主义转向将人们引入——我们应该说笛卡尔哲学的——知识与实在、主体与客体、生物与环境的二元架构;[1]这一架构打破了同一性,但是以非笛卡尔哲学的方式,允许这些对立的事物形成相互影响的关系。即使人类知识的目的在这种新的场景中仍然是描述或呈现现实世界,应该强调的是,描述或呈现总是出现在具体的媒介或实体之中;由于不可避免的相互作用,它必然在媒介或实体中留下其自身的痕迹;正是这种无法消

---

[1] 顺便提一句,与科学实在论者有时候假设的情况相反,只有二元论的架构才能保证实在脱离知识的独立性。

除的痕迹使同一性成为不可能出现的东西。

C. 自然论者认为,人类没有任何享有特权的地位可言;他们既没有被赋予神的心智的摹本,也没有被赋予使用宇宙语言的能力。人类无法超越自己的肉体存在,无法超越肉体存在带来的局限,无法将自己固定在超脱尘俗、具有神性的地位上。此外,一旦放弃与绝对事物的特殊关系,绝对事物便不再起到参照点的作用,相对主义就悄悄地溜了进来。但是,提出这个问题是重要的:悄悄地溜了进来的是什么样的相对主义?在同一性不再是判断正确性标准之后,知识便通过强调其载体的存在——即认知主体以及主体与对象之间的相互作用——获得可信性。正如我们将要看到的,这种相互作用肯定总是具体的,以人类为特征的。因此,在这一分析层面上,相对主义原来是人类相对主义。简而言之,它的意思是——这几乎包括无关紧要的事物——人获得的知识总是人类的知识,人类没有力量超越自己的特性。这可能是最弱形式的相对主义,它让我们与自我中心论保持安全的距离。自然论是否迫使我们接受任何更强形式的相对主义呢?这一点仍然有待观察。

D1. 否认同一性并且确定双重性的另一个方式是要主张,人的知识无法被净化,人的媒介作用不可能变得透明,作为主体的人没有透明本质。在这种情况下,与实在的任何种类的直接冲突都不可能证明表征是有道理的。拥有血肉之躯的人作为表征出现的媒介,是表征与表征对象之间不可避免、根深蒂固的中介者。那么,知识与实在之间的关系如何?这种关系是如何证明表征的?当年,休谟无法愉快地发现一般因果性的正确性的逻辑保证,特别是无法发现归纳推论的正确性的逻辑保证,于是建议在古老的常识性习惯中寻求庇护。当代自然论者认为,他们拥有更好的选择。与实在论者的做法类似,他们求助于科学取得的成功;与实在论者的做法相左,他们提出,由于媒介作用的缘故,如果不援引某种实际、依赖媒介的限定,人们就无法切说明"成功"一词的意思。这促使他们将成功与幸存联系起来,这就是说,与主体的存在,与主体与对象之间的相互作用联系起来。

存活可能是证明表征的标准;这一理念基于这个信念:假如世界与人的知识之间——更准确地说,在知识指导下形成的世界与人的行为之间——不存在某种一致性,那么,人类今天就不会在这个世界上存在了。一致性以及由此带来的存活暗示某种真理性。当然,在这个语境中,一致性和有理证明必须总是被理解为"迄今为止的一致性和有理证明"。这是因为,在我们这个不断变换的世界中,没有什么东西可以保证人在将来会存活下去。此外,通过存活进行的证明所假定的不仅是生物与其所在环境之间的某种一致性,而且还有为了保持存活所需知识的关联性以及存在的首要性。假如知识存在的目的仅仅是为了知识本身,存活在认识论意义上就会是毫不相关的东西。

D2. 我们已经看到,净化曾被想象为对特定标准的应用:根据那样的标准,人的心智可以在自身内部确定一套享有特权的表征;这样的表征可以为人的知识起到最具体基础的作用。自然论者认为,那样的标准并不存在。尽管将知识(或者语言)划分为理论性超级结构与可观察基础的做法尚存不足,并且引起了争议,知识和语言却并不是同质性的。有些部分比其他部分更可靠,或者说比其他部分更具相关性。但是,无论是清晰和区分标准,还是任何内省方法或先验方法都无法进行具体判定。为了发现据称存在的结构,自然主义认识论要求科学做到这一点:尽管科学探索是不尽如人意的,但是它将会在知识或语言中揭示所预测的划分。

D3. 自然论者声称,因为我们人类存活下来了,所以人的知识迄今为止是可靠的。一旦人与绝对存在者之间的特殊关系被否定,一旦人的知识的可信性的神的保证被否定,自然论者以及怀疑论者都必须承认,人的知识带有不可避免的不确定性和不可靠性。人类放弃这一宝座的行为意味着,人的任何尝试,其中包括科学认知或者其他认知活动,从根本上讲都是不稳定的、偶然的。[1] 科学方法并不包括可被机械运用的任何绝对可靠的演算法。然而,重要的问题还是在于理解这里所涉及的是什么样的不可靠性和不确定性。让我们回想这一点:衡量确定性根据的一直是培根和笛卡尔——以及在他们之前的欧几里得——制定的标准。从本质上讲,它要么是不证自明性,要么是来自不证自明性的逻辑可推论性;不证自明是逻辑上必然的东西,这就是说,不可能以其他方式考量的东西。承认经验的"必然性"——正如当年休谟认为人必然要做的——意味着屈服于怀疑论的观点。自然论认为,与如此理解的确定性相比,人类拥有的一切知识都带有容易犯错的猜想性质;它并不剥夺科学的任何可靠性。从科学的发端开始,经验确定性和适当种类的怀疑论便已成为科学思维的组成部分,所以,它们也出现在现代自然论中。

为了完成对这一新形势的初步概述,我们还需要补充一些

---

[1] 波普和坎贝尔对此有明确表述。

新的内容。进入这一新语境难度很大,哲学家们提出的最常见的反对自然主义认识论的观点——即对"自然论谬误"的指摘——可以说明这一点。这一指摘武断地假定,与传统认识论类似,自然主义认识论旨在:(1)成为一种规范学科,(2)从不证自明的原理推知科学的逻辑规范。这两点并不必然是自然论的立场。诚然,许多自然论者喜欢赞同旨在成为规范的传统期望,其前提是能够将它与源于他们所用方法的基本原理的这一假设协调起来:"不存在超验的规范效力来源。"(胡克,1987年,第88页)传统哲学希望至少从普遍的合理性——如果说不是从神的权威——推知规范。不过,这一愿望如今已不复存在,自然论者乐意将规范仅仅视为得到充分证实的推荐意见。其原因在于,如果神的权威被剥夺,如果纯粹合理性被排除,可以指望什么学科——无论是哲学还是科学——给科学规定规范呢?这类指望的理由是什么呢?在人放弃了享有特权的宝座之后,在对科学实践进行描述之前,怎么可能在独立于科学实践的条件下发现和宣布规范呢?此路不通。正如逻辑经验论所证明的,如果不使用从科学本身获得的标准,对现存科学的重构也是不可能做到的事情。许多研究已经显示,无论在理论评价、理论选择还是科学教学中,人们实际上都不使用经过明确详细说明的所谓的科学规范;其原因在于,在实践中,人们使用和讲授的大多数规则都是默示的、不可言说的。[1]

存在默示的、不可言说的"规范",这间接表明关于科学与(自然主义)认识论之间关系的另一个带有相当多非传统色彩、

---

[1] 参见本书第九章和第十二章。

可能更现实的观点。这一关系现在可被视为类似于科学与传统技术实践之间关系的东西。传统技术依靠一代代人的经验,有时候用明确规范或者规则的方式表现出来,但是,大多数时候以默示方式,通过培训代代相传。正如我们这个时代见证的,将科学方法应用于传统的技术过程的做法通常会大大提高传统技术。这意味着,并非所有的规范和规则都得详细说明,并非曾是默示的所有技术现在都已公开,良好的实践规范并非是从行业外部引入的。通常出现的情况是,可以获得对其理由的某种明确理解,这样,一种实践的相关方面可被理性地把握或者直觉领悟,让公众进行认识,然后——在制定替代性选择之后——在某些方面得以改进。

最后,从可靠起见,我们在此只能略述自然主义认识论假设的几个观点:从事良好科学研究的规范不可能派生于先验原理,科学知识大厦不可能在绝对坚实的基础上竖立起来,科学的正确性和可靠性不可能从逻辑上加以论证。那么,带着所有这些否定表述,自然主义认识论能够为我们提供什么呢?如果我们仍旧希望理解被称为"科学"的现象,这种理解现在包括什么呢?理解科学(或者不如说,为科学寻找基础)的传统尝试所依赖的方案是从科学领域本身中所说的解释模式借鉴而来的;在这种情况下,它试图根据一套普遍理性原则演绎科学。这样复杂的现象不可能采用逻辑方式,从几个原则中推知出来;况且,还没有这样的原则。唯一的选择看来是非推断的叙事性解释,即一种产生于故事讲述方式的理解:故事根据自身内在的非推断必然性,从一个事件转向另一个事件,用一个事件的方式使另一个事件成为可理解东西。解释存在于这种内在运动的叙事"逻辑"

中,正是这种逻辑说明动因和活动之间的结合方式。由此可见,根据这种理解的框架,自然论者提出的科学"理论"的特殊性在彬彬有礼的哲学的陪伴下,会让科学给人们讲故事;自然论者的任务就是通过将科学放入它自身的故事中的方式,试图理解科学。

3. 科学的科学

我们假设,无法以独立于知识的方式,说明知识的可能性,说明获取知识的方法的存在,假设至少两种广为人知的认识论——康德认识论和逻辑实证主义认识论——是以相当教条的科学信念为基础的,那么,可以再次提出的问题是:为什么要装模作样?为什么不——至少暂时——承认,科学作为人类拥有的最可靠的知识,具有它的权威性?如果我们打算研究经验者,即具体化的认知主体,如果我们将人拥有的知识视为自然现象,我们为什么不利用认知主体是绝对权威的自然科学——即对经验客体和"有形"自然现象的研究——呢?再者,考虑到这一点时情况尤其如此:这样的态度并不必然意味着,对认知主体的描述会被当代[1]自然科学可能就此表达的观点穷尽或还原。

当然,从逻辑的观点看,把自然科学应用于认识问题的做法

---

[1] 几乎在所有认识论还原——还原为物理学、自然原因或科学解释——的个案中,有人认为还原都呈现出当代形式,因此,在此强调"当代"具有重要意义。当这样的还原不起作用时,可还原性原则上被排斥了,这就是说,任何可能的物理学或自然原因等都被排斥了。这种情况显然并未出现。

第四章 自然化的知识

将认识论驱入了循环推理方式;人们用科学来解释——甚至证明——科学是有理的。但是,如今已经清楚的是,离开了神性,就不可能提供对认识的逻辑证明,这种不可能性使认识论中的任何替代推理都变成循环论证。在这种情况下,对预期理由(petitio principii)的恐惧就不那么可怕了。此外,在后实证主义时代的更宽松的氛围里,这种循环看来也不必是恶性的。恰恰相反,在自然科学和认识论相互交织的情况下,自然科学是自身的对象,认识论是它自身的对象的一部分。在这种情况下,西蒙尼发现了"相互批判、互相刺激和互相说明"(1970年,第83页),而不是循环性;福尔默[1]发现了"良性"循环,而不是恶性循环。对科学的理性重构和科学的逻辑基础被简单理解科学的适度目标取代;就此而言,良性循环看上去更像所谓的"解释循环"。在此,我们首先要面对被称为"科学"的自然现象。为了理解这一现象,我们应用我们拥有的关于自然现象的最可靠的知识——自然科学。这一科学给我们提供了关于自然、自然中的实体和过程的"图画",其中包括认知主体和认知活动。于是,我们在最广阔的背景中看到科学,看到构成图画的这一部分自然。带着由此获得的关于这一部分的洞见,我们可以回到整体去,这就是说,回过头去解释图画;这一循环持续下去,直至形成对部分(科学)与整体(自然)之间的统一性的充分认识。在应用科学去研究科学之后,我们还可能获得对科学方式的某种证明和信心,对该方式的缺点和局限有了某些了解。带着这些信息,我们可能回到自然科学去,改变可能改变和需要改变的东西。带着

1　请参见拉德尼兹基和巴特利三世(1987年)。

以这种方式得以改变的科学知识,我们重新进行认知;而且,整个过程可能被多次重复(从而希望获得更高层面的认识),直到达到最后的和谐状态。

奎因的计划和这些循环将认识论与自然科学结合起来。认识论不再是自称处于外部元层面上俯视一切知识的元科学;更确切地说,它浸入到自然科学之中,试图从内部认识自然科学。它在阐释辩证循环中不断运行,旨在获得当代科学绘制的和谐图画:在这里,人是认知者,世界是认知对象(坎贝尔,1974年,第413页)。当这种和谐状态出现之后,运动便停止了。在这种情况下,认识论作为自然科学的一个内在组分,达到与其氛围共享的边界。这意味着,科学和认识论的共有核心可能处于认识者无法触及的隐蔽状态中。然而,这时存在一种希望:可以依靠自然科学看似具有自行纠正能力的批判性质,避免出现停滞不前的闭合状态。这种性质使循环保持开放状态,这样的循环运动最终会超越自然科学的界限。于是,西蒙尼(1970年)宣称,作为一种"整体认识论",自然化认识论是一种"建筑学科";它考虑到,知识主体不纯粹是"自然之中的实体",不仅仅是"生理意义上的作为主体的人"。它必须至少包括科学史和它所在的社会文化环境。西蒙尼提出的"整体认识论"是自然科学和社会科学的百科全书,还包括对科学史中的偶然现象的论述(1970年,第138页)。

不过,这一扩展尽管很有道理[1],但却引起了一系列问题。在这里,科学被置于更宽阔的视域之中;在这样的条件下,我们

---

[1] 在本书第七章中,我们将会论及这些理由。

是否仍然使用自己拥有的最可靠的知识呢？我们是否仍然对经验主体进行经验性研究呢？难道我们没有跨过传统哲学臆测与现代经验性研究之间的门槛吗？难道我们还要回到"虚构"做法去？此外，这样的百科全书是否奏效？难道我们需要像"整体"这个术语说示意的，从独一无二的观点出发，去尝试统一方法吗？如果是后一种情形，整合原则来自什么地方？我们是否在某个点上需要哲学呢？在这种情况下，这种循环是否像西蒙尼期望的那样，真的以科学方式闭合了？它是否重新面向纯粹的臆测呢？自然化认识论的主要理念旨在通过在科学领域中确立牢固基础，避免主观臆测和虚构。如果自然科学需要得到人类学、社会科学和历史学的补充，如果没有将臆测和虚构从这些学科中清除出去（有人认为，自然科学没有臆测和虚构成分），我们可能尚未取得什么实质性进展。

　　在所谓"欧陆哲学"中，这些有力论点得以广泛讨论：人文科学与自然科学并不属于同一种类。我们在此无法一一评述那场辩论[1]中使用的论点，但是我们必须求助于直觉。在这种情况下，我们假设存在着重大差异，我们能够提出一个方式，以便挽救最初的自然论意图。如果我们严肃认真地对待人类是自然生灵、知识是自然现象这两个说法，那么，人类社会和历史也必定被视为自然现象；这种自然现象既不能采用同一种科学方法来加以研究，也不能用独一无二的科学语言来进行描述，然而它却仍旧是自然现象。如果这样，根据它们的独特性，我们并不能得到这样的结果：它们不受自然科学领域中最基本的法则的约束，它们

　　1　参见拉德尼兹基（1968年）。

可以从其物质载体中分离开来,它们超越现实中的物质局限。因此,如果自然主义认识论要与其基本前提保持一致,它就应该面对难度最大的挑战:在不求助任何自然之外事物、不求助任何神的许可、不扭曲任何自然法则的情况下,提供关于人类、人类社会和人类历史的自然主义说明。只有这样,我们才能指望对循环和臆测行为进行某种限制,我们才能保持自己行进在正轨之上。

为了让"整体认识论"保持在正轨之上,这就是说,与自然科学取得的结果和自然的自主存在原则保持一致,就必须尊重对决定因素的某种"等级划分"。它不应是还原论的等级划分:物理学被放在底部,历史学被放在顶端。它的排序应该颠倒过来,应该是一种套叠式等级划分,物理学和化学描述所有套叠的套叠;在这些套叠之中,生物世界定出许多微环境,人类、人类文化和人类历史的位置在生物圈之中。它是一种倒金字塔或倒立锥体,是一种"俄罗斯套娃":历史在最里层,被套在生命进化之中,人类以及人类社会、技术和语言被套在生物世界中,生物世界被套在无机环境中。在这种情况下,每个较大的套子都为较小的套子提供基本的结构限制;这并不是说,后者的结构必须被缩减为前者的结构,而仅仅是说,它们必然是互相适应的。按照这种方式,我们可以使用人文科学,并且同时维持自然论的完整性。然而,正如我们将要看到的,在这种情况下,人的知识就会拥有一个以上"基础",一个以上"有理证明"。它们将会是物理、生物、感知、操作、技术、语言、逻辑、社会以及历史等方面的基础和证明,所有这些东西有希望相互协调。[1]

---

[1] 参见本书第十二章至第十四章。

第四章 自然化的知识

马克斯·瓦托夫斯基(1979年)也许产生了与之类似的想法,提出了称为"历史认识论"的方案,提出这一主要论点(及分论点):人的认知模式根据人的"描述实践"的不同,在历史上出现变化。他认为:

> (历史认识论)的目标远远不是解释我们的研究如何从微小的变形虫转向爱因斯坦的相对论那样宏大的东西;另一方面,它严格说来也不是畏首畏尾的计划。我拟说明,在科学和艺术领域中,高度发展的表征形式——即科学理论、绘画及文学领域中的描述性作品——如何被视为发源于那些描述方式的,而那些方式与人的基本生产实践、社会实践和语言实践同步出现。(1979年,第 xiv 页)

如果接受这一方案——依我所见,自然主义认识论肯定会这样做——那么,沿着自然和历史道路的至关重要的一步就是对人类进行生物学解释;这样的解释不但会为文化和历史提供空间,将它们理所当然地引入进来,从而与当代自然科学对自然、生物及其进化的描述、与人文科学提供的关于"人的基本生产实践、社会实践和语言实践"的论述保持完全一致的状态。[1] 在这种情况下,考虑到认知总是具体化的这一事实,派生于这些论述的原理将会确定这样的框架:在它之内,认知不仅在纯粹的生物层面上产生作用,并且在文化和历史层面上产生作用。[2] 这就是我们将要着手讨论的计划。

但是,让我们先假设,我们对人类、人的本性、文化、社会和

---

1 参见本书第五章至第十章。
2 参见本书第十一章。

历史有了经过整合的自然化观点:我们距离没有主体的认识论究竟有多远?我们容易看到,通过对科学的自然起源和历史起源进行重构,我们获得对科学的自我理解;在这种做法的背后,神的知识的力量可能仍然会冒出来。自然历史和社会历史或许可被看似自然主义的方式加以理解,即作为对客观知识计划或者理想语言计划的缓慢的渐进性展开,或者作为认知主体的浮现和不断成熟过程;通过逐步排除自身的人类特征和社会特征,这样的认知主体最终达到自我超越的境界。当然,另一种可能性是将历史视为一系列或多或少带有偶然性的适应行为,认为人的协调循环延伸到历史结构之中。就后一种情形而言,应该承认的是,当代科学(自然科学、社会科学、历史科学)和与之协调的认识论可能将其共同假设隐藏起来。然而,这些共同假设和边界仍然可被发现(而不是像有些人认为的那样,仅仅在心理层面上投射出来),或者根据其自然起源和历史起源加以重构。诚然,我们这些生活在现实之中的人可以支配的仅仅是自己根据当代观点进行的试探性重构;因此,我们必然受到当代科学、认识论和对这个时代的默示性自我理解的影响。诚然,即便历史维度被结合进对科学的自我理解中,认识循环仍然可能被暂时闭合。然而,基于自我纠正的科学的自我意识依然是一种真正的可能性。此外,这一方式认为,视界在变化,修正必然出现。整个过程都呈现面向未来的开放状态,寻求自我理解的未来者将会重新探索整个领域。

显而易见,这两条大道依然可供选择:一条因为被视为没有终点的渐进过程,看来是开放的,但是,它其实被上限——作为渐近点的理想状态——给关闭了。另一条看似关闭,但其实面

第四章 自然化的知识

向未来开放,没有最终状态。后者甚至要求我们,将人类知识的经典视为可以随着历史变化的东西,这就是说,我们将"人们如何认知"的意义视为随着人类历史实践而变的东西(瓦托夫斯基,1979年)。从本质上看,人类的历史实践依赖生物与环境、人类与自然、主体与客体之间的二元论,由两者之间的相互作用结合起来,它促使我们不要看重任何同一性,甚至不要将其视为渐近点。一是对认知主体的受到历史条件限制的自我理解,二是对当代科学和文化的一般批判性(在它可能允许的范围内)的自我意识;每一代中都应该重新尝试这两点,或者说根据科学探索和自然历史认识论本身的不从大流的批判性质,进行重新尝试。

通过在理解现代科学本身的过程中求助于现代科学,以上描述的这一方法获得了现代视界;它以科学对待对象的方式来看待科学,这就是说,从非中心化的伽利略式观察者的角度来考察科学。就此而言,自然主义认识论——或者不如说,自然主义的科学的科学——看来在一定程度上依旧是传统的。但是,正如我们将要看到的,在整体的自然主义科学理论中,伽利略式方法显示出这样的特征:它源于并且涉及自然和文化环境之中的具体身体的存在,将认知主体视为"世界之中的人",而不是超脱的观察者。让我们看一看这一转向是如何发生的。

第五章 生物综合

根据所建议的套叠等级划分，对认知主体的研究首先应该描述物理学或宇宙论提供的认知发展的最基本的原因和条件。然而，在物理学领域中，却没有哪个学科研究类似于认知生物学或认知心理学，研究认知过程或者这些条件和原因。宇宙论也没有提供关于认知系出现的论述——唯一的例外或许是所谓的"人类原则"形式。该原则要求，任何关于宇宙进化的理论都不能与这一事实相矛盾：我们人类作为进行认知活动的生物而存在。因此，除非我们发现，在宇宙的另外一个地方，在另外一组条件下也存在认知，除非我们能够将这些条件与地球上的条件进行比较，找出它们的共同之处，我们最好离开物理学，以便另辟蹊径。这条捷径首先要就认知提供试探性"定义"，然后寻找认知在地球上可能的具体表现。

常识和作为思维与存在同一性的知识的传统理想提出，我们应在最基本、最切实的意义上，将认知视为在一个系统中描述另外一个系统的行为。作为试探性操作定义，这完全符合自然主义认识论的二元架构；它涉及两个不同的系统，其中的一个包含了另一个。当然，表征可能以不同方式加以观照，从接近同一性的对射投射到各种各样的"适应性"都行，而"系统"的意义可以包括从物质到精神的各个方面。我们暂时考虑最基本的层

第五章 生物综合

面,将表征视为一事物的未特指的再呈现,它以种种代理形式,出现在另一事物之中。就这里说到的系统而言,我们将本着自然论的精神,主要考察物质系统。所以,我们可以首先以相当基本的方式来对系统进行自然主义的探索;在这样的系统中,物质环境的一部分呈现出来,我们可以暂时不对其方式进行具体说明。

也许,我们的寻找依然应该从大型客体或者系统开始,例如,从分散在巨大空间之中的天体开始。但是,在这种情况下,由于它们相距太远,因而(用很好的近似方式来说[1])是互相分离的,我们就难以了解它们之中可能呈现的环境的状态。如果我们跳到该系列的另一端,我们发现,基本粒子太小,它们无法包含任何表征。就中等大小的客体而言,物理学直到最近才研究了相对分离或者相对封闭的系统,这就是说,由于没有环境所以无法与之产生相互作用的系统,或者仅仅与环境交换能量但不交换物质或信息的系统。物理学并不为了自身的原因研究认知系统,其原因正在于此;它研究认知的目的仅仅是为生物学或心理学服务的。所以,我们必须顺着上面提到的套叠等级划分,看一看化学的情况。

有一些化学变化可以与认知联系起来。如果让认知获得物质基础,它可能以什么方式出现变化呢?我们以酶为例。为了促成于两个具体成分之间的化学反应,酶必须"能够"从环境中选取它们,换言之,它必须能"辨识"它们。那么,在某种意义上,

---

[1] 即使古典物理学家也知道,只有一个绝对孤立的系统——宇宙本身。

我们可以说,酶带有那些成分的"模板"或"表征";由于某种未知的原因,那些成分——以几何形式,以力、原子价或者诸如此类的某种东西的分布形式——"呈现"在分子之中。不过,这种言说方式不应过火;否则,有人可能会说,每一化学反应都涉及认知过程,换言之,大多数原子和分子都有选择地与其他某些原子或分子产生化学反应,其前提是后者出现在环境中,因而"辨识"它们。然而,在所有化学反应中,原子和分子并不寻找其他原子和分子;酶(或者其他任何化学物质)并不需要环境;如果适当的成分碰巧出现在原子和分子的环境中,原子和分子只是与它们产生相互作用。此外,人们宽泛地称为认知的化学过程主要——如果不是完全——出现在有机物质中。所以,我们必须再次顺着套叠等级划分往下移动。

1. 生命

初看之下,似乎明显的是,认知——根据定义——并非以偶然方式与有生命的系统联系在一起的。于是,乔纳斯(1966年)通过这一大胆断言,提出了两者之间联系的必然性:"即使最低级的生物也预示了心智,即使处于最高层面的心智仍然是生物的组成部分。"(同上,第1页)如果我们考虑到下列问题,乔纳斯提出的断言就不会那么明白了:为什么是这样的?两者之间的联系在多大程度上具有必然性?两者之间的联系是普遍的,还是仅仅涉及为数不多的生物?依我所见,找寻这些问题的答案是自然主义认识论应该开始其实际探索的出发点;其原因在于,正如我们将要看到的,这些问题既涉及科学,也涉及哲学。

第五章 生物综合

智利神经生理学家马图拉纳和瓦里拉(1980年)提出了具有独创性、引起争论的"认知生物学",这是人们可以寻找这些问题的答案线索的一个好地方。正如人们所期望的,他们在论述中首先对生物加以定义:它们被视为自生系统,即生产自身的系统。作为自生系统的生物通过特定的方式来改变来自环境的物质和能量,系统作用产生的结果是系统自身特有的组织和结构。生物是生物实现自身的努力所形成的结果,其方式是与它所在的环境相互作用;它利用环境中的物质和能量,从自身内部发展,目的是实现自身。生命系统的结构和组织的特殊性是这种循环性:在这里,系统的组分组织获得这些相同组分的生产和替换;这些组分产生作用的方式确保,它们产生作用的结果是获得其生产的相同组织(马图拉纳和瓦里拉,第48页)。

然而,循环性可被错误地解释。于是,马图拉纳和瓦里拉继续写道:"生命系统是一种自体调节的系统,其自体调节的组织拥有作为变量的自身组织,这种组织通过规定生命系统的组分的生产和作用,得以保持恒定。"(同上,第48页)此外,自生系统"通过其作为自身组分的生产系统的作用,不断生成自身的组织,并且对其进行具体规定;在连续扰动和对扰动进行补偿的条件下无休止更换组分的过程中,它实现这一点"(同上,第79页)。初看之下,这些表征看来是相同主旨的不同变体。然而,随着增加了"自体调节的系统"、"在连续扰动和对扰动进行补偿的条件下"这样的用语,在对生物特征的概括说明中,侧重点出现了微妙变化。它将焦点从自体生产转向了自体维持。同理,马图拉纳和瓦里拉以同样正确的方式,在描述生命系统的过程中,用自体参照系统代替了以前将生命系统概括为循环的自生系统。[1] 这样做的理由很简单:既然作为自行平衡系统的生命系统拥有作为保持不变参数的自身的组织,我们不妨说,它涉指自身。毕竟,循环性就是自体参照。但是,自体参照意味着,这样的系统(在马图拉纳和瓦里拉喜欢强调的层面上)是自主的、自定的、自体闭合的。它的自主性"在生命系统的自体确立能力中被不断揭示出来,其目的旨在通过对畸形的积极补偿,维持自体的同一性"(同上,第73页)。对系统自身地位的维持"在概念上"改变了生物,使它从面向环境的生物变为自体闭合、自为中心的系统。于是,马图拉纳和瓦里拉要求我们,不再将"生命系统视为被环境所规定的开放系统"(同上,第 xiii 页)。更确切地说,他们暗示,最好将生命系统理解为莱布尼兹式单子,它具有补偿性自体调节机制,可以处理外在刺激和内在机能失常。在马图拉纳和瓦里拉所说的"概念层面上",生命系统以不明显的方式,"自体闭合,并且(仅仅)被"与环境的"互相作用调节"。

显然,在这样的描述中,环境的作用完全变为次要的因素。诚然,为了对自体调节的系统进行适当的概括描述,必须存在某种扰动,其原因在于,自我平衡在于将微扰记录为系统状态的改变,在于启动使系统返回起始状态的补偿。诚然,马图拉纳和瓦里拉认为,引起混乱的原因主要是外部扰动。然而,在对作为自体调节的自体参照系统的生物进行概括描述的过程中,这看来是环境可能产生的唯一作用;对生物的存在来说,扰动的在场看来并非是必需的。此外,扰动的不可避免的在场不仅是偶然的、

---

[1] 与自体参照系统对比的是它指系统;这样的系统只能通过参考外部的某种东西,参考语境或者环境中的媒介才能被概括说明。

可以接受的微扰来源，而且是必须加以中和的骚扰。

我们可以进一步探究：如果生命系统确实带有（不相关的）环境表征——至少有的生命系统显然是这样的——那么，这类完全为了补偿扰动而产生作用的闭合系统能够形成什么样的表征呢？唯一可能的答案看来是下面这一个：如果扰动是有规律的，如果系统已经形成了标准回应，那么，我们可以说，产生的回应——即中和微扰的机制——代表它补偿的扰动。然而，即便扰动是外部的，在自体调节的系统之内，补偿机制仅仅对内部状态的改变作出反应，因此，这不会是我们寻找的那种表征。电冰箱里的温度自动调节器监视的不是外部的参数，而是内部温度，而内部温度的变化是内部和外部的许多不同因素引起的。在生物内部，自体调节参数也是某种内部的东西，这就是说，该系统的组织。所以，相当普遍的情况是，自体调节系统确实是自体参照的。不过，外部受体的情况却大不相同。

追溯马图拉纳和瓦里拉在概述生物时的做法，我们已经偏离了理解生命系统的初衷；这类生物的存在主要是由它们的外部活动引起并维持的，所作描述强调的是动态和建构。然而，我们发现，自己得到的是一种强调静态和补偿的概括描述。在这一过程中，丧失了环境和认知可能性。这里已经出了问题。已被遗忘的一点是，即便只是为了维持生命（这需要更新组分，这就是说，抛弃老的组分，产生新的组分），生命系统也必须超过自体调节的要求，以更实际、更积极的方式与环境产生互动。[1] 此外，自体参照的循环组织必须得以维持，无论是在不断出现的外

1　当然，自体调节仍然是"生命迹象"之一，类似于生长或运动。

部微扰(它们的存在并不确定)的条件下,还是在内部紊乱倾向所引起的持续威胁的情况均是如此。正如我们很快看到的,这还要求外部空间中的作用,而不仅仅是内部补偿。生物面对的挑战大大超过了电冰箱面对的挑战。

因此,我们必须在另外章节中继续我们的探讨。[1] 埃尔温·施罗丁格从更广泛的角度,阐述了生物与电冰箱不同这一事实,这让我们重新回到物理学。尽管生物具有特殊性,它们是物理系统;作为物理系统,它们肯定服从基本的物理定律。撇开许多别的物理特征不谈,这意味着,"具有生命的生物看来是宏观世界系统;随着温度接近绝对零度,分子不规则运动消失之后,它在部分作用方面接近于一切系统具有的(与热电学对比的)纯粹机械性质"(施罗丁格,1944年,第69页)。施罗丁格在此所说的是熵原理——或者称为热力学第二定律——对生物的特性产生的影响。

首先,让我们记住熵原理中所表达的倾向的准确意义。物理学家在科普读物中描述这一原理的方式可能引起混乱。其原因在于,他们谈及引起的"混乱"倾向,而在一般用法中,混乱与不均衡联系在一起。与此同时,他们又谈到趋于统一和平衡的倾向,而在一般用法(以及在施罗丁格的引文)中,这意味着"秩序"。在他们之间,物理学家们回避这一混乱,其方式是将这一原理表述为"趋于更很可能出现的状态的倾向",这就是说,趋于以更多不同方式实现的状态的倾向。在此,我们姑且不谈后一个说法,在热力学中,"秩序"这个概念表示的意思与常识中的正

---

[1] 我们在本书第八章中会再次论及马图拉纳和瓦里拉的观点。

第五章 生物综合

好相反,指的是热力学系统的组成部分中存在的能量不均匀分布这一状态。请想象一下一个分为两格的容器吧。其中一个格子——我们就说右边的一个吧——装着灼热的气体,其分子以平均速度运动。结果,这个格子装着大量动能,集中在它所包围的有限空间之中。另一个格子充满相同的气体,但是气体的温度很低,或者说能量水平很低,所以其分子的平均速度也很低。物理学家认为,这种情况带有特定的秩序等级,因为分子是根据速度进行"挑选"和分离的:左侧的缓慢,右侧的快速。但是,正如我们已经看到的,在这种情况下,能量分布是不均匀的,所以更大的秩序也意味着更大的不均衡性。在自然界的各个部分中,能量的不平衡分布是变化和运动的主要原因,因此,系统组成部分中存在的能量不均匀分布的状态是一种不稳定状态。所以,我们在这样的情形中见到的是:更高水平的秩序和更大的不均衡性。

让我们设想,两个格子之间的间隔被移走了。在这种情况下,快速运动和缓慢运动的分子将会很快分散在容器的整个空间里,并且混合起来;容器里的动能会更均匀地分布,温度也会变得一样,该系统会达到平衡。但是,从热力学的角度看,这是一种秩序较差的状态。能量在空间中的重新分布破坏了两个格子之间的差异,不同动能的分子呈任意分散状态。此时的状态更加无序,因而可能性更大,因为在单个分子上存在着更大数量的不同的动能分布;与以前的状态相比,这样的单个分子更能实现这种特殊状态。

在这种情况下,施罗丁格提出,如果我们再去掉容器的外壁,分子将会在更大空间中散播开来,与环境中的其他分子交换能量。其结果是，原来容器中的能量将会分散到更多实体上面，分子的平均速度和温度都会降低，在有限空间中重新集中能量的可能性实际上已经不复存在。受到影响的物质将会接近更低局部运动水平、更大平衡的状态。这个生物将会死亡。再次出现的结果是，从常识的观点看，这将是具有更大统一性因而更有序的状态，但是，从热力学的观点看，它是随机能量分布，因而是无序状态。然而，只要生物是活着的，这是生物成功避免的状态。

  它们是如何做到这一点的？在回答这个问题之前，让我们提出另外一个问题：是否存在恢复失去的秩序和以前的能量分布的方式？施罗丁格认为，肯定存在这样的方式，因为生物存在着，并且正是这样做的：尽管熵原理产生作用，生物形成能量差异和局部秩序。从理论上说，在对能量进行自发性重新分布的非常小、非常有限的概率中，可以发现一种可能性，但是，这种概率值太小，无法解释生命的普遍性。然而——这依然是从概念上说的——还存在着人称"马克斯韦尔精灵"的科幻虚构的可能性。假设我们将容器的中隔放回到原来的位置，假设在带有活门的中隔上有一个小孔，我们可以进行操作，以便开启或者闭合活门。现在，我们想象有一个精灵：它并不以任何方式改变系统，并不耗费能量，因而是一种幽灵。它可以辨识从左边格子进入小孔的分子，能够控制小孔，让快速运动的分子从左边格子进入右边，让慢速运动的分子从右边格子进入左边。当出现逆向运动——即一个快速运动分子要从右边移向左边、慢速运动的分子从左边移向右边——时，幽灵便关闭小孔。过了一段时间之后，系统的最初状态将会得到恢复。

第五章 生物综合

如果生物要避免所有呈闭合状态的热力学系统都面临的命运，避免施罗丁格已经描述的命运，某种与马克斯韦尔精灵类似的东西就必须产生作用。我们在什么地方可以找到它？施罗丁格发现了一个显而易见的答案：在"在进食、喝水、呼吸以及（就植物的情况而言）吸收营养的过程中。其技术术语是新陈代谢。这个希腊语词语的意思是变换或者交换"（同上，第71页）。生命系统是"新陈代谢系统"；"新陈代谢"这个术语的意思是"把环境中的物质和能量转变为生物的组织结构和活动的过程"。在分析了可以交换的东西之后，施罗丁格得到了他的著名结论："生物依赖的是负熵"（同上，第72页）。其原因在于，"新陈代谢中的根本问题是，生物成功地摆脱它生命中必然产生的所有熵"（同上）。

不过，与食物类似，负熵必须从环境中"提取出来"；因为环境中并不存在负熵这样的东西，这种提取得以实现的唯一方式是从环境中提取具体的物质，以及确定输入与输出之间的差异。生命只有在这种条件之下才得以存在：生物摄取在环境中发现的"秩序"，释放它在自身中必然产生的"无序"；两者都以物质化的具体形式体现出来。来自外部与产生于内部的东西之间的差异，物质和能量方面的差异，是让生物得以存活的条件。它——至少暂时——颠倒了朝着致命的最大熵状态运动的趋势。[1] 这一事实的基本隐含意义是，生物的存在极度需要环境。生命并非仅仅是补偿外界扰动的问题，是积极寻找这样的环境的问题：它能够"用负熵为生物提供营养"，从而确立能够回避热力学第

---

[1] 参见施罗丁格，第75页。

二定律的组织。人们说生命系统是自创生的系统，它应是这个意思。因此，对生物而言，与环境的相互作用，这就是说，实际的获取物质和能量的行为不可能是偶然的；生物必然是开放系统。一切生物作为生物都以环境为导向，将环境作为"资源来源"。一切生物都向环境提出"挑战"，其方式是要求环境给它们提供物质（食物、水、空气）和负熵（自由能）。[1]

在"概念层面上"，我们不难找到某种方式，将带有马克斯韦尔精灵的容器变为生命系统设计。我们可以保留右面的格子和精灵，让它与环境隔离，将左面的格子放在环境之中。在这种情况下，当带有热力学中所称的"自由能"（可以用于内部化学过程的能量）的一种形式的物质接近小孔时，操作小孔开闭的精灵开启小孔，当可用能量表现出从格子中逃逸的危险时，精灵就关闭小孔。被提取物质与被释放物质之间的能量在形式和数量上的净差就是负熵。有的物质形式起到建筑模块的作用，取代系统中的破损组分，类似过程也出现在这类物质的形式中。

现在，让我们对生物的最初概括说明加以重新解释，将其视为循环的自创生系统。与马图拉纳和瓦里拉的建议相反，我们现在可以将生命系统视为独特的物质系统。它拥有明确的边界，从本质上依赖与环境的相互作用，这就是说，依赖跨越边界的物质交换和能量交换。这样的系统能够控制这种相互作用，以便在特定的时段中维持其具体结构，维持交换（和再生）的能力。用简约的文字来表述，这就是：生物是一个有选择性地对环

---

[1] 引号中的术语是海德格尔在另一个语境中使用的。参见本书第九章。

第五章 生物综合

境开放并且依赖环境的闭合系统。这种开放性服从于生物组织的不断再生,生物组织形成规定和繁殖生物的组分。生物正是通过这种服从来进行自体参照的。这一概括性结论保留了循环组织和自体参照理念所包含的所有重要洞见,但是,通过强调这种组织对自身与环境之间相互作用的依赖,对其加以完善。这并不仅仅是说,这种选择性互动或者开放性服从于自创生(autopoiesis)和环境供给,[1] 而且还意味着,自创生(autopoiesis)和这套环境供给本身的特性必须维持这种相互作用,从而服从于相互作用。于是,自体参照以它指参照形式出现。

在自然界,自创生(autopoiesis)是通过封闭空间的特殊的物理和化学结构与组织——这就是说,生物——来实现的。这种封闭、结构和组织使生物能够从环境中一点一点地摄取自由能,将它储存在具体的有机化合物中,减缓其消耗速度,以控制的方式进行利用,从而维持它的生物学特性,即相同的特殊化学结构、组织和封闭,从而使这种作用得以进行。我们倾向于将这种特殊的理化结构本身视为生物的本质。然而,内生的化学反应、这类反应所需的高层次结构、拥有丰富自由能的物质的集中、受到控制的作用等,所有这些都显示一种在热力学意义上非特殊的、与平衡迥然不同的不大可能的过程,而这一点只有通过与环境的具有高度选择性的相互作用才能实现。拥有生命并非仅仅是成为生命系统——即在时空之中的具体的物理和化学结构。它也并不完全依赖内部的作用。拥有生命就是参与选择性

---

[1] "供给"这个术语是吉布森提出来的,在本书第八章中将会用到并且加以解释。在这里,从直觉上将它理解为"提供"就行了。

交流，参与生物和生物所在环境之间的物质与能量交流。这一套互动——即交流——确定生物的组织（而且反之亦然）；它还提供规定组织的组分，生物也根据它来选择环境因素。生命的本质存在于这一组互动之中。

缺乏与其所在环境相互作用的生物是不完善的系统，这样的系统是无法实现的。生物需要与外界交流，需要确保自身存在的完整性。因此，生物——即便作为自体参照的系统——总是以与自身不同的东西为导向，以在其中找到自身完整性的某种外部的东西为导向，以环境为导向。在这种情况下，生命从根本上讲需要双向参照，需要作为它指参照的自体参照。

然而，这个描绘尚不完善。在选择性互动开始之前，选择性互动需要标准，以便使选择得以在某些方面体现出来。如果选择吸收和选择释放的编码不是已经存在的东西，我们难以理解，任何循环组织怎么可能从它自身内部产生出来？空间上的闭合性和对环境的开放性是系统拥有生命的必要条件，但它们并不是充分条件，因为马克斯韦尔精灵必须被给予足够的指示，以便让它区分快慢、区分左右。充分条件将会要求，在该闭合体内部存在程序，存在一套说明；这样的程序或说明具体规定循环组织的结构，规定自体参照的动量，特别是规定互动的选择性。这种程序本身不可能是它所支配的自体参照的结果，必须是从"外部"带进来的，即从祖先遗传下来的。因此，在生产过程中，遗传再生是另一种补充方式，第二定律由此得以限制，生命的弥散性得以确保。除了在比较小的空间中，比较短的时段中之外，第二定律不可能被违背，因此从以前的循环组织遗传下来的这种程序不仅是对该定律提出的挑战的回答，而且也是一种必然性。

就对生命系统的概括说明而言,得自遗传的特征和自体参照一样重要。它使自体参照成为无处不在的因素,而不是成为例外情况,至少在宇宙的某些部分如此。总而言之,生命是对热力学第二定律局部违背,其方式是通过与环境互动的自体生产,以及通过与该物种的其他成员之间互动形成的再生。

2. 封闭的选择开放性与认知

现在,我们应该将注意力转向选择性:马克斯韦尔精灵操作方式的本质。这种"精灵"象征着选择开放性,或者简单说来与系统环境之间的选择性互动。它必须整合两种需求:一种来自遗传程序结构的生物的自体参照方式,另一种来自环境中存在的、具体自体参照所需的物质和能量的形式。[1] 生物是如何实现这种双重结合和参照的?这样的精灵是如何体现在生命系统之中的?

这两个问题的答案广为人知,可以用四个字来概括:"半透性膜"。生物膜是由疏水脂肪双层膜组成的,不仅水无法渗透,常溶于水的大多数分子也无法渗透。嵌在脂肪双层之中、由某些所谓的运输蛋白质不对称分子提供选择性主动输送,使分子通过生物膜。它们共同作用,实现了马克斯韦尔精灵的功能,因为它们有选择地输入和输出,采用的方式是让来自环境的特定种类的分子进入,防止它们逃出生物;或者反过来说,让某些分

---

[1] 关于后者,根据自然主义认识论的计划,普通物理学和化学——具体说来,地球物理学和地球化学——有许多论述。

子只出不进。双层膜确定整体的封闭；运输蛋白质一方面将生物对特殊物质的需要具体化，另一方面将环境供给具体化，因而具体规定双向参照。双层膜恰恰包含这样的运输蛋白质：它们能够吸收生物的自体参照所需的东西，并且存在于该微环境之中。

根据必须被输入的分子的种类、分布和结构，运输蛋白对自身的种类、分布和运输机制进行调整。因此，我们可以说，不仅膜的结构参照环境的特定部分，而且它也使环境的那个部分在某种意义上再次出现或被重新呈现于生物膜的结构。这并非偶然之举，而是刻意而为的东西，其目的旨在对它进行"辨识"和内化。我们也可以说，其一是生物膜，其二是生物膜的选择性主动运输物质和能量，使其穿过生物膜；这两点体现了最初级的认知形式——主动辨识。首先，实施这种选择作用的运输蛋白分子必须对需要被吸入或逐出系统的分子进行"辨识"（也许其方式与酶"辨识"特定的化学组分的方式类似）。辨识——这就是说，运输蛋白仅仅通过起到选择门作用进行"确定"的能力——意味着，对环境中提供的某种东西在一定意义上进行内化（使它在内部重新呈现），从而实现对生物体之外的某种东西的基本参照。在这种情况下，它同时也意味着，外化——或者说突显——生命系统对外部世界的独特需要。在这个最基本的层面上，认知的双重性已经散发出来。

只要我们承认，这种选择性开放机制——当然，这是更大范围的宏观生命系统的一个内在特征——（至少在暂时定义的"认知"意义上）是认知机制，那么，包含它的生命系统就是认知系统。鉴于这种机制的存在是必不可少的，鉴于对它的描述完全是基本的,生命系统不是在偶然意义上而是在必然意义上是认知系统,不仅在概念层面上如此,而且在物理空间里也是如此。生命与认知以不可分割的方式密切联系;它们是同一枚硬币的两面。选择性互动——生命的本质——事实上是认知互动。因此,封闭的选择开放性、自体-它指参照、生物与其环境之间的选择性互动,这三者构成最基本的架构,或者用传统哲学的术语来说,构成认知的先验先决条件。

"封闭的选择开放性"这一概念十分重要,应该加以进一步论述。使能量、特定物质和高层次作用集中起来,并且对其加以维持,这只有在"十拿九稳"的情况下才可能出现,换言之,只有当"内部"与"外部"之间、属于生命系统的东西与属于环境的东西之间的明确划分得以确定时才能出现。因此,任何回避热力学第二定律的自创生(autopoiesis)组织都需要确定的边界。生命系统以及认知系统占据有限的、封闭良好并且具体定位的空间,将其作为必要的物理学前提条件,以防止能量和次序以失控方式消耗。所以,不仅对外部观察者而言,而且对生物本身而言,世界必然分裂为两个部分:内部和外部。如果正如有人所说的那样,认知被局限于生命系统,如果生命系统必然是认知系统,那么,对认知主体和客体之间在概念和物理两个方面加以区分是不可避免的。两者之间不可能存在同一性。尽管认知者和认知对象属于同一个物质世界,它们是两个不同的系统;一个比另一个更具持久性,一个需要另一个;两者之间没有对称性,甚至没有交互性。

然而,生物与环境之间,主体与客体之间的关系显示另外一种完全对立的侧面。我们已经看到,热力学第二定律在生物内部和外部都会产生作用,实际关闭该空间这一做法本身并不保护生物免于解体。在这种情况下,需要的是经常更新生物组分,以主动方式不断吸收负熵,总之,需要与环境进行明确界定的生理互动。因此,生物需要外部世界,不能离开它产生互动的那一部分环境——即微环境——而存在;我们不应认为,生物能够以独立于微环境的方式存在。反过来说,我们也不能脱离对其进行具体规定的生命系统,对微环境进行定义。从根本上说,任何没有具体微环境的生命系统都是不完善的;生命系统通过与微环境主动进行相互作用,完善自身,而这种互动又对微环境本身进行具体规定。因此,在被分为外部和内部两大部分之后,世界通过生存互动重新统一起来。外部——微环境——被所有可能的互动组合所规定;通过这样的互动,生物可以不失去其特性,即不失去自身与环境互动的特有方式。另一方面,任何生物的特性都依赖维持它的环境,这就是说,依赖微环境。如果考虑到这种互动关系,我们可以从哲学借用"世间(有活力的)存在"这个术语;借用的条件是,这个术语意欲强调这种存在层面上的全面统一性,其意思是:在确定时间中被置于确定空间中,在有限时段里被确定在受到限制的空间里,通过一组可能的互动,与本质上需要的环境整合起来。在理念上组合起来的这一组意义意味着分裂和统一,意味着存在和存在得以实现的方式。"存在"方式的本质是一种互动方式,它将生物-互动-环境这一独特整体之中的所有部分和所有侧面整合起来。内部与外部之间、主体与客体之间的区分是这个整体内部的区分,结对的双方既是独特的,又是不可分割的。

  所有来到世界的生物都生成由自身的自创生方式结构的内

部世界和外部世界。这也适用于人类——尽管有人试图区分开放的人类世界与其他生物的闭合"世界"或者环境（Umwelt）。一个物种特有的这一组可能的互动选择生态位，即生物生活的世界；无论人类与其他生物之间的差异有多大，人类的自创生方式起到相同的作用，在周围的媒介中分割出人类自己的世界。尽管我们觉得自己的世界是取之不尽、用之不竭的（因而人类的世界是大写的），其实它并非如此。人类是有限的生物；人类的互动系统尽管在有机世界中可能是最大的，其实——至少在种系发生和个体发生的每个层次上——也是有限的。在人类进化的任何阶段中的人类世界也是如此。我们的栖息地——即便它被认为是整个地球——也是一个有限系统；今天，这个看法比以往任何时候都更有道理。因此，与其他生物的情况类似，对人类而言，主体-客体划分仍然是两者共属的人类的具体存在方式的一致的有限整体之中的划分。

当我们理解这个特殊的认识论问题——即感觉和行为的问题——时，我们面临类似的推理方式。我们在本书后面的某些章节中会详尽探讨这个问题；在此，我们不妨对它被定位的总体框架作一简单概述。感觉已经在简单的分子受体层面上出现。从原则上看，嵌在脂肪双层膜中的运输蛋白分子同时起到两种作用：它们辨识所运载的分子，实际上带入得到认可的分子；它们既是受体又是效应器。然而，选择性不可能完美无缺，因而总是存在这种可能性：生物在吸收营养物质的同时也吸收有害物质。将膜蛋白（或者说在更高等级的组织层面上，即细胞的细胞器和生物的器官）的功能与特化分离开来，可以解决这个问题以及类似问题。运输与辨识被分离开来，某些分子（细胞器或器官)为辨识目的被特化;它们成为受体,即分子、细胞器或者器官,它们的唯一作用是辨识特定的物质,阻止更多的物质进入,发送其存在的信号。在这种情况下,别的分子变为效应器,专门用于物质的运输和"操作"。

这个看似简单无害的事实带来深远的隐含意义。首先,根据特化所确定的这两种互动,出现了进一步分割和整合:外部世界被分为所称的"知觉世界"(Merkwelt 或符号世界)与"行为世界"(Wirkwelt)。[1] 这些世界以两种方式联系在一起的:第一,通过内部连接,通过内部生物物理学和生物化学作用形成的网络结构;第二,通过两个世界之间的特殊的外部关系。第一种方式——即内部连接——将在本书下一章中进行讨论。为了认识第二种方式,让我们记住,受体并不将物质输送过界。实际上,它们不能这样做。所以,它们依靠自身所发现的少量物质起作用,它们依靠样本产生作用。如果必然被发现的物质是有害的,这一点尤其重要。大量吸收这样的物质会对生物产生致命影响。因此,重要的一点是,受体对极少数量具有警示作用的这类物质作出反应。于是,两个世界作为表现物(代理[2]、符号、样品)和被表现对象在外部层面上联系起来。

作为一种说明,让我们看一看常常使用的草履虫这种单细

---

[1] Umwelt、Merkwelt 和 Wirkwelt 这三个词是乌克威尔使用的。参见乌克提茨(1984 年)。

[2] "代理"(vicar)这个术语由 D. T. 坎贝尔(1974 年)引入;笔者在此在相同意义上加以借用。从生物学角度看,代理是一种东西、一种活动或者现象;代理预示、代表和代替与生物的存活相关的另一东西、活动或者作用。

胞生物的例子。它的化学受器的基本作用是区分营养物质与有害物质。如果化学受器发现微小、有害的有毒物质样本，它们将它作为可能进入并且杀死生物的数量更大的潜在有害物质的代理或者信号。在这种情况下，样本刺激受体，使其向效应器——微小的能动纤毛——发送信号，生物很快脱离发现样本的位置。然而，如果在另一个情况下，另一个受体发现了某种营养物质的样本，草履虫停留在该位置上，要么直到食物被吃光，要么某种别的原因迫使它移动。

从上面所述的情况，我们也可以看到，一方面，受体的敏感性程度非常高，足以发现可能给生物带来任何损害的非常微小的样本；另一方面，受体的敏感性程度有时也非常低，只有在必要时才能引起反应。此外，甚至最微小的生物也必然是热力学体系，它至少由若干结合起来的高分子组成，其原因在于，它的排列和原子与分子之间的联结必须确保，在其周围的标准媒介中，没有什么随机热移动可以破坏它。这样的要求也适用于受体，因为它们必须在正在侵入的分子中，将它们能够发现的分子的热噪声与媒介中其他分子的热噪声区分开来。这还意味着，适当大小的样本被带入前景中来，与环境的其余部分形成对照，而那些部分退入背景之中。受体必须拥有足够大的体积，以便不受任何背景热移动的影响；同时，受体必须具有足够的敏感性，以便发现它们要找的对象。马克斯韦尔精灵不可能是真正的自然生物，其原因正在于此。如果它是真正的实体，它就必然具有热力学特征，事实上会改变能量与物质之间的平衡，这与人们的相关假设恰恰相反。

最后还有一点。在分离和特化的条件下，在受体层面的选择是对信息的处理,其目的是为了进行效应器层面的选择;这两种选择都是为自创生服务的。受体依靠样本产生作用,对前景与背景进行有用的区分,它们处理信息,以便为自创生(autopoiesis)服务。考虑到这一点,我们应该假定,受体与效应器之间的内在联系不可能是对刺激的直接转移和被动转移,必然意味着对来自环境的信号进行主动解释。我们还必须假定:"解释过程总是涉及真实时空中有用的活动,例如,让物质穿过生物膜……于是,信息的意义或者携带信息的信号在解释过程中被揭示出来;这出现在特定条件下或环境中,需要具体力量的作用。"(古德文,1976年,第194页)这种条件中包含的具体力量不仅是外部力量。请记住,这种环境的一部分在生物中重新出现,作为生物活动的结果。通过这种相同的活动,生物将自身推入环境之中,强加在环境之上。借助结构上的变体,一个新的突变体自行呈现出来。在生物通过自身的在场实际上将其呈现出来之前,新的微环境的可能性只以潜在方式存在。在这样的条件下,再现或者表现并不是强加于生物的,也不是从环境中推断出来的。它首先是一条互动建议,一项可能被生命接受、被死亡拒绝的提议。[1]

让我们在此作一小结。如果我们认为世界是实体之间的互动网络,那么,生物——随着它的突然出现——是闯入这一网络的作用,是对网络的一种扰动。生物被抛入这个预先存在的关系网之后,会改变——或者更准确地说会重新排列——网络的局部结构,其方式是将自身的互动需要和能力投射到网络上,从

---

[1] 本书后面的章节将会提供关于这些假设的更多讨论。

而合作创作它的微环境或者环境(Umwelt)。生物根据自身特有的自创生方式,确定环境的哪一部分将会被带到前景,这就是说,被感觉、利用和关注,确定哪一部分将会停留在模糊的背景之中。在观察者看来,在这种情况下,生物以独特性的形式,出现在预先存在的实体组成的现场及其互动网络之中;这种独特性带有可以部分渗透的边界,其边界给生物划出空间位置,物质、能量和信息从生物中溢出。生物将自身驱入世界之中,迫使其他实体与它产生互动,从而让它对世界呈开放状态。这些存在过程形成生物的有机物质化和整合,认知这时是这些过程的组成部分;认知对"外部"因素进行选择性利用,并且主动施加受到自创生(autopoiesis)引导的"内部"因素。我们最好将认识理解为"对探索世界事物的方式的认知"或者"熟悉世界的行为"、"了解世界的行为"、"关注世界的行为"。

3. 生存方式

生物与环境之间的选择性互动的范围——生物存在的基础——是两组相对独立但又相互联系的可能性的(生物)综合的结果。一方面是自足环境以适合自创生(autopoiesis)系统的形式,为生物提供物质、能量和信息的可能性,另一方面是畸形生物利用它们来维持和再生自创生(autopoiesis)得以体现的结构的能力。该范围是生物与环境作用的结构空间,二者共同形成作用范围的结构。这种互动作用的集束与自创生(autopoiesis)方式相互规定,是其他活动的轴线。该轴线的一端是拥有不断变化的组分和可持续组织的生物,另一端是拥有不稳定但可以解释的性质的环境。该轴线——生物维系生命、进行繁殖所需要的独特的互动组合——在物质上由这两端构成，并且被这两端所维持。它决定生物的存在方式，是上面描述旨在说明的协调整体的核心。正如我们已经强调的，这一整体——即生物的结构、生物与环境的互动以及生物的微环境——的组成部分是互相独立的。它们之间的相互作用仅在生物的结构（生物的形态、生理机能和行为模式）允许的范围之内，仅在环境媒介的供给允许的范围之内。可能的互动组和生物的结构适应环境，并且与环境形成互相确定的关系。环境是生物周围媒介的一部分，环境通过生物可以参与但又不失去自身特性的所有可能互动，与生物产生联系。

然而，真正超越热力学第二定律规定的限度而存活下来的并不是单个生物，而是一个物种。物种被定义为局部种群形成的种类，在生殖方面是独立的，保持可生存基因库的完整性（麦尔，1996年）。在属于这一物种的自行繁殖的生物共有的特征中，在它们的生长方式和生殖方式上，在维持它们的微环境中，可生存基因库将自身表达出来。总而言之，基因库在示例该物种特性的系统的全面结构中表达出来。生物-互动-微环境系统的这种全面结构是以物种为特征的；为了使其协调一致，所有因素都为必须维持的选择性互动服务。我将构成选择互动的场所以及该系统的全面结构的方式称为"物种的生存方式"。我使用"生存"而不是"生命"，旨在再次说明基于与外界的互动的自创生（autopoiesis）的生存特征，强调以具体方式出现的"世间存在"的活力。生存方式被编排在生物的遗传基因之中，在每一代中得以复制。

"就对生物的生态命运的影响而言",卢里亚说,"生物获得能量"——我们还应增添一点,获得更新其组分的原材料——的特化方式形成的影响"超过了"其他任何因素"(1973年,第78页)。封闭的开放性、主动的选择性互动、自体参照和它指参照、维持和发育,这些特征构成生物,在通过每个物种特有的"特化生存方式"实现的一致整体中组合起来。如果说生物的周围环境是一组供给,那么,每一生物实现其生物特征的方式是,接触这一组合之中与其结构和自创生方式——即生存方式——协调的具体的供给次组。由此可见,特化的生存方式是将生物的"世间存在"的要素组合起来的东西。这种共同模式体现在生物的形态和生理机能中,体现在生物与环境形成互动的结构中,体现在生物所处的微环境中。正是这种具有统一性质的具体化让构成生物特性的所有特征和组分获得了意义。

属于统一物种的不同个体的自创生(autopoiesis)表现出维特根斯坦所说的"家族相似"。"生存方式"的概念应该表达这种类似性。这个概念既是抽象的,又是具体的。它是物种的每个成员的遗传型(从基因库中提取的表达清晰的样本),它是在典型表现型的结构中、在生物与环境互动场中、在生物微环境的组态中表达出来的密码;因此,它是抽象的。它引导每一物种独有的作为核心的物质和能量的实际交换;因此,它是具体的。为了描述它,就必须一一列举生物存活必须吸收的物质,例如,蛋白质、脂肪、碳水化合物、矿物质和维生素。此外,还必须描述我们看到的这些物质在微环境中的形式(事物或生物),描述生物利用这些物质的方式。最后,我们还必须对生物为了维持生命采取的活动和行为——例如,觅食、狩猎、采集等——进行具体说明。

这个概念包含认知，将其作为有机组成部分，所以具有重要意义。作为生物-互动-微环境系统的不可或缺的部分，认知隶属该系统本身。因为这种隶属关系，认知总是与该系统联系在一起的，这就是说，与物种的独一无二的生存方式联系在一起的。在与物种概念并不具有共同范围时，这个概念的重要性尤为突出。这种情况出现在我们所说的人类这个物种中。正如我们将要看到的，人类是唯一能够实现一个以上完整一致的选择性生存互动行为组的物种，是唯一能够拥有一个以上生存方式的物种。所以，认知不仅与这个物种相关，而且与其生存方式相关。鉴于这一点，我们将会反复回到这个概念上来。

第六章 进化

生命是永恒的实验,是旨在冲破热力学第二定律的冒险尝试,是总以失败告终的努力。与这一强大定律的抗争是力量悬殊的搏斗,生命带有不可避免的普遍的实用要素,该要素将包括认知在内的一切因素隶属于实现和维持特定生存方式——即生物与环境之间互动——这一目标之下。实现和维持互动是一种数量上的平衡,它出现在种群之中基因的可变异分布与充满变数的环境之间。其结果是,生存方式——或作为自创生系统的"世间存在"的方式——不断进化。于是,作为通过变异和自然选择与环境之间持续不断的调节性互动,生物进化看来是(与生长和繁殖一起共同作用的)对抗热力学第二定律策略的第三个组成要素。自创生系统的组成部分不断更新;与之类似,这一系统的结构——以及由此形成的认知的有机体现——也经历缓慢但持续不断的改变。

进化理论已经为——致力于在科学理论中发现普遍认识原则的——自然主义认识论提供了理由,使其形成某些不可抗拒的期待。这一可能性已经被人设想:生物进化的机制——它自认为是获取知识的渐进过程——可能提供一般的认知过程(坎贝尔),或者/以及认识发展的渐进过程(图尔明和波普),甚至人类历史的渐进过程。有的人已经考虑到,在五官感觉、神经系统、大脑和认知能力的进化过程中,我们可以找到相信人类认知的真实性的证明。最后,有的人觉得难以抗拒这种值得想望的前景:生物进化最终指向理想状态;在这样的状态中,实用因素得以超越,阻碍生存方式的认知相对性得以克服。其原因在于,乍一看来,鉴于变异和自然选择、鉴于认知与生存方式之间的密切联系,进化理论似乎提供了一个回击怀疑论者的机会,这就是说,以科学方式证明纯粹、客观的人类认知的可能性。这样的期望是否有道理呢?对进化理论的仔细分析是否会在生物与环境之间、主体与客体之间、认识与互相矛盾的实在之间发现类似关系呢?[1]

胡克(1987年)以另一种方式密切关注这些期待,意识到自然主义和进化主义认识论与客观真理之中内在的"系统易谬主义";坎贝尔(1974年)揭示了进化主义认识论让人们陷入实用主义或功利主义这一"感觉"。福尔默(1984年)将纯粹实在论与混合实在论进行了对比,其目的一是为了缓解这种焦虑,二是为了实现承诺。他将知识定义为"对主体头脑中的外部结构的适当重构"(同上,第70页);不过,在这样的知识中,"存在着与认知主体相关的明显部分"(同上,第71页)。根据福尔默的说法,由于这种"明显部分"的原因,认知并不直接反映外部结构,而是进行类似于"平面投影"的活动(同上,第94页);在这里,投射的性质依赖投射对象、投射过程和银幕结构。尽管"对象与影像之间总是存在部分同形"(同上,第94页),这一过程的结果——即投射出来的影像——一般说来是所有这些要素的混

---

[1] 不久以前,就如何将生物进化论用作理解科学的基础的问题,大卫·赫尔(1988年)提供了另一个观点。

合,并非在每个细节上都与原来的对象完全一致。不过,福尔默和胡克都认为,如果"银幕"——或者说生物的认知结构——的构造适当,它原则上至少可以"从一个或多个投影中",以客观方式"重构原来的对象",这就是说,"仅仅涉指真实的世界"(同上,第100页)。因此,重构原来的对象意味着:重新获得在投射过程中失去的信息,排除银幕结构形成的失真,将图像(或者投射)净化,换言之,排除上面所说的"明显部分"。与之类似,西蒙尼也认为,正如我们已经看到的,科学对自然选择,对自身的历史有所了解,能够完成净化认知结构的任务。

进化理论是否支持这样的期望呢?"投射"和"图式"的组合带有不同实际目的,构成世界的非实际的、纯粹客观的图像,自然变异机制是否能够形成不同实际目的的"投射"和"图式"的组合呢?或者说,是否能够形成排除了属于生物的所有成分的认知结构呢?原来,这些问题的答案取决于人们在论点中使用哪一种进化理论。勒文亭(1983年)——我们在后面两节中将会讨论他的观点——对"古典达尔文主义"与"现代达尔文主义"进行了区分;有时候,后者被描绘为"庸俗的"、"肤浅的"。麦尔(1963年)早就区分了两种生物进化论观点:一种被他称为对达尔文理论和遗传学的"早期现代综合",另一种被他称为对达尔文理论和遗传学"近期现代综合"。正如人们所预期的,这种选择将会给自然主义认识论带来重要结果。

1. 古典达尔文主义

正如前面所说,某些自然论者相信科学实在论,他们参考进化论,希望变异和自然选择形成的适应过程将会解释和证明主体的工具性,解释和证明认知结构与外部世界结构之间对应性的纯度。这一希望依赖的信念是,在生物的适应过程中,作为杰出的认知系统的生物会积累越来越多关于环境的信息,建构日益完善的描述结构,而这样的描述结构会更客观地反映环境中的结构。这一信念意味着两个论点:其一,通过变异和自然选择形成的适应在生物与环境之间取得某种对应(进化说);其二,生物进化——以及由此形成的对应——是渐进的(会合说)。第一个论点认为,"认知结构的倾向性"是受到"两位进化大师"——变异和选择——制约的"适应过程产生的结果"(福尔默,1984年,第78页);其优点依赖"幸存论"的说服力。该论点详细说明了这一适应概念所包含的隐含意义:认知结构与环境之间的对应性高,这些结构的载体幸存的可能性就越大。进化科学实在论将该隐含意义放在这一假设中:正如古典达尔文主义所描绘的,生物与环境之间的一般关系显示,生物——或者更准确地说它们的遗传型——通过自然自由和随机差异,进而"提出建议";环境以繁殖形成的长存为目的,通过选择适应生物结构的"建议",从而"进行处置"。换言之,进化认识论主张,同样的"盲目变异和选择保留"机制(坎贝尔,1874年)使生物适应环境,并且形成环境结构与认知结构之间的对应。下面让我们仔细看一看,古典达尔文主义是如何描述这一机制的。

选择。进化实在论沿袭古典达尔文主义的做法,将变异和选择解释为"稳定的外部实在所编辑的审判"(坎贝尔,1974年),认为生物是受到环境影响的被动客体。然而,环境既不引起变化,也不引导适应过程;环境力量并不是改造力量。更确切地说,环境起到法官的作用,裁定受到审判的生物是否适应预先确定的规律和形式;在这种情况下,它让适应良好的生物继续存在,判处不适应的生物死刑。我们可以用筛选机这一比喻来取代带有很强人类中心说色彩的比喻。筛选机安装了预先设定的模子或模板,其工作方式使符合规格的"零件"通过筛选,其他的零件则被淘汰。以比喻性不那么强的方式说,我们可以将"模子"视为外部世界给生物提出的"难题";"优先存活和繁殖的生物(是)这样的个体:它们在形态、生理和行为三个方面的特征代表了解决问题的最佳'办法'"(勒文亭,1983年)。当然,裁决标准——即提出的问题——可能变化;但是,变化完全取决于在环境中产生作用的自主力量。即使在这种情况下,根据"古典达尔文主义的观点",适应过程是刚性的、排他的,具有胜者生、败者亡的性质。适应预先形成的环境的生物存活,不适应的则死亡,不能进行繁殖。就这一点而言,适应性颇像几何全等,即两个预先形成的形状要么完全适配、要么完全不适配。

这就是说,福尔默(1984年)发现了三种理解"适应性"这一术语的方式。第一种是**工具适应性**;在这个意义上,"主观认知结构与实在完全适合或者一致,其方式类似于工具适合任务"(同上,第71页)。为了说明他的意思,福尔默引用了罗伦兹的观点,声称"马蹄'代表'或'复制'大草原的泥土;鱼鳍'描绘'周围的水或者'反映'流体力学定律"。适配在这个意义上带有工具性:工具显示它们可被使用的对象;与之类似,表征并不与环境一致,而是"提供关于环境的暗示"(罗伦兹,同上)。福尔默认为,工具适应性是知识的先决条件,但是却完全不够。第二种是**生殖适应性**,是达尔文主义意义上的适应性。它带有实在论者无法接受的强烈的实用意味。这个意义上的适应性不是通过与实在的对应,"从外部"进行衡量的,而是通过一个物种的生殖率(进行繁殖的后代数量)"从内部"进行衡量的。第三种"适应性"是实在论者最珍爱的,即同形适应性。"有些认知结构",福尔默说,"通过与实在一致的方式来进行适应。在这种情况下,在知识的客观结构与主观结构之间,存在某种共同的特征,某种部分同形性"(同上,第74页)。显而易见,这种适应性完全符合所描述的选择模式;而且,反之亦然,古典达尔文主义的选择模式也留下了同形适应性的可能性。

变异。每个生物都是通过自然选择作用来影响物种结构的环境力量所作用的对象;除此之外,生物在两个意义上也是内在力量所作用的对象。根据古典达尔文主义式综合,生物(或者说表现型)是自主的决定论作用形成的结果;详细的遗传程序(或遗传型)通过这样的作用得以完成(勒文亭,1983年,第67页)。发育过程独立于环境,是程序的自主展开。如果我们可以了解储存在遗传物质中的程序,如果我们有一个足够大的电脑来进行储存,那么,在理论上就可能不考虑环境,对生物进行电脑模拟。其结果会是这样的生物:它面对环境提出的挑战,将其作为受到基因控制的带有具体特征的、有条理的拼图。此外,不仅程序的展开,而且还有形成遗传型变异的遗传物质的变化,这两者都是内在力量产生作用的结果。这种力量以随机方式产生作用,并且独立于内部环境和外部环境。变异是"盲目的"就是这个意思(坎贝尔,1974年)。"盲目性"并不意味着,所有可能的变异都是等概率的,也不意味着,一个变异与另一个变异之间不存在统计学意义上的相互关系。但是,它确实表示,"支配新变

第六章 进化

异的性质的力量在没有受到来自生物或其环境影响的情况下产生作用"（勒文亭，同上，第 67 页）。它还表示，生物从以前的失败中不可能学到任何东西，与作为整体的生物没有什么关系，与生物的功能需要没有什么关系（坎贝尔，同上）。变异随机出现，完全是内部的随机作用引起的；它们是某种猜测的结果，它提供自然选择借以产生作用的原材料。

从经典理论的角度理解，"盲目变异和选择保留"因而假定两种自主的进化动因：环境和形成遗传型的基因整体。这两种动因在表现型中互相冲突，可能形成某种对应或者适应。根据这一观点，表现型"只不过是外部环境力量与形成变异的内部力量相互冲突的媒介"（勒文亭，同上，第 68 页）。其原因在于，程序展开的刚性和遗传变异的自主性是生物仅仅成为一种表达方式、一种工具、一种临时载体，一种"自私基因"的"存活机器"（道金斯，1976 年）。这样，"如果物种确实是基因和选择性环境的被动连接"，如果基因提出建议，环境进行处理，那么，从深层意义上看，生物其实是毫不相关的……（勒文亭，同上）。或许我们没有必要再次强调说，古典达尔文主义关于生物的工具作用的论点与科学实在论提出的认知主体的工具作用不谋而合。

在此，有人可能对认知的实际体现产生疑惑。一般说来，可能存在一个以上候选对象：它可能是作为整体的生物，也可能是生物的某种部分，例如，它与外部世界或神经系统之间的界面；它可能是生物的外部表现，例如，行为或语言，也可能——正如以上讨论所暗示的——是遗传型。不过，如果我们严肃对待生物的工具地位，那么，只有在遗传型中集合的基因才具有足够的持久性和独立性，它们才能以某种方式，与同样持久和独立的实在形成对应。其原因在于,在生物存活和复制遗传型的基因的过程中,生物会遇到环境,而遗传型自身必须包含某种形式的环境表征。但是,进化认识论强调表现型的认知结构,而不是遗传型;对它来说,这是一个出人意料的结论。其原因在于,很难在基因组中看到环境因素被投射出来的银幕。

2. 现代达尔文主义

依据人们看待它的不同方式,自然论的一个明显缺点——或者说优点——是它对科学的依赖。无论科学理论什么时候出现变化,对认知方面的相关作用以及所获结论的自然主义的——这个术语的意思应该是科学的——论述就必须加以修改。所以,在古典达尔文主义被现代综合进化论取代之后,必须重新学习认识论方面的知识。依我所见,这带来一种好处,因为正如我们将要看到的,新的理论促成在哲学领域中罕见的更丰富的新洞见。这次让我们从变异开始讨论。

变异。现代理论不是将表现型视为对特殊遗传特征的集合体的直接表达,而是视为具有相互作用要素的复杂系统形成的结果:表观基因型。这个系统中,成熟生物的外观不仅是遗传型形成的结果,而且是有序的环境原因形成的结果,是某种纯粹偶然的内在活动或外在活动的结果,是不断成长的生物自身形成的结果。这些因素都促成了这一最后结果。人们还发现,除了某些基因与表现型之间的一对一对应之外,还存在生长依赖许多基因的共同作用的诸多特征,存在参与一个以上特征发育的基因。此外,有事实显示,遗传型可能并不是单个基因的组合,其自身可能是一种具有自体调节、经过整合的和谐系统。这意味着,表现型对遗传程序中的任何变化的表达依赖整个遗传型;鉴于表达清晰性要求的原因,某些变异将被清除,甚至没能在任何表现型中表达出来。这就是生殖隔离的本质。整合要求可能像环境一样,起到有效的选择作用,这是因为一旦遗传型中的基因"获得"、"正确"组合,生殖障碍将会限制可能的重新组合的范围,将会使新的变异仅仅是依据特定"主题"的变异。

另一组比较新的发现显示了内部环境和外部环境在表观遗传系统所起的主动作用。在胚胎中的发育过程,单个细胞并不仅仅依赖它在细胞核中携带的遗传程序,而且还依赖即将形成的内在环境和外部条件。例如,在果蝇体内,根据相邻细胞已经作出的"选择",生殖细胞既可以发育为腿足,也可以发育为触角。哪一个细胞将在哪个器官中发育,这在程序中并不总是严格规定的,而是相互调整的结果。已经实现的发育阶段调控后面的步骤。另一方面,外部环境影响变异的发育和形成。这种影响由"反应规范"调节(勒文亭,1983年,第70页),这就是说,受到具体规定发育中的生物回应环境方式的规范的影响。实际上,可以将遗传型视为一组指令,它指导发育过程中的生物与环境之间互动方式,或者视为一份清单,上面罗列了生物遇到的环境中的活动时可能作出的反应。由此可见,成熟的生物是遗传型和生物在发育过程中经历的环境序列共同作用形成的结果。此外,对果蝇的实验还显示,某些环境压力可能使变异和其他随机遗传变化超过通常数量;如果它们出现在发育的某些关键阶段时,情况尤其如此。

最后,即使遗传型与(内部和外部)环境的共同作用也不能完全决定发育进程。仍然给所谓"发育噪声"或"发育偶然性"留下了空间,这就是说,给纯粹偶然性留下了空间。根据沃丁顿(1957年)的说法,表观遗传系统中的作用在不同程度上是"确定的"或者"定向的"。尽管有环境方面的扰动,还是存在将被操作的程序,存在着将被实现的特性。某些别的过程或特征在某种程度上依赖环境条件。沃丁顿形象化地说明这两种因素,将其视为浅水道和深水道构成的系统;该系统拥有许多分支点,对"方向"的"选择"在这样的点上变为纯粹的偶然行为。

借鉴费希本的观点,我们可以将沃丁顿提出的表观遗传系统理论和最近提出的现代综合作如下概括与总结。我们必须在这个意义上将进化视为设计方面的一种实验:"每一单个的表观遗传系统都是对具体设计的实验性实施。结构在遗传型中编码;当表现型在特定环境序列中执行遗传编码(发育指令)时,实验得以进行。如果实验取得了成功,那么表观遗传系统是可生存的,个体便拥有较高程度的达尔文主义适应性,于是将其基因(设计)传递给下一代。"(费希本,1976年,第5页)这种复杂系统在一定程度是随机的,在一定程度上是预先规定的,其功能的许多细节仍然缺失,但是,有几点是清楚的:第一,并不存在独立于环境、完全预先决定的结果,不存在让遗传型表达自身的独一无二、预先决定的表现型。第二,遗传型中的变异并不具有人们曾经认为那么高的自主性。第三,单个生物处在遗传型与环境之间;环境作为不可或缺的动因,在遗传型的表现型表达与遗传型接触环境序列的方式之间,起到中介作用。

选择。从单个生物具有的优势的角度看,选择仍然是一种要么全有要么全无的冒险,但是,从种群或物种的角度看,选择的风险没有那么高,本质上是一个统计学过程。即使我们不考虑关于遗传型、表现型和环境之间关系的所有诡辩,适应过程的统计学性质也与对选择过程的任何简单、刻板的解释相矛盾。单个生物出生之后全都走向死亡;幸存下来的只有种群。一个品种杂交生物的局部种群——或者混交群体——的特征是由基因库决定的,或者更确切地说,是由混交群体的基因库的统计学分布决定的。在这样的分布中,每一基因被携带该基因的生物个体的数量表现出来。某些基因集束属于成功的表现型,因而比其他基因更常见。但是,即使那些罕见组合中的边沿基因也有确定的利于种群的生存值。每一组合都是实验、都是计划、都是对抗某种外部因素的规划;由于外部因素并不是预先给定的,所以组合是"盲目的"。这种规划"在外部"遇到的情况是隐藏起来的,只有在实际接触时才被发现。在稳定的情况下,边缘组合的作用不大,但是,在变化不定的环境中,它们是物种存活的重要储备。这些个体的生殖并不十分成功;在环境出现变化时,它们的存在将会提高种群作为整体的适应性。此外,它们还代表形成新物种和新的进化方向的潜力。适应和存活并不仅仅依赖种群中繁殖能力强的表现型,而且还依赖种群中繁殖能力不那么强的个体。因此,我们不应关注生物个体的适应性,必须关注种群中的统计分布与环境的不稳定序列之间的适应性。

我们尤其应该注意到,在现代综合进化论中,环境这个概念已经发生了实质性改变。根据古典达尔文主义对自然选择的解释,选择因子在选择过程开始之前就必须以确定的方式存在;环境仅仅等候生物进行选择。但是,身为外部观察者的我们实际看到,作为整体的世界具有多种层面和无穷动量,在任何生物出现之前已经独立存在。然而,起到选择因子作用的仅是这个世界的一个部分,这个部分与生物之间存在实际或潜在的因果联系;在生物出现在之前,该部分是无法完全具体说明的。由此可见,实际的选择因子是世界的一个部分,它影响或者可能影响种群个体,是从种群的"生命活动"的角度加以定义的(勒文亭,1983年,第75页)。因此,如果说新陈代谢、形态、生理机能和行为决定可能影响生物,从而选择该生物在世界上的微环境,那么,讨论在生物出现之间就独立存在的选择因子究竟有什么意义呢?如果说法官、模子、锁具和钥匙这样的比喻曾经是适当的,现在它们不再管用了。

不过,这一思路可能被人过度应用,甚至勒文亭有时也是这样做的。他在某些点上得出结论说:"环境不是自主过程,而是物种的生物特征的反应"(同上,第75页),"因此,我们必须用建构这个比喻来取代适应这个比喻"(同上,第78页)。不过,他的最后结论是,选择因子既不是完全自主的,也不仅仅是对生物的反应或建构,它是由外部世界和物种本身共同决定的。选择因子和暴露给选择的因素一起浮现出来;问题和解决问题的方法相辅相成。正在发育和存活的生物是主动的、一定程度上自主和不可或缺的动因,在外部环力量与内部力量之间起到媒介作用,共同决定生物发育的环境,从而是其自身的选择因子。

3. 受体和效应器

最近提出的综合进化论就生物与环境之间的关系提出了论述;在我们从中获得认识论启迪之前,可取的做法是,详述上面

第六章 进化

就受体和效应器这两种最直接面对外部世界的器官进行的思考,从而完成我们的分析。

受体。对自然主义科学理论来说,生物与其环境的关系至关重要;为了正确理解这一关系,我们必须再次思考这一事实:受体是依赖样本工作的。[1] 一般说来,这意味着,在受体占据的那一部分膜上出现的局部活动对受体本身没有什么重要意义,即便它们是对受体的直接刺激时也是如此。对生物来说,它们的意义仅仅在于,它们代表环境中别的东西,代表对维持自创生(autopoiesis)有意义的某种东西。正如我们已经指出的,在沉浸在媒介中的生物体内,存在外感受器,这给分为内在和外在两个部分的世界增添了另一个划分,即代表与被代表之间的划分。对外部观察者来说,周围媒介的这个部分显现出来,代表了超越其自身的某种别的东西。

让我们说明,它是如何与我们最为珍视的视觉这种知觉一同出现的。视觉最基本和最原始的功能是发现不同质环境中的运动障碍。视觉形成这一功能采用的方式是,利用透明——这就是说,透光——的东西与生物可以渗透的东西之间几乎有规律的巧合(坎贝尔,1974年)。来自某个方向的光线被解释为这一信号:在这个方向上,介质是透明的,因而是可供生物往前运动的;对光线的接受代表透明度,而透明度代表可渗透性。此外,就发达的视觉受体而言,我们可以参照吉布森(1986年)的做法,讨论"环境光束",即结构性光线,它来自环境,到达具有视觉受体的生物所在的位置。这种光束的结构首先是生物周围空

---

[1] 请参见本书前一章。

间的照明部分与非照明部分的排列,然后是照明部分的光线频率和强度的时空分布排列;它起到代理的作用,对发射光线的那部分环境进行具体说明。换言之,环境光线的结构包含关于物质及其表面的信息;通过与照在它们上面的光线互动,物质表面改变光线,从而对光线进行排列。尽管光线是与那些物质及其表面截然不同的某种东西,光线的排列和某些特征却依赖那些物质及其表面,并且具有那些物质及其表面的特征。光束的结构受到某种独立于生物的因素的影响,包含与观察生物的位置变化或者氛围相关的恒定因素。

但是,具体的受体——或者说感知系统——并不与整个代理世界互动;从进来的(光学、力学或者化学)阵列中,它选择代理世界中由自身结构协调的那一个部分,即生物自然会产生互动的一个样本。在这种情况下,对外部观察者来说,三个"世界"并为一个。首先,外部世界,即整个周围媒介,被分为代理世界和代理所表示的世界——被代表的世界。在这个意义上,这两个世界是真实世界:自然科学所描绘的世界被视为真实的,两个世界都独立于所研究的生物(但是并不独立于从事研究的外部观察者)。从严格意义上讲,如果生物不在场,只谈代理世界是没有多大意义的;代理总是代表某种事物或者对他人来说的某个人。草履虫的化学受器将一种物质的无害数量视为有害数量的标志;只有这个事实使它成为样本或者代理。如果没有视觉受体的存在,光束与它所具体指定的部分环境之间的关系是光学所描述的一种普通的物理作用。正如吉布森所说,代理世界是"生态层面的"世界;它仍然属于独立于生物的外部空间。但是,它是与生物相关的世界;这样的世界提供带着信息和感觉机

第六章 进化

会的大量代理,让特殊感官和感知系统把它们挑选出来的;它是受体可能直接与之形成互动的唯一世界。代理世界是由普通的物理过程和化学过程组成的世界,但是,它也是为生物提供潜在的感知供给的世界。

于是,当生物出现在世界之中时,它实际上选择了这个潜在代理世界的部分,它的受体或感觉器官与该部分能够形成实际互动。对生物而言,它构成它自身的世界;对观察者而言,它是连续出现的世界中的第三个。这个由对生物的受体形成的实际刺激构成的世界属于微环境,属于环境(Umwelt),属于生物生活的世界。这个世界在从前被称为知觉世界(Merkwelt)或者符号世界。这个世界是那些代理或符号的世界;这些代理或符号是由具体生物的感知系统的具体结构和作用挑选出来的。它属于外部世界,不过,它是生物出现时创造出来的世界,是目光拦截光束时创造出来的世界。对生物而言,它是代理世界之中唯一存在的部分;在这一部分中,环境向生物"开启"自身,生物将自身"投射"到周围世界上,从而用它自身的"面纱"关闭或者"覆盖"代理世界的这个部分。

由于受体与生物体内的处理过程之间存在着密切关系,这个带有物种特征的符号世界带有一个内在相似物。正如勒文亭(1983年,第77页)所说,在这个内部处理过程中,生物"将从外界进入体内的物质信号从一种形态改变为另一种形态"。换言之,受体感觉到的样本触发选择反应,而那些反应通常引起连续转换,将一种信号变为另一种信号。如果我们在这一最后反应之前,在思维中拦截这一转换,我们可以发现传统哲学术语所称的"现象世界",我们这时可以将它命名为感知世界;它是连续出现的第四个世界。感知世界是内部世界的一部分；也许我们可以将它与福尔默的投射银幕联系起来。然而，这个世界的问题在于，信号沿着许多不同通道穿过生物，有的通道短小、直接，有的通道漫长、持续；这种现象世界仅仅是在效应器中终结的"形态改变"过程的一个阶段。正如我们在本书第八章中将要看到的，感知世界散布到整个生物体内，而且与其他功能——尤其是效应器——密切联系；它并不是"电影"世界。

此外，整个过程也不是投射。在我们的例子中，光束的结构受到非光学环境的影响；光线被物质及其表面发射、反射或者折射。在这个过程中，物质的排列和光学特征被铭印到光子流中。正是这一事实使我们说，光束代表或者包含关于其他某种东西的信息；正是这一事实使生物得以解释光束，得以"解读"它的"意义"，得以重构"文本"背后的东西。但是，吉布森强调说："用于感知对象的信息不是它的影像。光线中具体指定某种东西的信息不必与它相似，不必复制它，不必是它的拟象，甚至不必是精确的投射。对观察者的眼睛来说，光线中没有什么被复制了，事物的外形、表面、实质、色彩而且肯定还有运动都没有被复制。但是，所有这些在光线中都被具体化。"(1986年，第304页)当作为符号、代理或者代表的某种东西表示另外的东西，表示不同的某种东西时，表征不可能是完美的；替代品总是替代品，根本不可能是原来的东西。因此，代理可以欺骗生物，例如，玻璃可以欺骗苍蝇。正是由于这个原因，罗伦兹谈到提供"关于环境暗示"的器官，吉布森谈到"在光线中被具体化"的环境。尽管受体的多样性可能有助于生物适应幻觉，使苍蝇在放弃穿越玻璃的行动之后，能够沿着玻璃运动，但是，无论是受体的多样性，还

第六章 进化

是受体的共同作用,它本身都不能提供非幻觉图像。它们的任务是提供有关生物与环境互动相关的信息,而不是提供与生物的思考相关的信息。

这里列举的作用世界:表征世界、代理世界、以物种为特征的符号世界、感知世界全都互相联系,作为描述和解释的链条,建筑在具有因果性的物理和生物序列之上,但是却并不可被还原为这两个序列。"解释"这个词汇是假设的,因为在解释学传统中,拥有自身标准的主体从代理那里提取的信息(即便它有一种光束形式)必须被理解为主动阐释,而不是具有因果性的被动接受。表征意味着阐释,因为对某人有意义的东西并非自动呈现在那个人面前;它的意义并不是直接给予的,而是在中介者——在代理——中被重新陈述的。因此,任何感知系统都通过符号世界来解释"文本",即使没有包含任何种类的推知时也是如此。不同能量(频率或色彩)的光子(强度)到达观察者(眼睛)所在的位置;我们可以说,任何文本都是由这些光子被人感知的时空分布组成的。另一方面,阐释作为对光束的意义的理解,即作为对在物理学上处于光束"背后"的东西的相关性的理解,是整个感知系统——其实是整个生物——的反应。感觉只是反应的组成部分。就阐释而言,我们会赞同吉布森的观点:"特殊感官的输入带有被刺激的受体的特征,而感知系统的反应的特征受到世上事物——尤其是其供给——的特征的影响。"(1986年,第246页)生物必须重新建构的正是这些特征和供给,不是必然将其作为图像,而是将其作为阐释模式,而这些模式指导生物如何使用这些特征和供给。生物阐释感知世界的方式取决于生物中所表现的世界接触实际世界的方式。

其原因在于，在维持特殊生存方式的斗争中，真正重要的不是发现引起有毒物质出现的原因，而是找到可以采取的避开行为。存在于受体与效应器之间、刺激与作用之间的东西——即由表征和阐释组成的链条——没有内在意义；有鉴于此，它带有"撤离"到隐秘的规则系统之中的倾向。在无法渗透的东西之间的运动引起一系列复杂的表征和阐释，但是，这种运动顺利进行，似乎并不存在什么媒介作用。这些链条紧密结合在生物体内，常常转瞬即逝。在所有种类的代理或者代表中，我们也发现同样的"撤离"现象。由此可见，生物只能看到光线，只能听到空气的振动，只能嗅到化学物质；然而，它却从来都看不见光线，听不到空气振动，嗅不到分子。由于这种撤离作用，有人产生直接性幻觉，进而得到了这一错误结论：体现这些稳定的阐释路径的生物也可能被撤离。由于所有这一切全都是幻觉，我们必须随时记住，媒介作用是不可避免的，我们不可能让生物从这个过程中撤离出来。

让我们作一小结。感知系统的共同作用的最终任务旨在维持自创生（autopoiesis），即为了维持生命与环境进行的互动。受体与环境中的代理部分互动，所以它们并不给生物提供自创生（autopoiesis）所需的物质和能量。这个任务是由效应器完成的。因此，阐释链必须在此终止。如果它在两者之间，即在神经系统的其他位置上终止，没有任何其他参照，它在生物学上就会是没有意义的。

效应器。在受体与效应器分离之后，生物与环境互动的组合便分为两个互相联系但却各不相同的次组。受体的互动形成一系列"世界"，所以，效应器的互动形成另外一个组对。其中之

第六章 进化

一是支持外部效应器的可能作用的外部世界的部分。这是由环境因素中可能出现的运动和作用——或者由消化物质和排泄物质——选择的世界;这是由展示和身体符号构成的世界,是攻击、保护等作用构成的世界。这是每一生命表达全都转向满足方式和完成方式的世界,是由生物在环境中的全套功能构成的世界,是"作用世界"、"效应世界"、实质行动世界(Wirkwelt)。[1] 这套功能从行动对象构成的外部世界中,分割一部分出来,即接受作用的部分。这一世界的其余部分是这一组对的另一组成部分;它是生物的任何作用都无法触及的外部世界,是只有外部观察者能够认知的部分。

在符号世界与作用世界之间存在着根本区别。当效应器的作用涉及某些外部对象时,在对象与器官之间通常并不存在媒介作用;没有代理介入。[2][3] 在维持生命的互动或新陈代谢互动必须吸收必要的能量和物质时,情形尤其如此。在生物出现保护、攻击、吸收、回避、寻找等行为时,它们也直接形成互动。马蹄直接接触大草原上的泥土,鱼鳍直接接触周围的水。因此,除了语言学上的联系之外,实质行动世界(Wirkwelt)可能也与真实(wirklich)产生联系。在互动中,效应世界"言说"或者"代表"自身;在这个意义上,它是真实的。尽管它在概念上是一个

---

[1] 根据动词 wirken 的意义,即"采取行动"、"付诸实施"。

[2] 工具是具体的实体,应该专章讨论(参见本书第九章)。

[3] 隆巴尔多(1987年)沿用了吉布森的做法,是这样定义供给这个概念的:"供给以动物与环境之间互动潜能的方式存在。产生行为的是动物,但是,动物是通过利用供给来产生行为的……供给的存在应归于动物的动态方面。"(第307页)

虚拟世界,是由可能出现的作用构成的世界,但是,无论什么时候实施作用,它就直接得以实现。

受体构成的表征世界和效应器构成的可能实现的世界并不必然同时出现。因此,重要的是,生物的结构要确保这一点:代理世界的感知部分以适当方式,与作用于表征世界的必要作用组实现信息交换;换言之,这两个世界至少出现部分重叠。由此可见,从生物学的观点看,效应世界与感知世界之间的联系是显而易见的;受体代表的世界与感知中重构的世界应该主要是效应世界,是由自创生(autopoiesis)必不可少的可能作用构成的世界。效应世界提供的供给在感知世界中表现出来,构成了感知与作用之间的外部联系,这种联系拥有其内在对应部分。从这个意义上说,我们必须抛弃将感觉与运动截然对立起来的做法,受体与效应器之间的内在联系应该总是放在感觉运动控制的框架之下加以考察。

动物的全套行为——即行为世界——是闭合的,符号世界也是闭合的。前者首先取决于物种的形态,尤其是效应器,其次取决于神经系统综合作用的能力。众所周知,从遗传角度看,动物行为的综合作用(即内在联系)在很大程度上是由生活方式所控制和决定的。潜在运动的范围,或者说对环境的行为反应的范围,是由它所属的闭合整体所决定的。知觉世界(Merkwelt)和实质行动世界(Wirkwelt)是包括人类在内的所有生物共有的,在生物学意义上是有限的;它们是闭合的环境(Umwelt)或者生态位的组成部分。只有外部观察者才能看到这种不可避免的闭合——外部观察者能够理解生物周围世界的非表征、非感知、没有受到影响的部分。只有外部观察者才知道,世界之中有对生物来说根本不存在的部分,环境(Umwelt)是这个世界中的一个有限部分。当然,由于变异和选择的原因,普遍存在的进化过程对新的可能性和新的生态位呈开放状态。但是,每个这样的生态位——无论是实际的还是潜在的——都无一例外是闭合的。

总而言之,生物在世界上的存在其实意味着"在感知世界和效应世界之中的存在"。生物的媒介之中的位置同时是观察者和动因的位置;它是互动会合的位置,是光"束"、声"束"和味"束"被拦截的位置;作用在那里形成,外部世界的供给在那里接受。当然,使其成为会合点的正是观察、倾听、呼吸和产生作用的生物。

4. 进化论启迪

从以上分析得到的认识论寓意——或者前面所说的对期望的反馈信息——看来是明确的。生物的进化非常复杂,高度发展,显示出具体性,这使该理论无法应用于其他任何现象,只有在非常简单化的尝试错误法作用中,或者在"盲目变异和选择保留"的做法中才有作用。然而,在后一种情形下,"理论"并不能进行什么解释。因此,如何丰富知识,如何根据生物进化理论重构历史?形成这样的整体机制依旧是一种可怜的愿望而已。

就实在论而言,在"古典达尔文主义"进化形式中,它草率地将生物的工具性,将排除认知主体的做法视为理所当然的东西。但是,即便在这样的情况下,这种进化论的追随者们也从未认为,已经实现了表征结构与环境之间的理想、"纯粹"的状态。例如,福尔默(1984年,第78页)宣称,"生物对环境的适应根本不是理想的",并且就此提出了如下理由:第一,"理想的适应状态并不是存活必不可少的条件";第二,"理想的适应性只有在付出很高代价的情况下才会出现",换言之,它可能是生物无法承受的;第三,变异不仅影响适应过程,而且也中和适应过程,这就是说,变异形成适应过程,就此而言,理想的适应是不可能出现的状态;第四,理想的适应状态——作为同形适应性——必然是刚性的,因而不适合不断变化的世界。但是,如果理想的适应不是必要的、不是可以承受的、不是可能的,而且并不足以保证生物存活,那么,作为纯粹实在论的一个论据,基于存活论的论证便失去了大量说服力。由此可见,存活需要的适应并不是完美的,需要的对应也不是完美的。为了解释生物存活的方式,或者通过类比方式解释认知结构的运作方式,我们只需这样做就足够了:设想"不纯粹对应",设想一种与实际要素混合的对应,设想生物形成的"值得注意的对应",并且将其作为一个必要条件。其原因在于,在当代进化理论的语境中,我们难以理解,以自身为目的的对应——这就是说,独立于任何存在需要、与存活完全无关的纯粹对应——将会拥有确定的生存值,将会得到选择。使存活论具有合理性所需要的仅仅是某种适度一致性,或者说一种"提示",一种"具体说明"。

如果我们忘记理想的适应状态,忘记"同形适应性",将适应视为总是部分的、不明确的、暂时的、设想的,那么,进化实在论肯定会吸收"系统易谬主义"(波普和坎贝尔语)。生命是不断重复的结构方面的实验;所有生物都终有一死,因此,从神的角度

第六章 进化

看,这种实验总是以失败告终。有的论者用这一主张来表达系统易谬主义:认知结构是"假定的"。认知结构并不与生物一起死去;毕竟,认知结构在一代代生物中得以再生。说认知结构是"假定的"的理由在于,除了否定的情形之外,这种验证是并不是最终的。此外,即使有人坚持早期的达尔文主义的综合说,某些"实际要素"的引入——以及从而形成的某种"不纯粹性"和物种相对论的引入——都是不可避免的。实际要素将认知与实际任务联系起来,并且最终与物种的存活、与物种的生存方式的特征联系起来。

在将认知视为假定或者设想的过程中,容易出现偏激倾向。例如,福尔默宣称,甚至外部世界的存在也是一种推测。倘若如此,我们是否走向了极端?在这类极端易谬主义与极端怀疑论之间,是否还存在任何差别呢?提出进化论的目的不就恰恰为了让人们确信,因为人存活下来,所以人确实需要接触独立存在的外部实在,需要拥有关于这种实在的某些知识?这一主张不就是一种完全的放弃?不就说明对纯粹实在论的进化论证明仅仅是另一种劳而无功的尝试?值得庆幸的是,在进化论——无论是经典进化论还是现代进化论——中,没有什么东西会支持对外部世界的怀疑态度。对这种实在的客观描述——纯粹实在论所幻想的——完全是另外一码事。

为了挽救纯粹实在论的目标,福尔默提出了下面的推理:我们从"进化论本身"出发,无法判定同形的"究竟是好的,还是相当不好的";然而,正是因为这一不确定性,"它原则上甚至可能是完善的,其原因在于,客观认识或事实真理是可能的,但并不是得到保证的。此外,即使存在客观认识或事实真理,我们也无法加以证实"(1984年,第80页)。现在,事物依旧处于进化过程开始之前的状态。我们现在不是从自然选择所保证的同形中推知客观认识的可能性,而是假定它的存在。这种假定的唯一支撑来自这种观点,即,进化论并不禁止它。但是,这与人们原来的期望相去甚远。

最后的希望是进步,即趋同论。有人提出,适应性越强,对应度越大,而且——根据波普的理论——所有适应都是不完美的,但是,有的在这方面比其他的完美一些。毕竟,生物进化是一种不可逆转的过程;它绝对不会回到原来的状态。它或许类似于数学中的无穷收敛级数:根据级数中的一项从前面一项中得以形成的方式,我们可以确定收敛点,即无法达到但是却无限接近的点。然而,如果接受理想适应既不是可承受的,也是不可能的这一观点,人们就难以理解进化序列规则——以及收敛点——究竟是什么。它是难以实现的,但是也许并非绝不可能的。

事实在于,当代综合进化论并不将进化作为目的论过程来处理;尽管如此,我们无法忽视这个显而易见的实情:进化显示某些明确倾向。存在着三个非常明显的过程,它们也许间接表明一个总的方向。进化的方向是:从简单结构变为复杂结构,从对环境的较大程度的依赖变为更大的自主性,从比较初级的感觉器官、内部联系和神经系统,发展出比较复杂的感觉器官、内部联系和神经系统(阿亚拉和杜布赞斯基,1974年)。然而,无论是复杂性概念还是独立性概念都并不暗示同构适应性,并不暗示认知结构与环境之间的直接对应。复杂性可能显示更大范围的对应,但是并不表示更大的纯度。具有更多自主性、更复杂

第六章 进化

的感觉器官和神经系统可能意味着范围更大、精确度更高的"内在图式",但是并不必然意味着超越实际目的的更大自主性。进步理念——即使它可被应用于生物进化——并不提供人们所需的证明。

尽管道金斯提出了自己的观点,当代达尔文主义综合论拒绝生物的工具地位,从而拒绝认知结构的工具地位。生物与环境之间的互动被视为两个预先存在的独立动因的共同创造,而不是互相对抗,环境被视为与生物相关的可能性或者供给,而不是作为预先形成的刚性现实性。鉴于所有这些进展,实在论没有任何办法在进化原则的基础上,确定或者证明表征的纯粹性。实用原则要求将一切置于存活之下,看来是不可避免的。它赞成工具性适应,而不是别的其他东西。

但是,实用原则和主体的不可或缺性既不拒绝也不怀疑外部实在的存在;恰恰相反,将一切置于维持生命的互动作用之下的做法假定外部实在的存在。它们也不否认、不忽视生物与环境之间、认知者与认知对象之间的因果性。它们仅仅要求,这种关系不应被视为生物对来自独立环境的某种东西的被动接受,而应视为对提供的创造性利用。存活依然保证认知结构与环境结构之间的某种对应,或者我们更确切地说,某种一致性,不过这仅仅是在工具性适应的意义上。当代进化论不是使用视觉比喻(银幕、镜子),不是使用制图比喻(投射、地图),而是提出了马蹄与大草原、鱼鳍与水、工具与工具应用的对象这样的比喻。一致性并不排除部分同形,总是将它视为工具性的,这就是说,视为隶属于存在方式的。我们依然可以认为,我们确实知道,自己的理论或者认知结构在总体上与实在保持一致,其程度可以形成生物与环境之间的成功互动,以便让自身存在。与此同时,我们拒绝将认知主体视为可有可无的东西,拒绝承认甚至原则上可能存在的没有主体的理想对应。

最终,一种不安定性继续存在:所有这些全面论证是否真的必要?其原因在于,显而易见的是,关于对应和实在论的整个讨论在低人一等的世界中是没有什么意义的。没有人会声称,非人生物可能满足纯粹实在论提出的标准。我们可以清楚地看到,所有非人物种的生态位都是有限的、闭合的,但是我们仍旧认为,这并不是普遍规律。我们欣慰地认为,就人类而言,整个情况大不相同;毕竟,这个地球上没有其他物种可以与人类相提并论。因此,绕了这么一个大圈以后,我们回到了同样的关键点上。是否有自然主义的理由让我们相信,就人类而言,生物进化超越进化自身,人类不会遭遇其他生物面对的困境?正如我们猜想的,如果这样的理由并不存在,自然论是否能够在不违背自然主义原则的情况下,在不违背自然规律的情况下,在不用先验推理解释在认识论上享有特权的地位的情况下,就人类在生物界中占有的明显独特地位作出解释?

第三编 人的科学

第七章 人类

从变形虫理论发展到爱因斯坦学说,其间没有什么平坦途径,许多空白尚待填补。其中最大的一个涉及人类在生物界中占有的地位。进化认识论主要关注获取知识过程的一般模式,几乎必定要寻找途径,以便从认知角度描述人类在进化谱图上占据的独一无二地位。进化认识论受到这样的束缚,无法以适当方式,与将人概括描述为理性动物(animal rationale)或智人(Homo sapiens)的传统说法划清界限。但是,如果在概括描述人类时使用 ratio(理性)或 sapientia(智慧)这样的术语,那么,这一循环论的圆圈很快就会闭合。由此可见,人类知识——在某种程度上甚至人类知识的特点——的存在是约定性的,使用它目的旨在维持这种享有特权的地位,而不是相反的情形,这就是说,从人类在自然界中占据的独一无二的地位推知而来的。尽管这样的方式很传统,它与对具有神性的祖先、对理性(ratio)或者智慧(sapientia)的神的起源的信念完全一致;在这一信念的语境中,根本不需要什么进一步解释。另一方面,达尔文主义将人仅仅视为盲目、偶然的进化的许多产物之一,公开否认人与神的相似性,否认人享有特权的密切关系。所有的生物都是认知动物,每一物种的认知性质都依赖自身的结构和自创生方式。如果像进化认识论所假设的,智人(Homo sapiens)的进化遵循同样的进化原则，那么，人的认知的性质也源于人的存在形式，而不是其相反的情形。因此，如果自然主义认识论志在打破传统，支持现代达尔文主义的综合论，避免出现循环论证，那么，它就必须对人类在生物界中的特殊地位，提出这样的论述，它对人类的存在方式的唯一性的这类描述将会回避使用认知术语。

我们在本书前面的章节中已经看到，在描述认知在生物界中的必然性、可能性和性质的过程中，自然科学可能走得相当远。但是，在对人类认知的具体性质进行解释时，自然科学的能力显然非常不足。迄今为止，生物学已经说明，它可以描述人类认知出现的前提条件和总体架构，但是它无法描述其真正性质。我们很快就会看到，自然科学描绘了一幅相当特殊的图画：在这里，人被视为生物学意义上不完善的动物。于是，甚至在并不知道这样的图画的情况下，某些自然主义认识论者——例如，西蒙尼——就预先赞同说，对人类认知性质的适当自然主义探索必须考虑人类的文化、社会和历史这三个方面的因素。不过，如果不首先被同化，这些方面的因素就无法被自然主义认识论结合；[1]而这一点迄今尚未实现。在上帝给予人的享有特权的地位被人遭到放弃之后，对人在宇宙之中所处地位的唯一性的自然主义描述还没有赢得普遍赞同。有人对人的特征进行概括描述，其内容通常包含在难以捉摸的文化概念中；对此的自然主义描述迄今尚未被人广为接受。自然科学和自然主义认识论甚至没有说过要使用各自的语言来提出文化理论；它们这样做完全是有道理的。文化也许是一种在没有受到神的干预的情况下浮

---

[1] 论证见本书第四章。

现出来的自然现象,然而它是自然科学难以描述的自然现象。最好的自然科学和自然主义认识论可以期望实现的目标是:提出一套源于人是自然动物这一事实的一般条件;描述这些条件限制文化出现的方式;持之以恒地提醒人们,文化是不可能以违反自然规律的方式加以创造或保持的;强调就理解文化的起源和延续而言,没有必要仰仗神灵。下面,让我们看一看这一点是如何实现的。

1. 作为早产哺乳动物的人类

早在进化论认识论问世前几十年,拥有哲学头脑的生物学家阿多尔夫·波特曼[1]和拥有生物学知识的哲学家阿诺德·盖伦(1950年)就接受了科学和哲学提出的这一挑战:在不直接参考人的认知能力的情况下,对人在宇宙之中的地位进行描述。他们两位是用这一理念来迎击上述挑战的:人类在形态上是非特化的,因而在生物学意义上是有缺陷、不完善和开放的动物。后来,有的人类学家——例如,C.格尔茨(1973年)和P.J.威尔森(1980年)——接受了这个理念;于是,在生物学家、人类学家和哲学家之间出现了有趣的、非常罕见的一致意见,至少在他们那个小圈子之内如此。如果说这个理念尚未形成一种直截了当的自然主义文化理论(这个目标在那时显然过于宏大),它至少可以促成从自然领域到文化领域的一种平稳过渡。

---

1 对阿多尔夫·波特曼和赫尔穆特·普莱斯纳提出的"哲学生物学"的评述,请参见马乔里·葛琳(1974年)。

波特曼对哺乳动物——特别是灵长目动物——的个体发生和胚后期发育进行了比较研究,从而能够了解人类的社会生活是如何植根于其生物特性的,或者用马乔里的话来说,人类是如何"在生物学意义上构成,以便成为文化动物的"(葛琳,1974年)。波特曼发现,从产后发育的情况看,动物可被分为两类:一类的幼崽相对说来不成熟,在完全独立之前需要某种保护,另一类的幼崽出生后不久拥有相对的独立性,可以自行生存。在哺乳动物中,比较原始的属于前一类,比较高级的属于后一类。因此,比较原始的物种的新生幼崽在出生时感觉器官相对说来不发达,比较高级的哺乳动物的幼崽已经拥有发育健全的感觉器官。在哺乳动物的进化过程中,这种一般趋势还有许多其他的复杂变化,但是这两点就足以让我们理解波特曼的观点。

他的观点是,就人类而言,这一进化趋势以出人意料的方式被颠倒了;人类的后代在出生时除了完全开放和成熟的感觉器官之外,被剥夺了存活所需的其他全部重要特征。即便支撑感觉结构的大脑的发育状态也与原始哺乳动物的没有什么两样。在出生时,人体之中的这个最重要器官的大小只有成熟时的四分之一;在人出生之后,大脑继续以比较缓慢的速度发育,其容积直到 12 岁时候才最终定型。相比之下,在人类最近的同类——类人猿——中,大脑发育速度很快,定型时的大小仅仅是出生时的两倍左右。这仅仅是说明人类婴儿的不成熟和无助状态的一个要素。在考虑了我们在下面将会看到的某些别的因素之后,波特曼得出结论说,人在动物界中的特殊地位最好被描述为早产的哺乳动物。如果从形态和行为两个方面,将人与其他高级哺乳动物相比,人类的婴儿应该再晚 12 个月出生。

第七章 人类

我们可以在进化发展过程中形成的一种妥协中,找到出现这种早产的一个原因。两个最明显的特点将原始人类与其他灵长目动物区别开来:头颅的相对容积和直立姿势。这两个特点互相矛盾:一方面,直立二足动物的特点要求对盆骨进行改变,以便使盆骨支撑动物的上身,这一点——与快速行走和跑步的要求一起——限制了产道周围的骨骼结构的宽度和弹性。另一方面,大脑的扩大以及头颅的扩大形成了越来越大的头颅骨骼结构,而且头部必须从产道中通过。众所周知的事实是,在哺乳动物中,智人(Homo sapiens)的头颅大小与身体大小之间的比率是最大的。如果使用相同的身体大小进行计算,如果将下第三系的原始灵长目动物的参考值定为 1,那么,类人猿拥有的比率是基准的 16 倍,而人类却有 64 倍。要解决头颅大小与产道宽窄之间的矛盾,人类的婴儿必须在头颅完成生长之前出生。

新生婴儿带有这种明显不足之处的,其结果是,在婴儿出生之后,持续一段时期——至少长达 12 个月——的父母产后喂养。在这个时期中,婴儿的胚胎发育,尤其是大脑的生长,在一个相当独特的环境中继续进行;在该环境中,婴儿暴露在外部——大多是社会——因素的影响之下,五官感觉已经开始活动。波特曼把这一子宫外妊娠时期称为"社会妊娠";葛琳认为,这是"在母亲喂养的社会子宫中的 12 个月"(葛琳,1974 年,第 288 页)。根据波特曼的观点,这个独一无二的产后阶段并不是以简单方式,添加在原始哺乳动物本来的标准发育阶段后面的。人类婴儿的独特之处在于其整个生长过程,完整的发育程序依次在子宫内和子宫外完成。

葛琳用下面这些文字,对波特曼的观点进行了小结:"总之,就人类而言,一般哺乳动物的整个生物发育已经以新的方式,进行了重写:胚胎的整个结构、整个生长节奏自始至终都促使一种居于文化之中的动物的出现;这种动物与燕鸥、雄鹿、蜻蜓——甚至黑猩猩——不同,不是被限制在预先确定的生态位之中的;在机体组织、器官和自然倾向这几个方面,这种动物天生对其所在世界呈开放状态,天生就能接受责任,将过去的历史变为自己的传统,将传统改造为无法预见到未来。"(同上,第288页)葛琳谈到,"居于文化之中的动物"带有的开放性,这一理念得到了大脑在子宫外经过延伸的发育过程的支撑。这种发育有利于学习,尤其是通过不用费力的语言习得实现的学习。不过,从早产这个困境,波特曼和葛琳很快推知出了文化。如果要完全理解文化在生物学意义上被激发和维系的方式,我们仍然还有很长的路要走。

2. 作为发育迟缓的哺乳动物的人类

盖伦肯定走了很长的路:他不理会波特曼得总结出来的"社会妊娠"理念,重新回到对智人(Homo sapiens)的经验分析。在波特曼所作研究的基础上,盖伦首先增加了荷兰解剖学家路易斯·伯尔克1926年提出的"弱智"理论。根据这一理论,人类不仅早产和晚熟,而是在发育结束时仍然保留着大多数胚胎形式。所以,在形态学意义上,甚至完全的成熟的人也是发育不全的或原始的。这里的"原始"意味着,"类似于某些在'地质学'和系谱学意义上比较古老或远古的形式"和非特化的形式。此外,虽然特化事实上意味着,失去了本来在非特化器官中存在的许

第七章 人类

多可能性,由于特化形式通常在发育的最后阶段形成,所以非特化生物可被视为"发育迟缓的"。由此可见,如果一个"发育迟缓的"生物要在本来相当普通的胚胎发育过程中出生,它的整个个体发生就必须进行重组。而且,该生物的进化过程——可以这么说——必须返回起点,重新开始。由于所有特化从本质上看都是不可逆转的,非特化生物不可能通过返回更早的一般形式,从已经特化的结构进化出来。如果这一进化过程要形成智人(Homo sapiens)的"原始的"但却能取得奇迹般成功的结构,该过程就必须从"早产的"生物身上开始。

为了说明这一点,我们还是看一看人的大脑吧。如果我们追溯脊椎动物——特别是哺乳动物——胚胎发育的各个阶段,我们将会看到,时间越早,大脑形状的相似性就越高。就与身体其余部分的关系而言,人脑是巨大的;就形状而言,人脑是圆的,底部几乎完全隐藏在头盖骨下面,牙齿与下巴呈垂直位置。在哺乳动物——包括类人猿——中,就与颅顶的相对位置而言,颅底在发育过程中往前生长,而且鼻子突出,与后退的前额一起,形成几乎连续的水平表面。类人猿的头颅比较平,下巴前突;对比之下,人类拥有扁平的面部和圆盖状的头颅。因此,在人类的产前和产后发育过程中,胚胎形式被完整地保留下来。

不过,这仅仅是人类特有的个体发生的一个方面。人类特有的个体发生的另一方面在于其非常缓慢、并非一致的速度。猪崽出生之后体重增加1倍所需时间是14天;牛仔是47天,马驹是60天,而婴儿为180天。出生之后身高增加1倍所需时间分别为:狐猴6个月,猕猴18个月,长臂猿2年,黑猩猩3年,猩猩3.5年;与人类最相似的同类灵长目动物相比,人需要6年。

大猩猩的性成熟年龄为6—7年，黑猩猩为9年，而人类的女性为13年。就头颅容量的增加而言，黑猩猩在出生时的容量为最终容量的40.5%，而人类在出生时的容量仅为最终容量的23%。在人出生之后，人的大脑以胎儿生长的速度继续发育，大约在13岁时达到最终容量的70%，而黑猩猩和大猩猩达到同样容量仅仅需要1年时间，类似的例子不胜枚举。

这个过程被伯尔克概括为发育迟缓，其结果是，人体在整个发育过程中都保留了胎儿特征。这意味着，胎儿阶段在其他哺乳动物——或者更确切地说，灵长目动物——的个体发生过程中是过渡形式，在人类中变为持久存在的东西。根据伯尔克的观点，这种胚胎形式发育迟缓以及人体发育缓慢的原因可能是内分泌系统中出现的变异，这样的变异阻碍并推迟了身体的生长。请考虑另外一个明显例子：头发的生长。在类人猿中，没有发毛的状态出现在胎儿生命的最后阶段和出生之后的不久时段中；在黑猩猩和大猩猩中，胎儿出生时除了长发之外，身体的其他部分是没有发毛的。人类的情况也是如此。但是，类人猿的体毛大约在出生2个月后开始生长。人的体毛却一直不长。首先，这个例子显示，在正常人的发育过程中，某些特化趋势根本不会出现；其次，它给内分泌系统变异假说提供了有利的论证。其原因在于，如果人的内分泌系统功能失调，体毛就会生长出来，甚至可能覆盖整个面部。

伯尔克得出结论说："对人体形式至关重要的是胎儿化形成的结果，对人的生命进程至关重要的是发育迟缓形成的结果。这些特征具有因果联系，因为人体形式的胎儿化是形态发生方面发育迟缓的必然结果。"（引自盖伦，1988年，第97页）或者可以用更准确的文字说："尽管作为总体的生物已经达到了发育的最后阶段,它的生长已经完成了,但是某个具体的生理特征尚未达到最初对它来说适合的发育程度。在这种情况下,这一特征固定在我们可以称为不完善的阶段上,这种不完善性表现出婴儿特点……发育迟缓的必然结果致使身体在越来越大的程度上表现出胎儿特点。"(同上,第105页)

3. 作为非特化哺乳动物的人类

对伯尔克描述为"不完善性"、"婴儿特点"和"胎儿式躯体"的东西,盖伦喜欢概括为"未确定"、"非特化"、"有缺陷的生物"。但是,未确定、非特化、有缺陷的生物是不可存活的。不完善状态和缺陷暗示了需要完善的迫切需要,暗示必须加以修正的不完善性。非特化的生物怎样才能得以完善呢?

我们可以将彼得·J. 威尔森(威尔森,1980年)提出的论点视为旨在回答这个问题的最初尝试。与盖伦使用的"非特化的生物"和伯尔克使用的"发育迟缓"这样的带有否定意义的术语形成对比,威尔森选择了更为中性的表达方式:"泛化"和"幼期性熟"。不过,他也从反面将"泛化"定义为"不具备对具体栖息地或者生存方式的特殊适应性";或者以更谨慎的方式定义为很少限制"可被占据的栖息地的范围和可被采用的生存方式的种类"(同上,第16页)。这就是说,作为幼期性熟或者发育迟缓结果,泛化与灵活性互相关联,与盖伦沿袭的做法所称的"世界开放性"互相关联,或者说与"缺乏跟具体环境的联系"互相关联(盖伦,1988年,第27页)。其原因在于,特化作成熟过程的标准结果,引起生理和心理弹性的明显丧失。在这个语境中,"泛化"一词的意思是灵活性和多样化。

在以这种方式对泛化进行定义之后,威尔森便可以得心应手地解释智人(Homo sapiens)这个物种在地球上的广大区域里大量分布这个引人注目的现象了。在这种情况下,威尔森继续以这种方式展开其论点:作为"世界开放性"的结果,这一物种面对数量更多并且更为复杂的环境问题;为了解决这些问题,这一物种必须发育出容量更大、结构更复杂的大脑。而且,反之亦然;体积更大的脑袋使人类能够弥补泛化的形态,实际上能够探索许多不同的环境。因此,泛化和不完善的解剖结构使人能够对环境产生更具弹性的反应,必须至少由负责感觉运动的适当器官的发育来完成;该器官通过引导、组织和协调行为,能够利用环境提供的大量可能性。经过泛化的胎儿式形式是发育迟缓的个体发生的结果,创造了一种需要,使拥有多样化、开放和未确定运动场的不完善的生物进行完善。但是,它也提供途径,以两足动物、弹性的手——特别是大容积脑袋的形式——满足需要。不过,这些途径如何得以利用,以便适应生态位的多样性,或者说,适应不同"生存方式"的方式呢?对此仍然没有具体说明。

与之类似,盖伦也认为,独特的发育规律——即发育迟缓或者幼体发生——形成非特化和不确定生物的基础;这一规律提示,这类生物的"主要取向必定是行为,是旨在改变世界的行为;这类生物的存在本身依赖它能够带来的变化"(1988年,第108页,楷体是笔者添加的)。通过强调行动,盖伦将焦点从多样化的环境转向了行为,转向了人在环境中的活动场所。不确定的泛化躯体必定拥有无限量的场所可供支配,从而可能产生多种多样的运动。因此,威尔森提出,从一个方面讲,人类的直立和两足行走是灵长目动物的运动的特化(需要补充的是,他附带提出的这一说法相当重要),不过,从另一个方面讲,在这个意义上是灵长目动物的运动的泛化:人类在四肢实用方面尽管没有灵长目动物那么熟练,却能够作出它们的许多动作。人可以爬行,许多婴儿常常这样做;人能够爬树,在野外相当快速地运动,在湖泊中游泳,能够跳跃等。但是,与别的特化物种相比,人类所做的这些动作并不熟练。运动功能的这种扩大带来的明显结果是环境范围的扩大和多样性的增加。然而,作为更大互动场所的组成部分,运动场所或行为场所不仅是多样的、开放的,而且同时也是不确定的、不完善的。

完善状态实际上是如何实现的?不确定性和不完善状态是如何闭合的?这两个问题尚无定论,所以关于泛化的所有这些讨论仅仅是相关话题的开端。生命必然是旨在对抗热力学第二定律的确定、具体、局部的生理斗争;没有什么普遍、非特化、不确定的方式。在多样行为能力形成的泛化的解剖结构与具体、局部的生命特征之间,存在着巨大的差异。生命活动总是单独的、确定的、零星的,总是以确定方式被具体化为"在世界上的具体存在";它是具体的生物与具体环境之间的物质互动。正如威尔森本人注意到的,"人这种灵长目动物的泛化的运动形态排除了将该物种确定在具体生态位中的做法,它给予人自由,让人在各种各样的场景中,在一般环境中去发现自己的存活方式。不过,我们在此必须暂停一下。其原因在于,环境并不以一般方式存在:人所面对的只有具体环境……"(1980年,第18页,楷体是笔者添加的)。同理,也没有一般的行为。开放的活动场所必然是具体化的,从而对每个具体的男男女女来说是闭合的。

但是,尽管人的大脑支撑他们的运动,支撑他们的行为的潜在多样性,人类从根本上讲在生物学意义上是有缺陷的、不完善的,所以这种闭合仍然缺失。例如,人类无法用脚来抓住东西,无法用牙齿或者手指来撕肉,无法徒手挖掘树根,奔跑的速度也无法让人捕获猎物,诸如此类,不胜枚举。人类的身体根本无法完成许多基本功能,人类运动的灵活性和多样性本身在这方面提供的帮助不大。尽管人类拥有大脑,运动也具有灵活性,人类完全是能力不足的生物;没有其他生物能够以这样特征生存下去。因此,看来不大可能的情况是,这种仅仅拥有开放的行为,但在生物学上不完善的动物可能有机会存活下去。它必须以某种方式,在生理上和遗传方面到达完成状态。开放的活动场所必须被另外的生理结构支持和补充,进而借此得以确定、组织,闭合成为一个融合的整体。但是,无论这种结构和闭合行为具有多大的弹性,它必须在身体和控制论这两个方面得到补充。

4. 闭合开放的活动场所

在生物学意义上开放、不确定和不完善的作用场所必须进行构造和闭合,这一必然性形成了文化;文化就是这种构造和闭合作用。它既是生物现象,又是超生物现象:从它使不完善的生物得以完备、以便使其存活的角度看,它是生物现象;从它扩大自创生(autopoiesis)进而使其超越纯粹生物方式的角度看,它

第七章 人类

是超生物的。不过,我们还是不要离题太远;让我们从生物学出发,一步一步地探讨,最后回到生物学去。

大脑。我们提到的所有论者一致指出的一点是,泛化躯体形成的开放的活动场所要求复杂的神经系统;这就是说,从生理学角度看,人类行为的非特化场所的构造作用首先应该归功于支持它的大脑。因此,自然论者认为,这一说法几乎是自明之理:文化主要是人的大脑的产物,或者如某些论者现在喜欢说的,是"心智/大脑"的产物。文化需要心理因素,这一点是无可争辩的。但是,大脑本身是否提供闭合作用呢?

我们从本书前面几章的讨论中得知,一般说来,我们必须将神经系统视为受体与效应器之间的内在联系组成的复杂网络,这就是说,作为感觉运动的控制器官。在这种情况下,威尔森进行了具体说明:"人的大脑作为身体的执行指导者,必须将一般能力与具体作用方式联系起来,进行组合和重组,以便面对不同的偶然状态。"(1980年,第19页)但是,仅仅这样说还是不够;提出这样的主张之后,我们还必须描述大脑是如何将一般能力与具体作用方式联系起来的。此外,我们在后面一章中将会看到,对大脑的内部工作方式和大脑指挥身体的方式的描述——尽管它很复杂——甚至也并不充分。其原因在于,我们在直觉上希望看到,活动支持和组合开放的活动场所的动因本身在这个意义上也自然是开放的:它在任何确定的生物学意义上都不是"事先编程的",并不受到任何刚性因素——例如,在遗传上固定的本能——的驱动。最后,人类强有力的想象力证明,人的大脑不受本能的约束,可以超越人的身体动作形成的可能性。因此,已经获得纯粹自然能力的大脑具有更大的多样性、弹性、不确定性、非特化性和不完善性,足以适应大脑可能进行结构的活动场所。而且,众所周知,人的大脑既没有遗传而来的完善程序去指导它如何进行这种结构和闭合活动,也并不自行产生这样的程序。我们还知道,在人出生之后,大脑经过实质性的生物重组和发育。

所以,我们肯定会得出这一结论:尽管以大脑为基础的完善的神经系统是"向世界呈开放状态的生物"存活的必要条件,我们不可能指望在这些器官的纯粹生物结构中,发现最终向最终闭合作用的来源,发现确定和完善作用场所。

语言。显然,文化并不是完全的心理现象或行为现象。文化主要——或者对许多人类学家来说甚至首先——在于心理因素的外部体现,无论心理因素被视为什么东西均是如此。当然,最引人注目的体现就是口头语言和书面语言。在对人类在宇宙中的独一无二的地位讨论中,盖伦包括了这一点。他讨论的出发点是我们已经描述的前提,所以对我们特别具有启迪作用。

首先,盖伦集中讨论了他所称的"从大量刺激负担中获得缓解"的原则;向世界呈开放状态的人类就暴露在这样的刺激中。"缓解"是德语 Entlastung 一词的通常译文;在他看来,它的意思是"减少与世界的直接接触"。"这个原则",盖伦(1988 年,第 28 页)写道,"对理解制约人类所有技能发展的结构规律至关重要"。接着,他重复对行为的强调,并且断言说:"在自然条件下,人类身体结构中的所有这些缺陷可能给存活带来严重障碍,但是,通过人自己的主动行为,它们变为人存活的手段。"(同上)我们难以理解,缺陷如何可被成功地用来保障人的存活,但在生物学意义上仍被视为缺陷。但是,假定它们可以起到这样

第七章 人类

的作用，那么，根据盖伦的说法，它们变为人类可以使用的工具，以便获得人类生理结构提供的缓解和对冲动及本能需要的控制。在这些工具中，有一种工具肯定不在缺陷之列，它将被证明是语言。

缓解原则，或者说减少与世界的直接接触的原则，为盖伦提供了机会，使他可以引入他所称的交流运动，引入我们用更适当的词汇所称的探索行为。"即使在生命之初，[1]暴露在未受抑制的大量印象中的状态向人提出如何应对的问题，提出让自己摆脱这一负担的问题，提出如何采取行动，以便面对在感觉上侵犯自己的世界的问题。这种行为包括交流、操纵活动，它需要体验对象，然后将它们放在一旁，因为这类活动并没有满足本能需要的直接价值"（1988年，第31页）。这就是世界向呈开放状态的生物展现自身的方式，是世界被生物探索的方式，是世界（尽管并不具有"直接价值"）获得意义的方式。但是，这并不是活动场所变为闭合的方式。"体验对象"在这个意义上反而增加"大量印象"，不可能对印象加以组合和完善。不过，盖伦却一下跳到了这个具有深远影响的结论上："这些感觉动作过程的方向显然是由语言确定并且加以完善的。"（同上，第39页）由于减少了与世界的直接接触，交流——或者更准确地说探索——行为以某种方式，将自身转移到一种全新的媒介——即所谓语言行为的媒介——中，而且甚至在语言中得以"完善"。尽管这种自然地引入语言的方式并不是得到良好支撑的，然而它是独创性的、重要的。其原因在于，它将语言与对行为的结构联系起来，而不是

---

[1] 因为婴儿具有呈完全开放状态的成熟感觉器官。

与人际交流联系起来,从而让我们进一步认识开放的活动场所可被结构、可被闭合的方式。[1]

盖伦所说的是"完善",而不是"闭合"或者"完成",肯定更不是"特化"。如果不加以具体说明,关于大脑的这一观点能够重复,用来说明语言,所以盖伦这样说是很有道理的。语言并不"接管"和改造,但是,作为一种泛化的能力,它至少自身可以保持多样性和弹性,可以像行为场所一样,保持不完善和开放状态。语言常常跟随人的想象,超越该场所的范围。如果没有某种别的东西的干涉,大脑和语言这两者都保持"泛化"状态。语言进入神经系统,可以给行为世界带来连贯性、结构和闭合状态,但是,大脑本身必须从别的地方接受形成连贯性、结构和闭合状态的原则。

行为惯例。不存在什么私人语言;语言是绝妙的(par excellence)社会现象。维持一个现存生命系统的任务包括两个基本部分:其一是与生存环境进行有选择性的、受到控制的交换,以便实现自创生(autopoiesis);其二是扩大自创生(autopoiesis),使其超越热力学第二定律规定的时间限度,这就是说,确保在下一代生物中再生出相同或类似生命的策略。许多人试图说明,上述第二个基本部分导致人类社会的出现,导致另外一个可能(例如,通过生成语言)支配、结构和闭合人类行为的候选对象的出现。例如,威尔森(1980年)试图显示,经过泛化的生物可能以什么方式,形成"泛化的社会结构"——例如,亲属关系——以便调控行为。他将其证明置于两个支柱上面,其

---

[1] 本书第十章将会详细论述这种联系的重要性。

中一个我们已经见到：延长的婴儿期和母亲喂养，即波特曼的"社会妊娠"。根据威尔森的观点，这形成了父亲的作用。另外一个是男女之间终年存在的长期的性吸引、性接受和相互兴趣。人类的性成熟出现在人类个体发生的最后阶段；考虑到这个事实（以及其他若干作用较小的因素），以上两点使对性行为的控制同时变为必然的和现实的。相互之间的责任、不同层面的纽带以及性禁忌构成亲属关系，将其作为强加于开放行为场所之上、经过泛化的符号性社会结构。这个具有符号性（在非遗传形成的意义上）的人为结构是人类借助语言（另一个具有符号性的人为结构），在努力控制和确定其多样化的弹性行为过程中创造的，它显示人类普遍的存活策略，或者换言之，显示对开放的形成场所进行结构和闭合的策略。为了维持生命，作为不完善生物的人类努力创造另外的综合结构，以便完善自身，对其行为场所进行具体规定。

这类综合结构或者"非自然"结构——例如，亲属关系——涉及并且基于人与人之间的交流。它们可被称为行为惯例，必须与涉及并且基于人与自然之间"交流"的结构区分开来；后一种结构我们将用人工制品这个术语来描述。许多混淆和误解——这在科学技术哲学领域中尤盛——都源于将两个范畴混为一谈的做法。人工制品是利用物质环境中的元素制作的装置或者小器具，行为惯例是人际关系的网络，两者在结构和质感方面都截然不同。但是，两者都属于相同的策略。两个人之间的任何交流都必须穿越外在于他们两人的空间，必须——至少转瞬之间——在物质方面体现出来，即被转变为人工制品。但是，行为惯例从根本上讲由人际交流的非物质网络构成的。在行为惯例中,尽管存在媒介作用,一个人仍然遇到另一个人,而不是非人的世界。行为惯例制约和结构一个人对另一人的行为,并且影响——不过仅仅以间接方式——人与自然之间的互动。因此,它们闭合开放的行为场所的特定部分,但是它们却不能单独完成和具体规定整个场所;就与支持生命、无法被人这样的"特殊"生物消除的自然环境的那一组互动而言,尤其如此。

人工制品。 奥尔特加-加塞特以这个共同基础——这就是说,将人定义为有缺陷的生物——为出发点,尝试了另外一个方向。"如果由于缺乏火或者缺乏洞穴的原因,人不能产生温暖自己的行为,或者由于缺乏果实、块根、动物的原因,人不能进食,人会进行第二类活动。他生火、建房、耕作、狩猎。"简言之,人制作人工制品。在这种"第二类活动"中,人并不面对必不可少的东西;恰恰相反,人取得的直接效果是中止直接满足需求的原始行为组(米查姆和麦基,1972年,第291页)。人类生火、建房、耕作、狩猎,借此中止满足迫切需要的直接行为,形成了"某种可能性,让自己暂时从生死攸关的迫切性中脱身,以便从事那些本身并不满足需求的活动"(同上,第292页)。通过参与制作人工制品的活动,人类看来获得了与盖伦所说的缓解状态类似的东西。

奥尔特加继续论证,将人视为这样的"动物:它只将客观上多余的东西看作必要的……人身上的自然的东西是人自己实现的;它并不提出问题[原文如此!]人不认为,这不是他自己的真实存在,其原因正在与此。另一方面,他的超自然部分既不是从一开始就存在的,也不是自然而然产生的。它仅仅是生命的一种追求,一种计划……我们看到的这种独立存在体并不存在于

第七章 人类

它已经具有的特征中,而是存在于它尚未具备的特征中,它是一种存在于尚未存在的东西之中的生物"(同上,298页)。他最后说:"所以,我的生命是纯粹的任务,是将被无情创造出来的东西。它不是作为礼物送给我的东西;我必须创造它。生命让我有许多事情要做;不,生命仅仅是它将要让我'去做'的东西。这种'去做'的并不是具体东西,而是最积极意义上的行动。"(同上,第299页)我们再次见到与盖伦和其他人观点一致的地方,我们再次看到尚待定义、以开放的生命计划的形式出现的开放性。接着,奥尔特加采取了出人意料但却非常适当的步骤:他根据刚刚确立的事实(即人的生命是根据计划的生产)进行推论,"在其本质的根基上,人发现自己需要去完成工程师的工作"(同上,第299页)。不过,由于这样的计划无需与必需品联系起来,在奥尔特加看来,技术——或者人为操纵的任何别的东西——的目的仍然是产生多余之物,旧石器时代如此,当代也是如此。

盖伦再次提及与"中止原始行为组"非常相近的缓解概念,以类似方式继续论证。他比奥尔特加更实际。"由于人带有生物的原始性,缺乏自然手段,所以无法在真正的自然和原始状态下存活。人必须依靠自己,积极改造世界,使其为己所用,从而弥补自己的欠缺"(1988年,第29页)。因此,"人身上的自然的东西"并不是"自行实现的"。但是,盖伦(1980年)后来在明确讨论"人与技术"关系的另一著作中指出,"替代技术使人得以完成超越自己器官能力的事情","强化技术延伸了人身体的行为能力"。此外,"还有易化技术,它们共同作用,减轻器官的负担,将人解放出来,使人无需劳神费力"(同上,第3页)。在他看来,在现代技术中,易化技术逐步占据主导地位,它的整个性质最终被置于缓解之下,从而为非技术计划留下了空间。

芒福德赞同他们的观点,认为技术是身体和心智的自由能量施加给开放的生物的压力。奥尔特加-加塞特曾经说过:"技术的意义和终极原因存在于技术之外,即存在于人对技术释放的没有占用的能量使用中。"(米查姆和麦基,1972年,第300页)芒福德援用了这个说法。"借助一直处于积极状态的过度发育的大脑,人拥有大量的心理能量可供使用,其分量超过了在纯粹动物水平上的存活所需。因此,人处在这种压力之下:不仅将这种能量导入寻找食物和繁衍后代的行为中,而且将它导入生活方式中;人的生活方式以更直接和更具创造性的方式,将这种能量变为适当的文化——即符号——形式"(同上,第78页)。

由此可见,技术看来要么是维持缓解行为的开放场所的手段,要么是同一场所的几乎偶然得到的附带结果,要么既是这样的手段,又是这样的附带结果。在这样的情况下,技术都不是任何必然性带来的结果,尤其不是旨在对进化未完、有缺陷的动物进行完善的强制性冲动带来的结果。奥尔特加-加塞特假定,人身上的自然属性是自动实现的,但是却没有告诉我们相关详情。此外,他也没有告诉我们这一点:支撑非特化活动场所的泛化解剖结构与在具体环境中存活所需的那一组具体活动之间在物质上是如何结合的?然而,我们引用的所有这些分析清楚显示我们已经知道的一点:在先天欠缺的生物与要求很高的环境之间,必然存在物质媒介,但是,上述分析却成功地回避了这一结论。如果生物器官——例如,人的牙齿和肢体——缺乏影响环境因素的能力,如果影响是超越行为——即特定的身体运动——的某种东西,那么,在具体的人与其物质环境之间,必定会插入一个附加的起媒介作用的物质结构。这种附加的起媒介作用的物质结构就是人工制品———一种被人设计和制造出来、旨在实现这一具体目的的工具或者装置。只有通过这种媒介作用,"一般能力"才能与适应环境的"具体作用方式"产生联系。只有在这种情况下,人类才能让不同环境适应人的需要,其方式要么是将环境的某些部分改造为人工制品,要么是用人造工具对它们进行改造(伊德,1990年)。只有当特化被交给某种外部因素———即人工制品———时,人类才能保留其泛化的形态,而且依然在世界上存活下去。

人工制品源于人与非人的物质的自然界的接触。这一点在 artefact(人工制品)一词的结构中反映出来。artefact 由 "arte" 和 "factum" 这两部分组成:前一部分是 "art" (艺术)、artifice(技巧)和 artificial(人造的)这三个词汇的词根;后一部分既表示行为,又表示完成的东西。Artefact(人工制品)是人的大脑和两手形成的结果,然而是用来自同一个世界的物质,在外部世界的自然部分中制成的。一件人工制品在制成之后,以外部的物质的东西的形式,展现在制作者面前。"factum" 要求,人工制品具有属于外部世界的物质形体,"arte" 要求人工制品具有出自制作者、从而属于制作者内心世界的形式。埃吕尔写道:"技术世界是物质世界;它由物质组成,并且与物质相关。当技术展现出对人的兴趣时,它实现这一点的方式是将人转变为物质对象。"(米查姆和麦基,1972年,第90页)

人们通常提出的这类观点都是错误的:"工具仅仅是肢体和牙齿的延伸;在这个意义上,工具的出现是原始人类形态泛化的延伸";"工具的意义在于其反身性,即这一事实,它们由原始人类的肢体制作,其目的在于扩展该肢体的功能,从而使该肢体更加泛化"(威尔森,1980年,第30页)。真实的情况恰恰相反。工具仅仅在这个意义上是延伸:它们使人的形态特化,从而对其进行完善。工具必须实现具体、特定的功能;与其他使用工具的物种中的情况类似,工具在智人(Homo sapiens)中被特化,以实现该功能。因此,工具不可能以人类的形态被泛化的方式加以泛化。[1] 此外,工具并不仅仅通过重复肢体的泛化形式,来扩展肢体的功能;否则,工具就没有什么作用。工具以其具体、特化的方式,补充人体的功能。威尔森正确指出:"泛化策略使生物及其所属物种避开特化的限制"(同上,第38页),但是,这情形出现的条件是,生物能够以不可避免的方式,将适合具体环境和任务的具体作用,转移到媒介物上。只有人工制品才能通过接管特化的方式,使不完善的泛化生物实现闭合。

而且,在技术中,行为必须是具体的,其结构方式形成人工制品,能使不完善的生物完成与环境的互动。制作人工制品的活动是被特化的活动,组织良好,性质确定。在这个过程中,制作者起到了马克斯韦尔精灵的作用,通过与环境的选择性互动,创造出富有能量的有序结构。在这种情况下,"发育迟缓"的形态(大脑、有立体感的敏锐视觉、与拇指配合的自由前肢、良好的视觉和运动协调)突然不再显得发育迟缓了。恰恰相反,这一切说明,我们必须看到,人类的泛化形式其实是一种特化,这种特化的目的是形成人造媒介,以便实现与环境的具体方面的特殊

---

[1] 它们常常被用来实现一个以上目的,但是,这完全是另外一种泛化形式。

第七章 人类

互动。事实上,形态上泛化的人在技术方面是特化的,或者如芒福德所说,在形成"人的总体生命设备"的"生物技术"方面是特化的。

制作人工制品的活动并不是人类存在的唯一组成部分;它仅仅涉及人与自然之间关系的一个方面。心智/大脑、语言以及行为惯例是其他的方面。它们一起构成我们所称的文化。技术是文化的基本部分,该部分完善作为生命系统的人与所在物质环境之间的物质交换,而这样的交换对维持自创生(autopoiesis)具有至关重要的意义。从这一点看,"泛化策略"这个说法应被"技术策略"取代。技术策略是解决问题的策略;借助技术策略,"泛化"、"非特化"的生物所面对的问题得以解决,采用的方式是在生物与环境之间插入特化的人造结构,而这样的结构适应生物所面对的问题。这样的插入给予盖伦所需要的东西,这就是说,断开与具体环境的任何直接联系,产生一种距离或者缓解作用,脱离环境媒介带来的任何直接压力。但是,与此同时,它也使活动场所不再是非确定的。

人工制品是人的需求的外化,是满足人的需求的手段。与此同时,它们也将人的需求转变为适应具体环境的形式,反之亦然,它们将环境的某些部分转化为适应人的需要的形式。人工制品作为外部实体,是外部空间中的一系列运动得以组织起来的中心点。首先,人工制品的设计——大脑中一个理念——包括组织这些运动的说明,因此它组合并且至少闭合可能的运动开放组中的这个次组。其次,形成过程中的人工制品起到相同作用。最后,通过将环境与完成的人工制品同化,活动场所也被同化，进而被结构化和闭合。正如我们在后面将会看到的，[1]尽管人工制品开启或揭示了面对环境的新的可能性，在完成的人工制品的组合中，本来已经开放的互动空间自行闭合。

以这种方式进行解释和补充，泛化策略就完全符合达尔文的进化理论了；人类这个物种的出现就不再显得"发育迟缓"或"失败"，而是作为进入另外一个领域——即人造品领域——的步骤。这样的制品并非生物界中独一无二的现象；其他动物也有它们的制品。因此，如果在进化过程中，出现经过特化能够制作和发明许多不同种类的制品的动物，我们也不要感到过于惊讶。在进化过程中，已经出现了生命，出现了爬行动物，出现了其他的具有意义的重大突破，所以出现其他动物的制品肯定也不是什么让人惊叹的事情。得益于波特曼、伯尔克和其他论者的研究成果，我们能够在达尔文理论的框架下，更好地理解这种现象是如何出现的，更好地理解人类如何在生物世界中获得了这样的特殊地位。在技术的帮助下，进化已经出现了巨大飞跃。存活策略已经从生物领域扩展到对生物的需求和能力的物质外化，进化已经有了另外一种媒介，自然选择在这种媒介中继续产生作用，这种媒介就是人工制品。在这里，消失或者存活的是人工制品，而不是人工制品的制作者。作用核心已从生物本身转移到生物生产的东西上，转移到文化上，自然选择与文化选择或者历史选择融为一体。

生存方式。人的头颅与身体之间的胎儿比例得以保留，为大脑的发育留下了空间；两排牙齿的近似抛物线的曲线得以保

---

1 请参见本书第九章。

留,形成能够容纳更长舌头的口腔;拇指实际上是手掌的某种特化,其位置和足的特化有利于人直立行走;视觉变得更敏锐;眼睛与双手之间出现了很好协调性;所有这些特点的发育都是相互关联的。这些"被选"为发育迟缓的特征并非互相孤立的进化结果,并非以偶然方式组成的集合体。即使我们认可"非特化的行为生物"这一含糊其辞的说法,显而易见的是,"泛化的解剖结构"肯定让人类能够与环境进行确定种类的协调互动,进而拥有明确的存在方式。变异和选择引起的生物进化仅仅从一个确定、协调的系统转向另外一个确定、协调的系统。只有在与作为参照的类人猿相比时,人类的四肢是原始的,看似非特化的。但是,没有人否认说,人类的四肢完全适合人类自己的具体任务:在环境中进行直立行走和抓握物品。泛化作为最初的特化呈现出来;特化使人类得以将特化转移到体外物体上,转移到人工制品上。

然而,这一点并未让我们得到更深入的认识,并未让我们完全脱离讨论大脑、语言和行为惯例时得到的结论。人类发明和生产的人工制品种类繁多、形式各样,这似乎使我们再次面对"开放场所",或者更确定地说,面对整个新的开放世界。每一文化看来都使用无限数量、不同种类的人工制品。不过,如果我们仔细考察技术发展的历史,我们就会看到,具体文化使用的人工制品种类实际上总是有限的。在人类文化中,开放与闭合之间的辩证关系渗透整个生物界,解决这一问题的方式与进化保持一致。在人类文化中,每一活着的物种就其本身而言是闭合的,拥有确定的生存方式和对应的环境(Umwelt)。但是,由于变异创造新的生存方式的新设计,然后被付诸实验,所以进化仍然是一个开放过程。物种的数量看来是没有极限的。同理,人类的互动场所在潜在能力上一直是开放的,但是,它在许多文化中出现分支;这些分支都是具体的、协调一致的,所以是闭合的;正如劳斯(1987年,第59页)所说,它们都"展现风格"。对"外部观察者"来说,人类这个物种看来可能沐浴在前所未有的大量可能性中,但是,生物学的必然性向这个物种提出了要求,要它以某种具体、协调一致的统一性形式,聚集其自身的能力。推动这种聚集,决定活动场所的结构、焦点和方向的是支撑具体文化的特定生存方式,是我们产生行动的日常实践、角色、用具和目标形成的闭合的协调一致的语境。第一,这种语境、架构或"风格"指导人的所有维持自创生(autopoiesis)的行为;第二,它在我们的行为中发现意义,然后将意义赋予周围环境之中的对象。

　　一组经过选择的人工制品持久不变,在人类与自然的生存互动中起到媒介作用;人类与外部世界的实体产生日常联系的具体方式——赋予具体文化特性、让这一物种得到存活机会的活动——依赖这一组人工制品。在人类中,我们所说"生存方式"这一组物质互动主要是通过技术形成的,其次是通过行为惯例形成的。一般说来,生存方式会闭合每个物种的开放性;人类社会的生存方式利用有限的人工制品和行为惯例,并且在有限的人工制品和行为惯例中,以体外方式得以具体化,因而也闭合人类行为的开放场所。大脑、语言以及某些行为惯例可能是被泛化的、开放的,但是,生存方式以及与它相关的技术和行为惯例则不可能是被泛化的、开放的。然而,在历史进程中,新的方式被创造出来,该场所的最终开放性在此呈现出来,不是一蹴而就的,而是逐步实现的。如果人体的有机结构不出现任何变化,外部的体外结构是不可能被改变的。因此,当与自然环境的这组互动被具体化和特化时,就可能创造人类这一物种的新的生存方式。人在宇宙之中的具体地位正是在于这个事实:人类能够采用许多文化所示例说明的诸多生存方式,它们之中的每一种都是闭合,但是在历史发展进程中总体上又是开放的。

第八章 神经综合

人类没有属于自己的特定环境或生态位,所以在这个世界上并不立刻产生自在的感觉;人类必须将世界变为自己的家园。人类没有适应具体环境(Umwelt)的躯体,所以必须构建具有媒介作用的人造结构,以便弥补自己在生物学意义上不完善的器官,进而利用环境,创造自己的栖身之地。通过这样的活动,人类使自己更好地适应现存世界,同时按照自己的需求来改变世界。于是,人类凭借自己躯体之内的泛化器官和特化技术,在世界上的各个地方繁衍,面对各式各样的环境。人类这一物种在生物结构上特别适合制作和使用人工制品;在适应环境、不断开拓的过程中,人的大脑起到核心作用,神经系统的结构和作用支持人类这一物种的"泛化"结构。然而,我们绝不应将人类神经系统的结构和作用视为神灵预先造好的礼物,而是视为进化过程形成的结果;在那个漫长的过程中,古老的结构得以保留和修正,而不是遭到抛弃。所以,人类神经系统拥有的某些重要的特征类似于其他高等动物的神经系统的特征。根据自然论者的观点,这些共同特征以及人类独有的某些要素构成另外一种必然的、具有限制作用的生物结构;无论它可能多么"不完善",这种结构为认识的形成打下了基础。

第八章 神经综合

1. 神经系统

人们以前对生物进化给生物与环境之间关系带来的影响进行了研究,那些研究揭示了复杂的"实际因素";这一因素渗透到作为整体的生物的功能中,渗透到作为生物体的组成部分的认知结构中。我们已经看到,自然主义认识论认为,这里的基本问题看来包括这些:这种实际因素是否必然反映在任何认知结构——其中也包括人类的认知系统——的工作方式中?是否存在例外情况?人类的神经系统是否可能通过结合不同的投射或表征,超越实际限制,提供世界的客观图示?西蒙尼、福尔默、胡克以及其他自然论者都希望得到肯定回答。另一方面,马图拉纳和瓦里拉在神经生理学领域从事的科学研究让他们确信,任何此类尝试至少注定是不充分的:以某种(纯粹或实际)方式,将外部环境映射或者投射到内在银幕上,从而描述神经系统的工作方式。那么,让我们先看一看他们提出的某些论证吧。

马图拉纳和瓦里拉(1980年)断言,不应将神经系统视为这样的工具:生物用它从环境中提取信息,然后使用信息来建构关于环境的图示(映射或投射),从而在此基础上精心策划行为。他们认为更适当的做法是,"认真地将神经系统的活动视为被神经系统本身决定的东西,而不是被外部世界决定的东西"(同上,第 xv 页)。这个令人惊讶的结果来自这一事实:"人不得不闭合神经系统,以便解释它的运作"(同上,第 21 页),以便将它视为"相互作用的神经元构成的网络;在这样的网络中,一个神经元活动中出现的变化总是引起其他神经元中活动的变化"(同上,

第 127 页)。他们提出了这些论证:

研究者在考察神经系统的解剖结构和生理机能时发现,第一,该系统并不是(像肌肉那样)由坚实的细胞束组成的,而那样的细胞束可视为信息渠道和投射线。更确切地说,它是由相对独立的单个细胞组成的,每个都与许多(有的甚至与成千上万的)别的细胞联系起来,从而形成高度交叉的系统。第二,研究者注意到,这个事实带来的结果是,神经细胞产生作用,它对具体刺激的反应依赖于该细胞在系统接线图中占据的位置,而不是依赖于具体刺激的性质。从解剖结构看,每个神经元都包括带有细胞核的细胞体、数量不等的树突和轴索。轴索是源于细胞体的神经纤维,以具体分支的形式,最终进入若干端丝中。当神经丝与树突或者与另一神经元的细胞体连接起来时,神经丝的端点形成突触。树突或者一些神经元的细胞体与受体细胞联系起来,其他一些神经元的轴索端丝与效应细胞联系,从而使整个系统在内部和生物体中整合起来。

而且,神经元以高度固定的方式,对信号作出回应,并不携带与它回应的刺激的性质相关的信息。其原因在于,根据现有的知识,神经元作为这个内部整合的网络系统的基本单位,其工作方式是创造并转移一系列电脉冲。电脉冲根据线路所确定方向,沿着轴索单向运动。如果是从树突和细胞体到轴索的另外一端,那么神经元通过突触来接受输入;通过突触,神经元的树突或者细胞体与传入神经元或者受体联系起来。输入来自不同突触,分布在细胞体表面的不同点上,可能是兴奋性的或者抑止性的,可以用不同频率传输不同强度的信号。根据连接的位置和性质,每个突触参与构成在轴索离开细胞体的位置上积累起来的电势。细胞膜对钠和钾的渗透性不同,从而形成了压差;当这种极化超过一定限度时,就形成了从轴索到输出端的电脉冲。

所以,神经元开始产生作用时,它带有的影响呈时空分布,即来自不同突触的局部电势的时空分布;这种分布是传入神经元或者该神经元在输入一方连接的受体形成的结果。在这种情况下,这种分布在某个时刻代表传入神经元的状态和活动,代表与所观察的神经元连接的性质和结构。但是,在该神经元中,构成压差的活动呈整合状态,这就是说,单个的构成活动以代数方式组合起来,从而被缩减为一个参数,即动作电位。动作电位超过一定水平时便产生去极化,形成沿着轴索的电脉冲。这样,空间排列和强度分布被均匀化,时间上的和谐结合被转移到发放频率中。被传输的信息只有神经纤维已经发放的状态以及神经纤维发放的频率。没有保留与生成动作电位刺激的结构相关的任何信息。同理,在输出一方,神经元的动作也仅仅是作用之一,该作用形成一个或者多个效应神经元或者效应器中的压差。

每个神经元处理信息的方式不是点对点的传输,甚至不是对输入信号进行编码和解码。它对信息片段进行以整合,单个的信息输入形式被抹去了。实际上,通过整合"确定传递函数"的输入,神经元对传入影响的组态作出反应,这就是说,对网络确定的关系作出反应,而不是对单个刺激作出反应。特定神经元的行为是相当固定的,这种反应的具体性几乎完全在于神经元组或者说受体细胞的活动,[1] 在于该组神经元的连接性,因此

---

[1] 例如,如果视神经要作出反应,在网膜中至少有 4 个——有时候多达 10 个——细胞必须同时发送信号。

在于系统的结构,而不是单个神经元所起的作用。换言之,在对传入影响进行整合的过程中,单个神经元的影响依赖其他神经元以前和同时产生的作用。依赖预先存在的状态,即到此为止形成的压差,新的作用要么可能触发电脉冲,要么可能只是增加压差。这种作用方式可以根据作为整体的神经系统的进行泛化,于是,所形成的反应并不仅仅依赖外部"扰动",而且还依赖系统以前的状态。

尽管系统结构可能带有组合性质,神经系统要素的作用方式具有关联和依赖状态的特点,这种方式形成的结果是,单个神经元或者神经元组对活动综合的参与在一般情况下并不是固定的。一个神经元或者一组神经元可能起到的作用的范围取决于它们在网络中占据的位置。其原因在于,在相关的神经元活动流中,每个神经元的份额可能不断变化,保持不变的是规定系统结构的连接性。在这个范围内,存在着相当大的弹性。

马图拉纳和瓦里拉以类比方式,说明了这种系统提供的对外部行为的综合作用。请考虑一下这一情形:两组人数相等的工人建造两栋完全相同的房子,但是两组工人参照的是不同的操作手册。一本手册以标准方式写成,包括整个房子的修建方案,说明了墙壁、窗户、电线、水管等的位置,而且还有竣工后的房子的几个侧面的视图。使用这本手册的工人研究了蓝图,在起到协调作用的组长的指导下,建造房子。另外一组工人没有组长,他们使用的手册并不包括房子的蓝图,只有"相邻说明……涉及工人在不同位置上和不同关系中应做的工作;随着工人自己位置和关系的变化,他与其他工人的关系也在变化"(同上,第54

页)。对单个工人应该完成的工作,并没有什么固定的计划,但是,他的活动取决于工程状态,取决于与他相邻的工人的活动。两本手册以不同方式,对说明进行编码:一本对房子进行编码,另一本对修建过程和相互作用进行编码。后者的方式"类似于遗传型和神经系统构成生物编码和行为编码的方式"(同上)。其他有用的类比是飞机依靠仪表的飞行和潜水艇依靠仪表的航行:两个例子的要点在于,飞行员可以看到并且作出反应的只有机舱内部——即直接环境——中的仪表显示;它们显示具体的参数和关系,而不是地面的实时图像。

为了使这个看法更加细化一点,我们必须记住,仪表或受体把生物自身的结构投射到环境的替代部分上;仪表或受体有选择地获得信息,从而——在某种意义上——给环境世界披上一层面纱。在这种情况下,根据透过作为某种别的事物的代理的面纱显现出来的东西,神经系统或者飞行员必须重新建构的不是环境的客观图像,而是安全的行动路线,即将会发送给效应器的指令。我们必须再次提醒自己,神经系统已经经过进化,作为对受体的"数据"进行多阶段整合解释的器官,为感觉运动和行为综合服务。可能存在推迟,存在较长时间的处理,甚至存在思考、沉思或者言说,但是内置于系统之中的终极目标是活动;媒介物只能是暂时的中断或者脱机模拟。

还有一种复杂情况。尽管对受体和效应器活动的刺激是局部的,媒介作用不必出现在高度整合——具体来说,"不完善"——的神经系统中。如果不处理固定的反射弧,来自受体的信息扩散到神经系统网络的更大部分中,在许多神经元上得以整合,与系统预先存在的状态混合起来。这时,由于不同输入在许多不同阶段得以综合,被融入发送给效应器的具体指令中,决定综合方式的不仅有受体表面上的活动、神经元之间的连接性以及系统的状态,而且还有目标,这就是说,还有效应器和它们的活动能力,还有它们能够在环境中形成的全部具体效应。这并不是说,我们不能讨论(仍然在"重新在场"意义上的)表征,而是说这样的讨论获得合理性的唯一条件是:外部刺激的最终代表被视为由效应器触发的作用,是在效应器的活动中得以完成的,而不是被视为存在于系统内部某个位置上的静态形象。由此可见,重新在场出现在分布于神经系统的主要部分的内部通道上,在效应器的特殊活动中被再次聚集起来。因此,由于整合总是与活动有关的,外部世界中的这类重新表征必然需要双重参照;它们既表示外部世界中被感知的实体和活动,又表示生物在外部世界之中的活动。

让我们通过指出这一点来作一小结。根据马图拉纳和瓦里拉对神经系统的解剖结构和功能的描述,根据我们刚才对其复杂性的描述,在神经系统的功能作用中,几乎没有任何部分可以从内部构成对外部世界的客观图像。我们应该牢记这一认识论启迪。

还有一个更具普遍意义的启迪。根据上面的描述,马图拉纳和瓦里拉推知了神经系统的功能结构的闭合性质,该系统仅仅对外部扰动引起的调整产生反应。根据他们两位的说法,"传导受控于受体表面与效应器表面活动的相互关系",而不是受控于环境的状态;在这一点上,闭合性质非常明显。这意味着,从神经系统的角度看,对环境的"视觉处理"(我认为,这必须被理解为"从视觉上加以导向的处理")"并不是处理环境,而是在(肌肉的)效应器表面与(本体感受器和视觉的)受体表面建立一组相互关系;这样,受体表面的特定状态可能在效应器表面引起特定状态,从而在受体表面形成新的状态……诸如此类,不胜枚举"(同上,第26页)。实际上,这个观点几乎必定得出以下强有力的结论:对神经系统而言,必不存在输入或输出,也不存在内部或外部;神经系统是一个绝对唯我论系统,根据扰动作出反应,但是与扰动的来源没有任何关系。这样,"缸中之脑"和笛卡尔魔鬼并非像人们过去所说的那样,是完全虚构的东西。

不过,我们必须注意,马图拉纳和瓦里拉也意识到,在解剖结构要素与作为整体的神经系统产生作用的方式上,存在重要的不对称性:"从解剖结构和功能上看,神经系统的结构旨在使生物的受体表面与效应器表面之间的某些关系保持不变;只有这样,在穿越相互作用的范围时,神经系统才能保持其特性……在进化过程中,中枢神经系统的结构被置于感觉表面和效应器表面的局部构造的控制之下,这看来具有明显的必然性"(同上,第25页;楷体是笔者添加的)。这种控制"表现在两个方面:(1)受体表面和效应器表面投射到中枢神经系统上,保留它们的构造关系;(2)投射的受体表面和效应器表面将构造关系具体化,这样的关系构成中枢神经系统的结构层次的基础"(同上,第20页)。这意味着,我们现在看到的不是以前网络式描述所建议的强调循环性的"统一排列",而是互相作用的闭合的神经元网络;然而,这种网络既体现了受体表面与效应器表面之间的极性(或者至少说,解剖结构和功能上的不对称性),而且就活动而言,还体现了各向异性,即从收集器到神经元的效应器的享有特权的方向,从系统的受体到效应器表面的享有特权的方向。

也许，从神经系统的角度看，这种不对称性没有多大意义，如果考虑到存在着许多反馈循环这一点，意义更是微不足道。但是，从观察生物的人的角度看，这是理解神经系统的作用和工作方式的一个重要事实。从观察者的角度看，这些过程根据系统的各向异性，带有确定方向：在神经系统内部，它们主要方向是从受体到效应器；在外部，方向是相反的。我们说"主要"的原因在于，神经系统也接收来自内部受体、显示效应器状态的信号。但是，正如马图拉纳和瓦里拉所说，这种内部反馈循环自身并不改变外部受体的状态。他们考虑的变化出现的条件仅仅是，效应器促使环境中实际上出现了某种变化，例如，生物从一个位置移到另外一个位置。如果要在外感受器表面上出现变化，作为在效应器表面上变化形成的结果，那么，这些变化出现的条件是，活动是由环境中的效应器实施的。效应器的活动将会改变环境（或者生物在环境中的位置），这些变化将会在代理媒介中反映出来；只有在这种情况下，媒介的新状态才会引起受体表面的变化。神经系统调节生物体内的感觉表面与效应器表面的联结和关系，但是，闭合循环的反馈路径包括系统外部环境中的活动。生命系统对外部世界需求在此再次出现。

结论是显而易见的。神经系统的主要功能是组合来自若干感觉系统的信息，然后将它变为对外部世界的运动的综合之中。于是，与生物的情况类似，神经系统受到相同的基本开放性和相同的环境需求的困扰。即使该系统本身是闭合的，系统解释并翻译受体提供的、以"受体语言"形式出现的信息，将其变为以"效应器语言"形式出现的指令，而不是其相反的情形。因此，神经系统完成了这个循环，并且通过成为该循环的组成部分的方式,使自身完善,所采用的方式仅仅是引起外部活动。这种循环始于环境中的对象,经过代理媒介中的替代,继而发现受体的样本和反应,结束于效应器的活动和它们对外部环境中被描述的对象的影响中。正如我们所知,尽管神经系统并不提供环境的图像,它与整个生物一样,非常需要这一相同的环境。

2. 人的神经系统和身体的重要性

我们已经确定,神经系统是体验与活动之间的内部媒介;现在,我们现在必须将自己的注意力转向另一个问题:是什么使它成为内部媒介的? 我们看到的事实是,神经系统自身并不是自创生系统;它是一个子系统,结合在自创生系统——生物——之内,并且是隶属于该系统。"缸中之脑"毕竟是虚构之物;身体的其余部分如环境一样,也是不可或缺的。其原因在于,如果神经系统不是从它所在的生物获得所需的材料,它能够从什么地方获得所需的材料呢? 生物的全面结构和生存方式规定了生物的运动系统,确定了综合标准。生物的运动系统在形态和生理机能方面得到身体的支持,是为维持生物的自创生(autopoiesis)服务的。那么,这个显而易见的事实对人类神经系统意味着什么呢?

我们迄今为止谈到的特征见于任何神经系统;自然论者期望,以上结论也适用于人类的神经系统。如果这样,人类的神经系统是沉浸在生物体内的完全整合的网络,拥有为其整合行为服务的基本的受体-效应器极性,并且围绕与构成这一物种的生存方式的环境的那一组互动,组织其综合活动。人类的神经系统还有若干特殊性质,不过,这些性质并不显示与上面描述的基本架构的根本背离。第一个是(新大脑皮层进化引起的)巨大容量和可塑性;第二个是大脑特殊的个体发生的发育,三分之二的大脑在子宫之外形成;第三是它与生物特征不足的泛化身体的结合,其特化旨在形成体外结构;第四是它所执行的任务,旨在形成生物特征上开放的、多样化的在遗传方面不确定的运动系统。

大多数旨在理解这些特征的意义的尝试都沿袭了这一传统观念:中枢神经系统具有理性,具有神灵或进化以某种方式给予人类的特殊禀赋。这一禀赋对其他特征进行组合,形成独一无二的整体。因此,被人认为理所当然的是,理性的分析模式也提供人类神经系统——尤其是作为其核心部分的新大脑皮层——特有的内在工作方式的模式。然而,这一认识面临若干基本难题。德雷菲斯(1972年)提出了"人工理性批判",使这些难题凸显出来。计算机科学家不明智地让自己担负起制造将会模仿人类理性行为的机器,这给德雷菲斯提供了绝好机会,不是批判计算机科学家实际从事的工作,而是批判他们沿袭长期哲学传统、描述需要模仿之物的方式。他从现代西方哲学的传统出发,批判了对人类智性行为的权威看法,其实是对我们熟知的纯粹的、脱离人体的分析理性的批判;这种分析理性暂时居于人的大脑之中,代表应被称为"人的心智"的东西的作用。他提出的批判也质疑了这一愿望:通过结合心理学、神经生理学和神经科学的其他学科,我们或许有能够确定,脱离人体、脱离语境的大脑是如何"进行认识/认知活动的"(丘奇兰德,1986年),从而在这个基础上确定,应该如何形成"神经认识论",为改善这种活动指明

第八章 神经综合

方向。

德雷菲斯发现,这一传统源自苏格拉底的理念。苏格拉底当年已经提出,所有的推理都可被还原为某种计算。所谓的计算论产生于这个要求:"从可以在避免阐释带来的危险的前提下应用的规则或定义的角度",描述推理活动,使推理可被分析为适用于特定规则的抽象要素。不仅培根和笛卡尔认为这样的描述是理所当然的,其后的许多代哲学家们也觉得,人们在思考和行为中依赖受到规则制约的抽象操作,这样的操作如果不能完全被机器复制,至少可能被机器模拟。有人还认为,这样的智性机器最终可能需要与人脑类似的部件,不过肯定不是人体的其他部分。总而言之,该传统假定,存在着脱离人体的、经过净化的认知主体,这种称为"纯粹理性"东西可能就在人的新大脑皮层之中;就认识人的推理活动而言,得到归纳逻辑辅助的一阶谓词演算的结构是最为重要的东西。

推动这一批判的不仅有德雷菲斯,而且还有海德格尔、维特根斯坦、波兰尼以及别的论者;它显示,人的认知——其中包括推理等于活动——不可能是完全形式化的,在某些方面甚至可能是不可言说的;人的神经系统的工作方式并非总是连续的,常常使用语境并且呈循环状态;认知并非出现在"头脑"中,有时候可能属于身体的其他部分。迄今为止,没有谁能够借此提供完全成熟的方案,以替代传统观点,但是,德雷菲斯已经提出了几个观点,指出了将来研究的可能方向。在此,我们就其中的某些观点作一小结。

感知。首先还是让我们后退一步,考察一下人在动物界中的特殊地位给任何认知的基本要素——即感知——带来的结果吧。人的个体发生在进化过程中得以重构,人的感知系统也在本质上得以重组。我们现在知道,重构的第一个重大方面是对人的视觉进行提升,使其在人的感知系统中占据主导地位。最初,人的脑袋是通过嗅觉来确定食物、通过下巴和牙齿来收集和获取食物的器官;后来,直立姿势和两足行走将脑袋变为用目光来观察环境、发现远处食物的器官。不过,在这个变化过程中,人的脑袋失去了收集和获取食物的能力。非但如此,这一变化过程还使脑袋成为这样的器官:它不仅能够确定食物,引导身体到达食物所在位置,而且还能使用前臂去获得和加工食物。

随着确定食物或者敌人的责任从嗅觉(以及部分听觉)转移到眼睛,一种代理媒介几乎被放弃了,而另一种得到了前所未有的开发和利用。以前通过嗅觉和味觉判断的许多东西也随之由视觉来进行评估。于是,这就需要从视域或者光阵中提取信息。这样,世界以不同方式加以分割;在不忽视其他感觉的情况下,在描述作为食物和/或可操纵操控品的物体的过程中,物体的视觉特征占据了主导地位。此外,随着四肢在功能上的分工和同时出现的泛化,以高级方式对运动进行协调的需要变得至关重要。运动——特别是前臂的运动——必须与视觉协调一致,而不是与嗅觉协调一致。眼睛和两手必须协调行动,以便估计距离,判断物体形状,获取食物,操控物品。这些变化使整个神经系统——特别是感知系统(尤其值得强调的是视觉系统)——有了新的作用,其重要性不可低估。

然而,视域中还出现了另外一种改变。身体与眼睛之间协调,形成了周围世界与身体运动之间的关系,这使眼睛能够将意义赋予任何东西,于是,最"不费力的器官"眼睛起到主导作用,对周围世界进行观察。正如盖伦所说:"世界因而在交流和缓解的运动中被'处理了';它的开放的充足性被人体验和'实现',进而得以吸收。这个过程在儿童时期的大部分时间中出现,形成人的感知世界;在感知世界中,符号表达物体的有用性。表面的视觉印象给人提供符号,符号显示物品的具体特性(形状、重量、质感、硬度、密度等)的效用。眼睛与两手之间的协调性具有深远意义,活动具有交流性和可操控性,这两者形成了这样的结果:只有眼睛能够观察到人总是可以利用的充满感觉对象的符号世界。"(1988年,第31页)必须强调的一点是,对物体的操控以及伴随这种操控出现的体验将盖伦所说的"符号"从效应世界转入感知世界——尤其是其视觉部分——之中。假如神经系统没有加以高度整合,这样的情况是不可能出现的。这时,通过接管来自嗅觉和味觉的信息,在视觉上将人导向周围媒介的任务被另外一个任务补充:让人了解感知对象的可操控性。在描述人手感知的对象在人的视域中出现的方式时,盖伦使用了"符号"这个术语,这绝非偶然。这些对象被赋予了意义,这就是说,被赋予其可操控性、效用和其他相关特征的符号;这些对象在环境中被固定下来,"放在一旁",从而对环境加以利用,使环境变为有意义的、可观察的。

活动场所的开放性并不在于眼睛或者肢体的力量;显而易见的是,人的眼睛并不像其他动物(或者人制造的工具)那样观察事物,人的肢体无法作出某些动物的动作,无法产生某些动物产生的效果。这种开放性在于人以许多方式组合简单的"泛化"动作的能力。但是,这种丰富性不仅表现在感觉方面,而且还表现在活动场所中的可能动作中;通过对强加在这些区域之上的盖伦所说的符号进行固定,这种丰富性得到控制。正如我们将要看到的,提供帮助的不是遗传而来的程序,而是语言。随着语言,出现了我所说的第三次"转变"。在第一次转变中,对象特性的基本识别从嗅觉转向视觉。在第二次转变中,活动场所被强加在感域——主要是视域——上,从而使研究能够提供关于对象影响人的行为的信息。这样,最终结构被固定在这个综合区域中,即语言形成的结构中。后者促进并且支撑前者,但却添加了它自身的结构。经过这一系列转变之后,我们已经远离了"肉眼";眼睛已被"给予"整个身体和体外装备。

背景性。在德雷菲斯对分析性推理概念或者信息处理概念提出的批判中,一个基本要素是,这样复杂的感知、神经和效应系统具有广为人知的整体论性质。但是,德雷菲斯得到了新的结果。正如本书前面所讨论的,视觉(以及从类推意义上所说的所有其他感觉)并非仅仅是信息处理渠道。根据吉布森对感知的分析,根据人们已经了解的关于神经系统的情况,在神经系统中,没有属于视觉的孤立的分离的解剖学单位;可能的视觉"模块"仍然以各种方式,与其他感觉和效应器相连,因此,整个身体都与所见的事物产生联系。德雷菲斯作出如下概括:"装在瓶子或者数字计算机中的大脑可能无法对新的情景作出回应,因为我们处理情景的能力所依赖的并不仅仅是神经系统的弹性,而更多的是参与实际活动的能力。在制造这类机器的若干尝试之后,我们应该明白,无论制造出来的机器多么聪明,人与机器之间的差别并不是不带感情、具有普遍性特征的非物质的灵魂,而是深层次投入的、自动的(我希望添上,自创生的)由物质构成的身体。"(1972年,第148页)这种实用性和物质性的一个方面就是背景性。

受体、效应器和神经系统充分整合，神经系统也产生非局部作用，这形成了所谓背景感知。德雷菲斯使用加以严格规定的国际象棋的例子来说明这一点。这一游戏方式已被相当成功地编成了计算机程序，几乎不需要什么生理活动。国际象棋是具有明确规则的游戏，在某些情况下经常可以运用明确的策略来进行对弈。可采用的对弈步骤多种多样，应对策略非常复杂，这有时候会使计算机进行的必要计算呈指数式增长。尽管如此，还是存在这样的情形：与计算机对弈的国际象棋大师根本不进行计算。这不是因为大师可能不知道所有可能的走法，而那些走法计算机都已一一搜索过；在某些走法上，大师并未采用任何系统的步骤。一名棋手在接受采访时透露，电脑显示他仅仅"注意到自己的一个棋子没有得到防卫"：在那种情况下，他开始计算如何利用这一点。

不过，"注意到"既不是一个偶然失误，也不是对所有没有防卫的棋子进行分析性考量的结果；它是考虑整个布局之后形成的结果，是感知到整个背景后形成的结果，是驾轻就熟地统观全局之后形成的结果。这种观察一直都在进行，特别关注意外的东西，关注任何"改变"，关注可能改变棋手熟悉走法的东西。这种熟悉性是以前经验形成的结果，帮助棋手作出判断，不是将自己面对的局势视为要素的组合，而是视为经过整合棋子排列。在对弈中，棋手一直对整体局势进行检查和解释；在这样的背景下，当棋手寻找的某种走法出人意料地出现时，它很快就会被棋手注意到。棋手的关注看似没有重点，十分随意，它被注意力的突然集中所打断，类似于这样的情形：一只海鸥在海面上以优美姿态盘旋,似乎没有任何明显的目的,突然向着海面俯冲而下,接着又窜向天空,嘴里可能还衔着鱼。

在对弈中,国际象棋大师一直综观全局,不时注意特殊情况,能够将细节置于总体的谋划之中,能够利用意识边缘来得出"结论",或者"产生新的看法",重点考虑在对细节进行瞬间关注时看到的东西。这个过程依赖以前解释和判断情景的特殊要素时使用的在知觉区边缘中积累的经验。波兰尼是这样描述"意识边缘"或者"辅助意识"的:"这种力量存在于往往起到背景作用的区域中,因为它以不确定的方式,在我们的注意力周围延伸。我们用眼睛的余光看到这个区域,或者在内心深处记住这个区域;它以强制方式,影响我们观察所关注的对象的方式"(引自德雷菲斯,1972年,第15页)。因此,国际象棋在对弈中没有防御的棋子是在这样的背景中被注意到的:在这种情况下,它不断为进一步计算提供"辅助"信息。人们迄今尚无法将这样的程序输入到计算机中。

在解决问题的活动中,我们一般会遇到类似的情形。令人并不感到意外的一点是,国际象棋可被视为解决问题活动的范例。在解决特定的问题时,我们在这个问题范围中,首先对该问题进行全面考察(所用的方式与上面讨论的大致相似),把握其根本结构;这样,我们就有了找到解决问题的途径的见解。我们透过问题的表面现象,看到基本结构,从而能够采取必要步骤,以便发现解决方法。我们浏览的是整个背景或者问题情景,关注的焦点常常多次改变,直到透过表面现象,看到基本结构。然后,我们可以将焦点再次转向这些要素,将它们依序整理出来,通过深思熟虑,就能获得解决方法。

这类情景、这类模式辨识以及消除言语中模糊性等因素都涉及对"外周"的使用;神经系统的这个部分获得的信息既不在聚焦范围之内,也不能用分析方式进行跟踪;神经元网络中的这些联结并不在信息处理的主要线路上。这些情景不是例外,这个过程是正常操作;神经系统就是这样运行的。这个特征的目的是要发现投射客观图示的"银幕",它使人难以获得分析方法。

技巧和默示性。通过浏览情景,领悟基本要素,考虑意外情况,总之通过使人了解背景,感知帮助人们认识和熟悉世界。但是,由于人的生物结构是不完善的,如果想获得更好的认识,熟悉周围的世界,人就必须投入到周围的媒介之中。正如盖伦指出的,正如人体的不可避免的在场揭示的,定向不是在认知或者反思层面上完成的,而是在实际活动中完成的,必须通过旨在向人展现世界的行为来实现。行为的可能性和行为中对外部客体的需要呈现在感知中,其条件是人已经介入了外部世界,已经生产或者使用了人工制品。存活不可能等到"交流活动"出现之后才实现,不可能等到考察之后才实现。存活依赖于生产活动,而不是交流活动。必须对环境之中的因素采取行动。向人"展现世界"的主要因素不是交流作用,而是有助于自体生产的行为。

在这个过程——无论它是探索性的,还是生产性的——中,我们再次看到背景性,看到"辅助意识"与"焦点意识"两者之间的作用。波兰尼提供了若干很能说明问题的例子。如果一位钢琴师傅——或任何演奏者——将注意力从正在表演的东西转向演奏的特别元素,例如,转向自己手指的动作,那么,演奏通常会被打断,或者甚至完全停下来。这并不是说,钢琴师在演奏过程中忽视了这些细节,更确切地说,他无法在保持手指灵活运动的过程中注意到这些细节。熟练演奏的细节仅仅处于意识阈限之下;它们变为"默示的",变为"沉默的"。在这个条件下,默示性的意思是"没有传达在意识或理性的东西",尤其是没有传达给分析理性的东西。默示性是沉浸在身体之内因而被隐蔽起来的东西,是隐藏在身体组织之中的东西,是沉默的东西。德雷菲斯是这样描述沉浸的:"一般说来,在获得技巧——例如,在学习开车、舞蹈或者外语发音——过程中,我们开始时必须慢慢地、不自然地、刻意地遵循相关规则。不过,后来会出现这样的阶段:我们最终将控制转向身体。这时,我们看来并不是将这些严格规则放进无意识之中了事;与之相反,我们看来获得了肌肉格式塔,它使我们的行为有了新的弹性和平滑性。获得感知技巧的情形也是如此。"(1972年,第160—161页,楷体是笔者添加的)这里所说的默示性的意思就是"将控制转向身体"。

正如前面所述,这并不是"将这些严格规则放进无意识之中了事"。规则与熟练行为之间的关系要复杂得多;这样,我们需要进行特别区分,即进行能力与行为之间的区分。我们可以通过构成"应该"或者"需要"遵守的规则,对能力进行描述。然而,在行为中,我们无需了解规则也遵守它们。让我们看一看波兰尼所举的游泳或者骑自行车的例子吧。使游泳者浮在水面上的是游泳者肺部中的空气;游泳者必须以恰当方式呼吸,以便保证肺部一直有一定数量的空气存在。这描述了该行为的一部分。不过,几乎没有谁知道这个原理,也没有人在游泳时刻意遵循它。根据对能力的描述,骑自行车需要更复杂的规则。例如,如果有人在骑车过程中向一侧倾斜,因而出现失去平衡的危险,这个人会将把手转向相同一侧,以便获得离心力来保持平衡。同理,骑车者肯定并不知道这里涉及的物理定律——即使他们了解相关定律,在学习骑车时也不需要遵循它。与许多演奏者所做的类似,他们在肢体或者效应器(这个术语与感知相对)层面上对此进行理解;他们对它的把握体现在"手指之间"。

"关于技巧,这一点是重要的",德雷菲斯说,"虽然科学要求,应该根据规则来描述熟练的演奏,在演奏中却完全不需要这样的规则"(同上,第165页)。不过,如果我们说,"在演奏过程中根本不需要"科学描述或者任何描述,这就言过其实了。在描述骑车这个例子之后的几页中,波兰尼要我们注意已经涉及的科学与传统技术之间的一般关系。在外部观察者作出仔细分析之后,对任何实践——即演奏——的批评通常会提高演奏质量。教学就是以这种方式进行的。外部分析不必总是构成准确规则,但是它有时会产生这样的结果。不过,即使这样的分析最终并不形成准确说明,分析者可以聚焦演奏的某些方面,将它们明示出来,这样东西可能在改进演奏过程中起到指导作用。就此而言,分析者的行为也有所帮助。

我们对人类神经系统产生作用的方式进行了分析;在其中的许多方面,我们发现了"灰色区域"。这并非因为知识盲区大量存在,而是因为传统分析工具肯定无法触及边缘、外周、背景或者默示结构。意识、心智、理性、语言,所有这些因素都沉浸在身体之中,沉浸在人这种生物的大脑中,沉浸在整个神经系统中,沉浸在其他某些部分中。其原因在于,假如这些"心理结构"不在人体中渗透、漫射、扩散,在特定时候消失在人体之中以便推动人体,人类的存活是不可能的。在推动人体的过程中,它们可能以经过改变的行为结构的形式重新出现。在这个问题上,我们发现自己已经智穷才尽,受到自己的分析装置和语言的限制。

3. 人类神经系统的不完善性

人的大脑与其他任何动物的大脑类似,如果放在缸子或瓶子里,只是由细胞构成的集合体而已。大脑要成为产生作用的器官,它就必须在人体中生长,成为人体的一部分。其原因在于,大脑并不是从它自身获得意义和最终结构的,而是从人这个生物体,从这个物种的总体结构,从人的生存方式获得意义和最终结构的。那么,既然人体在生物结构上是不完善或者进化未完的,大脑也肯定如此。从生物学角度看,如果一种器官的任务是要组织开放的活动场所,它在生物学意义上也必须是开放的。从生物学角度看,人体需要人造的体外结构来完善自身,人的大脑也是如此。从这一点我们还可以知道,作为带有开放的活动场所、进化未完的生物,人肯定拥有进化未完、不完善的遗传程序。由此可见,遗传程序的不完善性必然要反映在人类神经系统的不完善性之中,人类神经系统的功能应该支持这一尚未结构的开放活动场所,并且根据尚待确定的生存方式,确定和组织行为系统,从而来闭合它。

所以说,假如"生物"大脑没有得到体外的帮助,它就毫无用处,几乎空洞。这种帮助不是来自对外部世界的被动观察,而是来自介入外部世界的主动行为。其原因在于,运动很少(像早期婴儿那样)在稀薄的空气中产生,没有来自周围对象的支持。交流行为和生产行为都依赖外部空间之中的实体;在一定程度上,

第八章 神经综合

外部空间中实体的性质在它们对运动自由作出的限制或者提出的要求中显示出来。从某种意义上看,外部对象自身在与人体进行互动的过程中组织运动,所以,它们有时候甚至可能像哑剧表演中出现的情形,在一定程度上从动作中得以重构。当然,与光线媒介中的表征相比,对象在表演图式中的表征意义很不明确的;不过,这里的问题不是明晰性。重要的一点是,对象起到使运动得以形成的场所的作用,即运动聚集并最后成型的区域的作用。由此可见,物体参与闭合运动综合和给予运动意义的过程。但是,它们的参与是远远不够的。正如我们已经看到的,生物与环境之间的每一互动都带有双重参照:对生物来说,它必须是有意义的,而且同时也适应环境中的特定因素。如果负责这种综合的器官是不完善的,就会缺乏前一种参照。

在此请记住:第一,大脑这一器官经历了变化巨大的产后发育过程;第二,个体发生的一般进程是遗传方面预先设定的互相作用,它出现在遗传型与发育中的生物可能经历的任何环境序列之间;第三,在人类中,个体发生的很大部分出现在生物的子宫之外,即在"社会子宫"之中。在社会子宫中,发育继续进行,与在生物子宫中的方式大体类似,即作为某种起到"遗传型"作用的因素与环境序列之间的相互作用。它是早产的人(我们可以将它称为"社会胎儿")与主要是人为环境序列之间的相互作用。前者保留了自己的"胎儿"生物特征及不完善的生物遗传型;从生物学角度看,这种相互作用并不是完全编为有机体的指令程序的。这是一种很不稳定的情况,因为某些动物——如果在出生之后被剥夺了父母抚育——也表现出严重偏离常规的行为。早产哺乳动物要经过很长的"社会妊娠期",对相关社会环境的正常序列的依赖性更大。正如许多例子所显示的,如果儿童的产后发育进程不正常,如果他们被剥夺了关爱,如果没有适当的刺激,如果他们的发育离开人类环境,那么,他们的某些心理功能要么出现发育不良,要么完全停止发育。这说明,人类的遗传程序带有诸多缺陷,人类的发育是非常脆弱的。

在生物子宫中,生物的遗传型支配发育,外部环境所起的作用几乎微不足道。在社会子宫中的情况恰恰相反。这时,外部世界——特别是其中不可或缺的人为部分——占据了支配地位。这种外部世界作用和社会妊娠旨在使不完善的人得以完善,使其做好准备,以便适应将会出现的特定生存方式。因此,在社会子宫中,新生婴儿必须以某种方式面对"外遗传型",这种遗传型将会支配人与世界的接触,确保特定生存方式的再生。为了这个目的,经过特化以便适应体外完善的人类被赋予不完善、不完整的大脑;在子宫外发育过程中,大脑的第一个功能就是对人为的文化"遗传型"进行内化。

它要求,这种生存方式的某些方面要么必须以代理方式,在一定程度上出现在外部世界之中,要么必须在外部世界之中进行编码,使在生物结构上开放的大脑能够通过吸收体外"基因"(或某些学者所称的"文化基因"或"模因")的方式,完善或者闭合自身。这样的"基因"并不体现在自然界中,也不可能体现在自然界中;它只能出现在利用人类环境的具体的人为结构中,出现在具有意义的人工制品中,首先要出现在语言——这种最有意义的人工制品——中。这些"有意义的人工制品"给大脑的内部运作提供的东西相当于遗传型为生物的内部功能提供的东西。在这种情况下,它们的意义在大脑中得以内化和体现,支配

第八章 神经综合

人类的行为发育和成熟的子宫外阶段,并且最终对活动场所进行结构和闭合。

在基因转移的东西与实际获得的东西之间存在着差异,这种差异通常被确定为以下两者之间的差异:其一是独立于个体生命史而发育出来的东西,其二是依赖个体生命史而发育出来的东西。但是,肯定还存在第三个种类。如果在接触标准的环境序列的物种的所有个体中,形成了某种东西,那么,根据标准的定义,它应被划分为遗传上确定的东西。因此,人类的许多特点应被视为遗传上控制的,尽管这些基因不必是内在的生物基因——它们可能是在外部环境中漂浮的"基因"。甚至大脑的有机生长和最终协调也可能以这种方式,在"遗传上"是确定的。很可能出现的情形是,人工制品——特别是符号性人工制品和语言——中体现的"基因"控制大脑自身的发育,并且影响大脑的结构和功能。人类发育的独特性在于这一事实:"基因"来自与环境的接触,来自它们必须调控的接触。

完全开放的人类五官感觉所提供的现象多种多样,稍纵即逝,其中有些部分是有序的,但是大多数是无序的、令人感到困惑的、模棱两可的,有时候甚至带有欺骗性。但是,它们本身没有什么意义和连贯性。对人类这样的开放物种来说,这一点是尤其适用的。现象并不提示其阐释;它们掩盖和隐藏它们表示的东西,掩盖和隐藏在它们背后的东西。如果不考虑某种非常初级的意义,刚刚出生的人进化未完,在遗传程序方面并不完善,因而并不具有阐释的能力。真正有效的原始阐释——起到组织原理作用的维持生命的方案——必须从人体之外引入。因此,人的神经系统必须加以延伸,必须在某种外部的东西中加以闭合；作为一种用于感觉运动的器官，人的神经系统在外部的体外"遗传型"所"编定"的外部活动中完善自身。这种程序——这种原始阐释——需要复制某些生存方式的代码，这些代码构造感知和行动，使现象世界和效应器世界获得意义。[1]

在人类大脑与其体外产物之间，存在着超乎寻常的互相依存关系。首先，大脑的结构方式必须使大脑支配的身体动作能够形成并且复制人工制品，形成并且复制符号和行为惯例。其次，人工制品、符号和行为惯例然后变为分离的、客体化的、独立存在的。但是，与道金斯所说的"模因"类似，人类心智的这些具体形式需要活生生的人体作为载体，以便复制它们所具体化的"遗传密码"。与病毒类似，这样的密码产生作用的条件是：它们重新出现在确保其复制的人类大脑之中。另外，为了在获得复制的过程中得以完善，产生作用，大脑需要外部客体（特别是语言这种人造媒介）作为载体，以便承载控制其完善过程的"基因"。假如没有这些延伸物，假如没有外遗传型，人脑几乎是空洞的，并且肯定是不完善的。在这一过程中，人造世界的什么部分产生作用，什么部分并不作用？它们以什么方式产生作用？我们现在对此知之甚少。但是，有一点是清楚的：如果不了解神经系统的体外"遗传"程序，不了解这种具有辩证关系的相互作用，我们就无法充分认识神经系统产生作用的方式。

如果我们希望根据自然主义认识论，去了解神经系统是如何形成科学的，那么，作为媒介和结果的人为环境的这种双重作用就具有重要意义。人类大脑的工作方式的某些特征独立于文

---

[1] 我们是否将它称为感知的"世界观充盈性"？

化,并且/或者是人类这一物种共有的;如果仅仅从自然和生物学角度进行考察它们,我们就应该沿着个体发生的线索,追溯到婴儿开始形成大多数行为模式和心理能力之前的状态。其原因在于,"大多数"行为模式和心理能力已经围绕着具体的生存方式形成,无论婴儿像狼(在印度发现的两名女童就是如此),还是像农夫或者市民都概莫能外。然而,进行这种追溯的人找不到形成科学体系的能力。无论是"原始人"还是生活在人类环境之外的儿童都不可能形成科学体系。如果没有接受过训练,即没有接触特定种类的体外结构,即便正常发育的儿童也不可能撰写出科学论文。人类的大脑具有不完善或不完整的性质;这意味着,不存在普遍的天生的科学倾向,不存在可以自动形成科学的自然之光(lumen naturale),不存在生来就有的科学理性。其原因并不在于人类拥有形成科学的能力,但是他们形成的文化起到阻碍作用。实情肯定恰恰相反:人类能够形成科学的原因在于,他们在易于产生科学的环境中成长。自然化的认识论必须考虑到这一点;这意味着,无论是神经科学还是认知心理学都不可能使我们理解科学。

"社会妊娠"这一事实使人的大脑在文化——因而在科学——中起到特殊作用。大脑是不可或缺的,大脑无能为力的事情是不可能完成的。此外,后天习得的技巧和知识随着习得它们的大脑的死亡而消失;体外基因并不在大脑之外复制。但是,在某种意义上,外部实体之中的人将来可以利用或获得技巧和知识,利用或者获得人工制品、语言和行为惯例;习得的东西在大脑之中保留下来,至少在某种程度上如此。这些东西只需要有生命的大脑将其意义转移到另一个大脑中。尽管科学不能离开人的大脑存在,究竟由谁的大脑来承载科学呢?这一点并不重要,只要有大脑就行。具体的大脑获得"少得可怜的输入",进行"非常巨大的输出"。如果不考虑大脑在外部文化空间之中的延伸,对两者之间关系的心理研究和神经学研究无法让我们获得充分的科学洞见;对科学的正当性而言,情况尤其如此。

自然论者在其意识边缘明白这一点,因此常常谈到在自然论阐述中援引科学史这一做法的必要性。不过,在大脑获得人类生存的具体历史方式所必需的东西之后,人类的科学能力继续发展。所以,需要探讨的并不仅仅是科学史,而且还应该包括人类生存方式发展的历史。尽管大脑是不可或缺的,但是认识科学的关键不是大脑,而是支撑大脑并且被大脑所支撑的文化。

第九章 技术综合

如果说走出生物领域和人类神经系统（及进化论认识论）是第一步，沿着套叠等级划分向下、进入体外人工结构的第二步自然应是对技术进行探讨。从广义角度看，technology 一词被用作集合术语，其意义是：(1)技术性专业技能和知识（以及所涉及的心理状态和心理过程）；(2)身体动作和方法（技法）；(3)它们形成的结果（工艺学）。人们通常认为，技术表示补充人们得以满足存在需要的生物活动的结构。有一种人类学将人类描述为在生理上非特化，但是良好地适应技术存活策略的生物；在它看来，自然而然的做法是将技术作为生物学的附加品。在这种情况下，技术被视为有目的性的、外向的人类活动，受到人类与自然环境之间的一组人工制品的媒介作用的影响，并且服从于这一组人工制品；这一组人工制品对进化未完的人体进行完善。

然而，技术包含的东西还有许多。以前有人将自创生系统概括描述为认知系统；根据这一概括，技术作为人类与世界之间的选择性互动，也必须被视为认知出现的媒介。尽管人的大脑是本源的，必不可少的，真正的进化新颖性却并不在于人的大脑的容量和作用，而是在于这一事实：只有在人类这个物种中，认知才能以外部方式发生——虽然不是独立于身体，但是却在身体之外。我们已经看到,从存在论的观点看,人类神经系统中进行的任何活动在认知层面上都是不充分的、未完成的,因而必须被外部活动和人工制品所完善。这种完善通过具体的行为方式和技术手段实现,最终使进化未完的人类得以完善,并且确定其自创生方式;这种完善不仅是生理的,而且也是认知的。人的认知——不仅是身体——在技术中得以外化和补充。

在自然主义认识论看来,主体与客体之间的主要关系被生物与环境之间关系界定。人类的自创生(autopoiesis)或者自体生产与它创生(allopoiesis)或者某种外在东西的生产混在一起,自然主义认识论必须面对三个——而不是两个——互相分离但又互相联系的领域,它们分别是人类、人工制品和非人的自然。在这种情况下,根本的认识论问题是这三者之间的关系。人类和人工制品在存在层面上是互相依赖的;但是,从生物学角度看,人工制品属于人类,而人类并不属于人工制品,或者说乍一看如此,所以说,这种对称性是断裂的。于是,人工制品看来是工具性的;这种不对称性使两者之间的关系变得简单。不过,存在着对立的意见。谁的作用是工具性的?谁的作用是实质性的?其中的一个范围在什么意义上是另一个范围的工具或者主宰?这些问题仍然引起许多争论。如果再加上自然在新关系中所处位置的问题,看来不大可能找到简单答案。此外,关于这三个范围之间关系的不同意见与对认知的不同看法密切相连;因此,如果说将认知放在这一新架构之中的做法是正确的,整个问题变得更加复杂。但是,尽管这些问题非常复杂,我们却无法避开它们。所以,下面让我们了解一下其中的某些常见观点。

1. 工具观

人类擅长创造人工制品,这就是说,擅长技术存活策略,其中包括创造和使用作为维持自创生(autopoiesis)工具的人工制品。沿着这一人类中心说和工具论思路进一步探讨,我们可将技术视为联结人类的需要与满足感之间的某种东西,同时也可将技术视为将两者分离开来的某种东西。为了存活下去,人类必须通过这种技术方式,必须与人工制品产生联系,必须生产和使用人工制品。但是,根据这个观点,人类使用技术的目的仅仅是为了超越它,以便转而去做别的事情,做某种更具本质意义的事情——去过自己的生活,或者"实现自己的超自然的计划"。与任何工具的情况类似,"技术的意义和终极成因在于技术之外",奥尔特加-加塞特如是说(米查姆和麦基,1972年,第300页):"技术的使命在于将人解放出来,以便让人实现自我。"奥尔特加和其他许多论者都认为,"实现自我"显然是某种非技术的东西。

尽管技术在某种程度上是自然作用的一种延续,并且肯定是人类存在的先决条件,但是根据这个观点,就人性本身而言,技术从本质上看仍然是附带的东西。它纯粹是一种手段,其目的是为了"解放",为某种更重要的东西清理场地,提供空间。[1] 在技术之中,人类并没有过上真实的生活;(由于人工制品并不

---

[1] 请记住盖伦提出的"缓解"概念。技术是一种必不可少的策略,人类借此再次体验实际寿命和人的生物学缺陷形成的压力(盖伦,1980年)。

是自然的)人类与外部自然界之间的关系并不和谐,与(存在于技术之外的)自己的内在本性之间的关系也不和谐。实际上,人类是与两者疏离的。人类真正目标与技术手段是完全分离的;所谓"真实的人类生活"被视为是完全脱离技术或者超越技术的。

这一贵族式工具论兼人类学(或者海德格尔所说的人类中心论[1])的技术观暗示,一般意义上的工具——并不仅仅指技术物品——没有独立的地位,它们与目的以及设立这些目的的需要者密切相关。因此,有人认为,将技术物品与其环境区分开来的所有特征都属于其创造者,属于物品所服务的目的;由于它们本身并没有变为特征的天然(自然)倾向,这些特征是从外部确定的。有人认为,人工制品带有完全工具性和为目的服务的特征;与这一点形成对照,人类——作为这些目的的来源——保持对自己制造的工具、对所使用工具的完全控制和自主性。

根据这个观点,人工制品是人体的补充,并且闭合行为场所。当人工制品完成行为时,其意义在行为中被消耗殆尽,所以人工制品被完全消耗了,使用了。伊德(1990年)将人与人工制品之间的这种关系称为"体现",而海德格尔将其称为"现成在手"。伊德在人类感知活动和科学工具语境中详细讨论了这个概念;但是,这一关系本身适合于任何实用语境,比如,他喜欢使用的驾驶时感觉道路的例子,或者任何使用工具的例子。这里

---

[1] 本书多次提到海德格尔;这样做的唯一原因在于,他提出的技术和科学观点的范式性质,在于他的观点对欧陆科学哲学的影响,在于这些观点——它们在许多圈子里被奉为教条——向整体科学理论提出的挑战。

第九章 技术综合

的根本问题在于,人工制品在人的外部世界中活动起到媒介作用;当人关注目的而不是活动或者工具本身时,人工制品倾向于退出(这类似于感知中的代理媒介)。人们在完成实际任务时几乎总是这样做的。例如,人们要求人工制品"方便",这就是说,(在人借工具达到自己的目的的意义上)尽量"明确",尽量"隐形",要求人工制品变为自己身体的组成部分,完全依附于身体,被身体所吸收,变为身体的延伸。

人工制品几乎变为被身体吸收的东西,这证明使用"体现"一词是有道理的。有时候,人工制品确实可能被吸收,这一点在技术发展的以下线索中得以很好说明(伊德,1990年)。为了矫正视力,人们可能首先使用眼镜,然后戴隐形眼镜,最后使用植入眼睛的人工镜片。波兰尼作出了如下小结:"我们可以验证工具的有效性,验证探针的适合性,但是工具和探针不可能存在于这些操作之中;它们必然停留在我们这一方,成为我们自己——进行操作的人——的组成部分。我们让自己进入它们,吸收它们,将其作为我们自己经验的一部分。我们通过存在于它们之中的方式,在存在层面上接纳它们"(1958年,第59页);这类似于人们存在于光亮、声音或者气味这类媒介之中的情形。

当人工制品不仅延伸人体的能力,而且还提升人体的能力时,这种情形先是出现轻微变化,接着出现巨大变化。在这种情况下,它们的在场更为突出,体现关系更难适用。另外,由不同例子形成的整个连续体被创造出来:从小型的简单家用器具到(现在仍然能够完全控制的)力量强大的推土机,再到无法控制的原子弹爆炸。这些技术显示了可能的生产活动场所的如何开放,显示了"人体的延伸"可能质量上如何不同。然而,有人相信,人的至上地位被维持下来。

2. 宇宙观

传统的技术观——我想将它称为"贵族式的"——受到德韶尔(1972年)、埃吕尔(1954年)、海德格尔(1954年、1977年)及其追随者们的批判。他们的一个共同之点是,努力克服被传统观念归为技术的工具性和人类中心性,努力使人们意识到技术的自律性、"形而上学力量"和"极度危险"。描述这一进展的最佳方式是追寻海德格尔已经为我们开辟的道路。

在这条道路上迈出的第一步是将人们的注意力从技术的工具侧面转向技术的成因侧面,从使用转向生产。在这里,我们发现了亚里士多德经典哲学中的四因[目的因(causa finalis)、形式因(causa formalis)、质料因(causa materialis)和动力因(causa efficiens)]共同产生作用的过程。在这个过程中,根据目的或目标设计出人工制品的形式,生产者采用适当的物质材料将它制造出来,形成成品。有了这一步,人们已经从根本上改变了自己的视角,将使用从焦点中移出,用生产——人工制品的形成方式——取而代之。

在继续讨论海德格尔的观点之前,先让我们看一看,在生产人工制品的过程中物质方面出现了什么变化。与自然的自创生动物——即自行形成的动物——不同,人为之物是它创生的,是由外部动因形成的。这样的动因必然是具有生命的人。为什么呢?如果我们考察一下人工制品的性质,我们将会注意到:首先,它是一种有序的结构,是来自环境的东西的特定是组合。我们至此知道,必须付出劳动,收集、改变和组合这些东西,所以有序的结构也是能量在该人工制品所占据的有限空间中的积累。能量的不均衡分布形成不均衡状态,所以,与生物面对的情况类似,由于热力学第二定律的作用,人工制品注定在某个时间点上就会解体。换言之,人工制品的建构和存在暂时违背了热力学第二定律;人工制品得以构成的有限空间"受益于负熵"。此外,我们已经知道,带有能量和秩序的结构可能被产生出来。这个过程需要马克斯韦尔精灵。人工制品并不拥有它,无生命的东西也不能提供它。生物自身已经体现了它,所以说只有生物才能起到它的作用。因此,所有动物(包括智人)在形成制品——例如,庇护处——时所做的是下面这些事情:首先,要确定成品表面将要闭合的空间。其次,从环境选择材料,以某种秩序组合起来,在这个过程中投入信息处理能力和受控运动的能量。与马克斯韦尔精灵的作用类似,"允许"某些物质和能量形式进入闭合的空间,确保已被放入的东西不会出来。最后,形成该结构,使它能够在一段时间中抵抗变为无序的倾向。所以,人工制品需要某种有生命的生物;它创生(allopoiesis)以自创生(autopoiesis)为先决条件。

在近代,因果性的理念被严格限定于亚里士多德提出的四因之一,即动力因。因此,海德格尔敦促我们回到古希腊人的理论,以不同方式考虑因果性,认为它包括"作为某种别的东西的缘由"的四种方式。就人工制品而言,"作为某种别的东西的缘由"的四种方式共同作用,以均等方式,共同形成成品。没有哪一种成因被挑出来作为唯一的成因,手段也没有与目的分割开来。当我们用古希腊方式解释因果性时,技术的工具侧面被化解了。技术被理解为一种自立的闭合过程；在此，外部因素——例如设计、原材料、生产者以及目的——被吸收在作为"受益"方式的人工制品之中。因此，海德格尔希望我们不是将产生者视为形成结果的原因，而是视为这样的动因：他"集中了上面提到的三种作为缘由和受益的方式"，是这些方式"出现并且产生作用、形成献祭容器"的缘由。因此，如果我们再次从古希腊人的角度进行考察，生产者的"集中"方式不可能仅仅是形成结果，而是"让它呈现出来"。生产者通过集中所有成为缘由的方式，让人工制品"呈现出来"。"当它们被集中起来之后，这四种引起方式（海德格尔也将其称为亚里士多德式成因）使某种将要成为人工制品的东西变得自由，达到那个场所"；它们"让它走上它的道路，换言之，进入它的完美达到状态"；它们"通过诱导它向前的方式"，"让尚未在场的东西在场"。

现在，我们已从工具性中解放出来，我们将要从人类中心性中解放出来。生产者具有特殊作用，集中了制作成品的一切因素，但是根据海德格尔的说法，生产者仍然仅仅是被描述为"释放"和"放过"过程的一部分。在四种"引起方式"的条件下，生产者所起的作用是适度的，换言之，他仅仅启动或触发该过程，让四种方式保持集中状态，直至过程结束，直至人工制品出现在人们面前。用更加直截了当的语言来说，生产者消除障碍，促成人工制品问世，其作用非常类似分娩过程中的助产士。生产者的行为是带有母亲呵护的轻微介入，而不是毛手毛脚的生拉硬拽。

当我们关于海德格尔的讨论涉及他所说的自然（physis）时，这一点就更明显了。海德格尔引用了柏拉图所说的这一段话："无论何种原因，每个场合只要超越了非在，并且继续向前，

第九章 技术综合

进入在场,它就是创生(poiesis)。"他进而考察了最基本意义上的生产:"不仅工匠制作,不仅艺术或者诗歌形成的具体意象是带出……自然(physis)实际上是最高意义上的创生(poiesis)。其原因在于,通过自然(physis),在场的东西具有属于创生(poiesis)的涌现,比如,花朵自身(en heautoi)的涌现。相比之下,工匠或艺术家带出的东西——比如,银杯具有属于创生(poiesis)的涌现——不是在它自身中,而是在其他的人(en alloi)之中,在工匠或艺术家中"(同上,第10—11页)。用不那么夸张的术语来说,带出包括两种创生,即自创生(autopoiesis)和它创生(allopoiesis)。

不过,在让我们理解这一点之后,海德格尔并不希望给我们展示现已广为人知的这一区分,而是要通过自然(physis)的启迪,说明技术的引出。根据这一点,作为生产者的人可被视为自然的方式之一,以便形成"进入完全到达的状态"的事物。在触发这一过程时,作为生产者的人可能起到不可或缺的作用,但是,在这样做的过程——即在触发过程——中,人并未将任何具有实质性东西或者外在的东西带入该过程。该过程是外在于生产者的,所以生产者也是外在于该过程的。海德格尔断言,"涌现属于带出";就它创生(allopoiesis)而言,涌现与人工制品本身无关,与工匠或者艺术家有关。我们可以这样来理解这一断言:它强调说,人工制品需要工匠或者艺术家,以便移开阻碍人工制品"进入完全到达状态"的障碍,以便促成人工制品从"非在"进入"在场"的运动。人是人工制品存在的手段。于是,作为生产者的人所起的作用被尽量淡化;实际上,工匠或者艺术家已经成为工具或者载体,人工制品借此从非在王国进入完全表象王国;

人变为工具,存在借此让自身的状态从"遮蔽"进入"无蔽"。传统的技术工具论被这一观点取代:作为动因的人是人工制品的工具。

由此可见,确实存在这样的技术:初看之下,它们完全符合海德格尔提出的更浪漫描述的技术;在这样的描述中,人并不完全是纯粹的工具,而是关爱子女的称职父母。例如,如果离开人的照料和干预,饲养的动物和栽种的苗木是不可能正常发育的;但是,人的作用限于平整土地、选择种子,限于安排配种、浇水、喂养、保护等,总之限于监护性照料。通过消除障碍,这就是说,通过简化生态系统,通过对选择过程进行适当干预,人类解放自然界中已经存在的某些潜能,帮助它们充分展现出来。当出现人类将储存和隐藏在自然界中的潜能释放出来的情形时,也可使用同样的语言进行描述。从人类出现之初到现在时代,我们可以找到的例子不胜枚举:火、瀑布、风、煤炭、石油、铀。在这样的例子中,人类通过释放储存在分子、原子键或者分子键之中的能量,开始这一过程,然后通过收集和调控必要的元素,对它进行控制。与许多化学作用中出现的情形类似,人所做是为本来会自行出现的作用创造适当条件。

然而,银杯——海德格尔最喜欢提及的例子——并不属于这样的技术,类似的例子包括没有挥动翅膀的飞行,还有通过轮子而不是腿部力量实现的运动。尽管自然可能提供某种暗示,这些技术看来并不隐藏在自然界中,甚至不是对自然的模仿。它们看似完全与自然界格格不入的东西,是从"外界"的某个地方被引入自然界的。根据这一直觉领悟,德韶尔(1927年)假定了他所称的"第四王国"。它是技术客体的理想形式的王国,或

第九章 技术综合

者在更普遍的意义上说,是技术问题的理想解决方法的王国。德韶尔是在发明者的感觉中发现第四王国存在的提示的。根据德韶尔的说法,发明者体会到,在"先于外部行为的内心活动中",遇到"一种外部力量。这种要求并且获得了完全的服从,于是,在他的体验中,获得解决方法的途径是让自己的想象符合这一力量"(引自米查姆和麦基,第321页)。找到具体的解决方法之后,发明者感觉"它来了,浮现出来,被领悟了;它绝对不是创造的,是从它自身提取出来的"(同上,第322页)。德韶尔想象的发明者的内心独白值得全文照录。发明者回顾自己取得的成功,根本没有接近它:"带着这种感觉我创造了你,哦,不更确切地说,我发现了你。你已经在那里的某个位置上,我必须长期努力,以便找到你。假如我凭着一己之力创造了你,那么,你为什么将自己隐藏起来,在长达数十年的时间里不让我看到?你这个客体最终却被我发现。你现在才存在的原因是,我现在才发现你是这样的。你不可能在早一些时候出现;只有当你像出现在自己身上一样,出现在我的视野中之后,你才能实现你的目的,真正产生作用,因为那是你的唯一方式!当然,你现在身处可见世界中。然而,我是在完全不同的世界中发现你的;在我以正确方式看到你在另外一个王国之中的真实形式之后,你才改变了拒绝态度,跨入可见王国"(同上,第323页)。在德韶尔看来,毫无疑问的是,在从第四王国进入由可见实体构成的第一王国的过程中,人工制品必须"经过我的头脑,经过我的理智";我还希望添上一点,大概还要经过我的双手。然而,第四王国中的这类形式"不受人的影响,同时与自然规律保持连续的和谐状态",所以,"当它们从第四王国转到第一王国时,它们起到延长创造的作用"(同上,第 376 页,注释⑫)。

"延长创造"这个短语让我们想起创生(poiesis);它再次暗示,人不是创造者,而是中介者。这个术语将德韶尔和海德格尔联系起来。人工制品"跨入可见王国",从非在王国进入在场;在这个过程中,它必须穿越一道海峡,这就是人。人起到工具作用;通过这种工具,人工制品的状态得以改变。在包括所有王国和所有状态的世界中,人构成一种成形点,一种接头处;某些事物(无论是理念的还是遮蔽起来的真实事物)穿越并且借助它,从一种存在区域进入另外一种存在区域。人既不是源泉,也不是区域或者王国;人是一种微不足道——尽管不可或缺——的创造工具。因此,银杯、飞行器或者轮子可被归入宇宙创造的大系统之下,但是其代价是引入分离的世界。海德格尔认为,在技术领域中,某种"进入完全到达状态"的事物存在于固有但遮蔽的状态之中,或者说存在于黑暗深渊之中;德韶尔认为,它来自纯粹技术理念的分离王国。这看来是这两位论者之间的唯一差异。

3. 它创生

顺着海德格尔的思路,我们最后看到一个极端立场:生产者被视为宇宙分娩的助产士。不过,德韶尔对技术的描述让我们对同一过程有了另外一种洞见。我们借此可以看到似乎总是在技术形成人工制品方式中出现的暴力。当某一不相容的事物被硬套或者强加在事物或生物之上时,就会出现暴力。德韶尔写道,在技术领域中,当某种事物逐步作为人类渴望的结果出现时,"它并不直截了当地替代自身,而是首次存在"。这意味着,它本来并不在那里,而是来自其他某个地方——在他看来,来自与第一王国分离并且与它不相容的第四王国。通过实施发明,自然界被一种新的能力和力量所丰富,而这种能力和力量以前不在自然界中,不可利用。如果有人赞同这一看法,持与海德格尔对立的观点,他肯定会注意到,即使在古老技术中,新的形式以及由此形成的新的事物——新的人工制品——是被带入存在的,而不是从已经存在的事物中发展而来的。它们被强加在自然界中预先存在的秩序之上。

栽培作物和饲养家畜的形式与预先存在的自然界完全不相容;如果没人照管,这样的作物和家畜是不可能在新的条件下存活的。正是人的干预使它们得以存活,人的干预一直是它们生存的必要条件。当这种干预停止后,它们在自然界中慢慢消失,或许可以说,它们被逐出了自然界。因此,无论多么小心,多么温和,人对自然界的每一干预行为都是暴力形式。它强迫植物和动物接受非自然的外形,将格格不入的各种形式强加于它们;它扭曲这些植物和动物所在的本来自然的生态系统,以便对其进行简化,弄出让它们存活的人为条件。无论新形式来自第四王国还是来自其他某个地方,以引入、强加或者硬套形式将某种新的东西弄到已经存在的世界中之中的做法形成暴力,这种暴力从一开始便是技术的一个要素;它正是其本质的一个部分。

无论这些"不相容的"形式来自何处,无论是来自第四王国还是存在的深层,它们只有通过人类才能进入实际的、可见的自然界。为了"进入在场状态",它们必须通过人的头脑和双手。因此,从非形而上学的自然论观点看,第四王国或者存在的深层都是人类可及的,并且是被人类"甄别"的;它们是从人的角度加以规定的。这两者都是对本来独一无二的存在的划分:一个是海德格尔对存在的遮蔽和无蔽方面的划分,另一个是德韶尔对第一王国和第四王国的划分。无论其创造者意图如何,这些东西全都带有人类中心论的特征。按照德韶尔的说法,它们旨在描述某些存在形式的转移,从"(人)可利用的王国转入我们的感性感知的有生命的王国"。在这种情况下,人们自然会放弃德韶尔的奇特的第四王国,放弃海德格尔的神秘的超越现实性,从而直截了当地断言:当银杯这一人工制品的需要或希望被人感知或感觉到时,银杯的理念和构思出现在人的心智/大脑中;在特定的内在领悟之后,这个理念和构思滑过人手,进入外部世界。为什么理念和构思(以及技术问题的理想解决方法)必须在人体之外呢?为什么它们不可能只是人创造出来的东西?发明者的"感觉"是否是一个足够充分的理由?也许,德韶尔希望让人们免于产生内疚感?通过抛弃第四王国和遮蔽的存在领域,我们恢复自己完全的统治权和责任,我们是实施暴力的人。不管怎么说,这些理由并不令人信服。

对暴力的考量带来另外一个隐喻,即征服者隐喻。就现代技术而言,提出断言的做法由来已久:技术是人的权力欲的产物,它旨在将操控强加在自然界之上。人类在这一方面非常成功,从而使自然界在某种意义上淡出,躲藏在人类强加于它的东西之后。根据这个观点,人类已经不再面对"客观的"自然了,仅仅面对被自己植入的东西伪装起来的自然;人类重新面对自己。如果情况真是如此,如果每一种技术概莫能外,那么,我们再次走到了对立的极端位置上,从纯粹的人类工具性转到神那样的

第九章 技术综合

人的统治权。在我们的旅途中,人的统治权最初失去了,然后又失而复得,人工制品的工具性最初被否认了,后来得到重新确认。在这两个观点——助产士的观点和征服者的观点——之间,出现了根本的、迄今为止没有解决之道的对立状态;在技术哲学领域中,这种状态依然存在。尽管如此,经历了所有这些翻来覆去的争论之后,助产士和征服者似乎离开了各自的一端,走到中间位置上来了。从第三种角度看,他们甚至可以联合起来,共处在一个独一无二的场景中。如果情况真是如此,我们将从二元对立态度中解放出来,从与之相随、常常出现在技术哲学领域之内的简单化观点中解放出来。那么,让我们继续努力吧。

人工制品的生产可被描述为这样一种过程:在这里,互相交织的不仅有亚里士多德的四因,而且还有三个基本的子过程。正如前面已经指出的,在物理学意义上,银杯成品是界定明确的空间;一定数量的能量和物质在此积累起来,一个有序的结构——以酒杯的形式——得以确定。人根据头脑里的银杯理念,在自然界中处理信息,进行操作,转移能量,加工东西,于是可能在局部上违反热力学第二定律。工匠按照自己心智/大脑里的酒杯理念,根据该理念形成的那套说明,小心翼翼地"指导"(源于 con-ducere 一词,意思是"引到一起")自己的动作。与盖伦的观点恰恰相反,人体经过特化,适于这种活动。与此同时,在"引导"其活动的过程中,人也在外部世界中"生产"(源于 pro-ducere 一词,意思是"向前引导")该理念的体现形式。人在此将理念导入和引入外部空间。但是,由于该空间并不是未占用的,由于体现需要物体,成功的生产同时也"演绎"(源于 de-ducere 一词,意思是"引开")外部自然的能力,形成银杯的形式。"pro"这个前缀肯定会使人想起以暴力方式"带入"的意思,这与征服的意思类似;"de"这个前缀应该使人想起以温和方式"带出"的意思,这与助产的意思类似;指导将两者结合起来。[1]

发明的实施总是冒险之举,没有确保成功的把握。实际上,由于自然界拒绝接纳性质相异的形式,发明这种冒险活动常常以失败告终。形成德韶尔所描述的这些感觉正是失败而不是成功:技术问题只有一个恰当的解决方法;恰当解决方法——或者说唯一适当的构思——是被发现的,而不是被创造的。在人工制品的制作过程中,某些自然规律(例如,热力学第二定律)必须局部被人违背,但是其他的规律必须严格遵守。并非所有发明出来的形式或者解决方法都被自然界利用;人脑设计出来的东西并非都能进入外部世界。某人最终取得成功时可能觉得,自己让头脑或者理念适应了已经在外部存在的某种事物,该事物已被界定,不愿接受适当形式之外的任何东西。只要在实施发明的过程中,人发现自然界能够利用的东西,发现什么形式适合自然界,发现自然界的可能性是什么,这个人的感觉就是正确的。因此,发明者所做的不过是引出或者带出以前被隐藏起来的东西,即自然界没有显露出来的容纳人的见解的能力。由此可见,助产士和征服者能够并且实际上已经携手并进。这种带

---

[1] 我在这里特意标出了 ducere 这个词根,旨在强调所有这三种过程的共同要素,这就是具有意识的人——引导者。在克罗地亚语中,这三个子过程和这三个前缀可被结合在一个词语"proizvoditi"中。这个词可被拼写为"pro-iz-voditi"。这个词的意思是"生产",而且也是 poiesis 的译语。构成这一复合词的各部分的意思分别是:"provoditi"的意思是实施,实现;"izvoditi"的意思是演绎,引出;"voditi"的意思是指导或者支配。

第九章 技术综合

出——即从自然中引起容纳以前从未在自然中出现过的实体的"意欲"和"意愿"的行为——只有通过"引入",通过在一定程度上的暴力尝试才能发生,而这样的尝试旨在将预先设定形式强加在那些已经存在的形式上面。它创生(allopoiesis)是最终暴露在人工制品的双重性之中的独一无二的综合过程。

我们在此是否至少隐隐约约承认一种经过外化的认知过程?但是,在进行认识论分析——这一点我们在下一节中将要涉及——之前,我们应该完成对这种三分关系的论述。到此为止,我们已经从使用者和生产者的角度,即从"人工"的角度,考察了生产。"制品"的角度——在独立存在的外部世界中独立存在、被具体化的产品的角度——将会让我们了解人与人工制品之间的另外一种可能关系,伊德(1990年)将这种关系称为阐释的。人的理念进入外部世界,并且以体现在人工制品之中的形式出现,这时该人工制品可以表示该理念,可能以代理方式代表它。在这种情况下,人工制品不仅是人体的延伸,而且是经过外化和具体化的意义和符号。经常出现的情况是,人接近人工制品的目的并不是为了实现实际目标,至少并不直接实现,而是通过或者借助人工制品进行阐释;人试图领悟人工制品所体现的意义或者领悟被人工制品具体化的意义。人工制品所体现的至少是人工制品旨在达到的目的或者可被使用的方式。这就形成了阐释关系,这种关系以明确方式出现在符号性人工制品中,例如,在书籍、电话声音、图表或者其他任何"文本"或图像中。

在考古学和某些经验科学领域,我们可以发现更多具有阐释关系的其他具体例子。在考古学中,人工制品本身需要被人解码和理解,考古人员试图重构人工制品的生产方式,试图重构人工制品实现目的的方式。考古人员试图解释人工制品生产所涉及的所有因素,包括亚里士多德的四因以及上面谈到的三种子过程,通过重构来发现人工制品的意义。与之类似,为了理解五官感觉无法理解的世界,现代实验科学家要面对据称可将隐形事物的效应带进可见世界的复杂机器。科学家必须借助这些相当复杂的"阅读技术"——P.希伦(1983年)是这样称呼它们的——来解释遮蔽世界的性质。在这种情况下,与考古的情形类似,人工制品进入科学家的视野;人工制品本身在一定程度上作为对象,同时在一定程度上代表某种东西,或者说,向人们呈现某种东西。[1] 于是,人工制品被当作"它异之物"被人体验,展示人们最初接触时难以理解的东西。它被视为分离的——尽管并非完全性质相异的——对象,视为本身就是现象但是同时也是别的某事物的代理。呈现在人们面前的现象常常并不穷尽其意义,因为它的表象"表示"某种超越它自身的事物。与在体现关系之中的情形类似,这里没有什么明确性,只有可读性。

然而,我们还必须考虑另外一个方面。如果缺乏人类活动的具体语境,人工制品携带的意义和寓意通常是模糊的,不确定的、开放的。尽管寓意或者人工制品的"言语"携带着人的标记(尤其是它的设计目的标记),不过这种寓意或者"言语"是模棱两可的,类似于脱离语境的句子的意义。最好的例子是人们订购的最初见到的全新工业品。产品本身并不告诉使用者所有用途和使用方式;它需要使用手册来进行描述。只有手册或者经验丰富的人才能具体说明产品的使用范围,说明在不同使用情

---

[1] 相关细节请参阅本书第十二章。

况下的正确操作方式。与在言语中的情形类似,最终决定人工制品的"意义"的总是具体语境或者具体情景。

另一方面,即使人没有对人工制品采取主动态度,即使人工制品仅仅出现在环境中,构成不变背景,它们也传递寓意,给人带来影响——无论人是否注意到它们均是如此。如果可以从它们的外观进行解读,它们常常以无声方式产生特定作用。通过适应环境,通过安静地实现它们的功能(例如,给我们的住所照明和提供热量),它们已经成为必不可少的外部环境,不仅是事实(factum),而且是 fatum(命运)。它们影响人的感知和行为;它们以持久不变的在场来改造人的生活。尽管它们需要语境来充分展示其意义和影响,它们自身也可能构成这种语境。

不过,也存在相反的依赖关系。在阐释关系中,意义的存在必须得有解读者,这提示我们,如果任何它创生系统要存在和存活下去,就必须有形成并且维持它创生系统的自创生系统;它创生(allopoiesis)只有作为自创生的组成部分才可能存在。简言之,技术一直并且完全是生命过程的组成要件,是生命策略的组成部分。就在它的所有方面而言,如果不与人和人的生存方式产生联系,技术作为知识、想象和构思,作为完成、生产或者使用活动,都是没有意义的。技术自身没有形而上学力量。无论(在它被吸收进外在于它的目的情况之下)作为工具,还是(在它携带潜在但没有完全具体化的意义情况之下)作为独立的实体时,离开人类的人工制品是没有意义的东西。生存方式带着对世界、对人类的固有的先在阐释,构成框架;在此框架之内,技术获得其定向、焦点、意义、功能和发展轨迹。如果说显而易见的一点是,出自动物的制品——例如,鸟巢、蜂巢等——是其生命形式的有机组成部分,人工制品何尝不是如此呢?人类的技术世界是开放的世界,例如,人的活动场所,但是,与人类生存的其他方面类似,技术也被人的生存方式闭合。

4. 技术理性

我们已经考察了人工制品的存在状态、产生方式以及与人类和自然的联系。[1] 现在,我们必须把重点转到这个问题的认识论方面上来。海德格尔将从"遮蔽"到"无蔽"运动称作"解蔽",以存在实现自身的方式来命名这个术语,将它与希腊语的aletheia(无蔽)一词或者"真理"联系起来。他还指出,在古希腊,techne(技艺)一词与episteme(知识)相联系,因为这两个词语都可表示"对某事的完全掌握;理解和擅长某事"(1977年,第13页)。现在,techne被常常被理解为"技能",而且还被许多人——不过不是所有人——视为一种知识。此外,即使在并不必然将技术视为分析性做法时,人们也往往觉得,技术需要某种形式的理性。第一,如果说推理以超脱——无论是情感或者其他方面的超脱——为前提,那么,人工制品的制作和使用是其范例。正如我们已经看到的,人类的技术存活策略倾向和特化暗示并且带来缓解、延迟,暗示并且带来与直接需要、冲动和满足对象的分离。第二,如果说推理意味着系统步骤——无论是否明确加以表述均是如此——那么,技术尽管并非必然以逻辑或

---

[1] 本书第十二章将会更详尽地讨论人为之物与自然之物之间的关系。

第九章 技术综合

者科学方式出现,然而却肯定是这种有组织形式的有序的系列活动。

现在流行的做法是,将推理视为本质上解决的问题能力和作出决定的形式。例如,G. F. C. 罗杰斯(1983年)是这样描述技术过程的:"从根本上看,工程设计就是考虑每个问题的若干可供选择的解决方法。如果在选择最佳方案的过程中,设计者必须使用自己的判断力,这时,设计者的技巧和经验起到非常重要的作用。"(同上,第65页)显然,没有什么人工制品可以自然地形成,没有什么人工制品可能作为人类引起的幸运偶然性的例子。人工制品必然是由一定程度上具有系统性和组织性的过程形成的;这样的过程采用渐进方式,将人的需要转化为人工制品的设计,然后将设计转化为最终成品;在这个过程中,人权衡每一阶段中所遇问题的可能解决方法,然后作出选择。人类进行的许多活动都可以被概括描述为"解决问题的活动",所以,以这种方式来概括描述技术理性的特征的做法并未告诉我们多少关于技术本身的性质。人在技术领域中遇到的问题肯定与在其他活动中遇到的问题不同。这个问题的关键是这类问题,而不是解决问题或者作出决定的抽象计划。因此,为了理解技术的认识论侧面,在一定程度上,我们需要比这一看法更为具体的描述。

在对技术的通常认识中,甚至在大多数技术哲学中,没有得到适当重视的一点是,技术方面的认知"解蔽"活动并非完全——甚至并非主要——出现在认知主体的头脑中。在它创生(allopoiesis)中出现的这种"解蔽"是一种客观过程,发生在外在于主体的空间之中。它将外部自然中的一部分从一种实际状态转变为另外一种实际状态,这种转变是由外部客体王国中的主体形成的。接着,在成为人工制品的过程中,某种隐藏的东西以物质方式显现出来,让愿意观察的人看见。在人工制品的事实中,最终成品中被去蔽的东西以客观方式固定下来。于是,在技术中,作为(生产-演绎-引导)这三重动量的重要部分,真理或者无蔽(aletheia)出现在两个王国之内——人的心智/大脑的王国和人工制品生成的王国。这形成了与生产动量交织在一起的认知动量,而后者仍旧被认识论所忽视。在现阶段,我们能够做的只是对这个独一无二的本体论兼认识论过程作一概述。

人工制品的生产包括一系列互相影响的转变和丰富过程,它们在前面提及的两个王国中并列出现。它始于理念、计划或假定,而这样的理念、计划或假定以某种方式,由自然、文化或科学需要促动并产生出来。在以前的内部提高过程中,这些需要——被转变为行为动机需要,和被转变为将会引导行为的理念、计划或假定的需要——获得技术问题的形式和结构,被翻译成为技术术语。这种转变是人的神经系统非常适应的东西;它将需要转变为技术作用的前景,转变为经过深思熟虑最终形成人工制品的"行动方案"。于是,通过调动以前的经验和积累起来的知识,通过对环境进行考察,通过发挥想象力的作用,人工制品的试探性设计——即针对问题的最初解决方法——被发明出来。这时,理念、计划或假定获得了人工制品的蓝图的形式,可以付诸实施;理念、计划或假定已经具备进入外部世界的条件。理念具有如何进行必要技术操作的指令,经过人手得以提升,而人手的运动受到相同理念和理念包含的指令的支配,受到浮现出来的人工制品的制约;设计将自身解蔽,展现在外部世界的预先存在的形式上。

在将理念付诸实施的过程中,两种新的转变同时出现。其一,理念面对实在并且经过调整,以便符合预先存在的材料的无法改变的特征——这样的特征在以前的转变中已经预测到或者没有预测到。通过这一面对过程,理念展现出对自然中已经存在但是不可改变的形式的适应性。在理念从内部世界转向外部世界的过程中,生产者发现了理念的自然性、适当性或者(应该还有)真实性的范围。其二,已经存在的自然形式经过成为另一性质相异的东西——即人工制品——的转变过程,展现自然容纳理念的能力,展现自然接受人工制品的设计形式的能力。通过这些同时出现的转变过程,生产者发现抵抗转变的自然的实际形式,发现自然的潜能或者自然的理念性(自然获得"理想"形式的能力),发现理念的实在性或者理念吸收自然的潜能和现实性的倾向。然而,理念的转变并不仅仅是发现在某个位置上已经存在的东西过程;它是互相充实的结果。在这一过程中,理念被实在或者真理所充实,实在被理念,被体现在以前根本不存在的人工制品之中的形式所充实。依我所见,这是出类拔萃的认识过程,具有极大的主观性和客观性,不仅出现人这一主体的内部心理空间中,而且出现在技术操作和客体的外部空间中。

通过人手的不可或缺的媒介作用,心理实体将自身引入周围世界,引出尚未在场的东西,引出本来根本不可能在自然中在场的东西,从而揭示了自然采纳新形式的能力,即吸收理念的能力。借助这种真实的物质转变——而不是单纯观照——的相同过程,人们可见的现实的自然对在此之前遮蔽起来、人眼看不见的特征进行解蔽。在这种情况下,以技艺(techne)方式解蔽的是人类和外部事物或者生物的实际和潜在的、现实和可能的性质。我们在此再次看到双向参照,而且是在双重意义上的双向参照。技术知识既表示主体又表示客体,既表示现实事物,又表示潜在事物。在它创生(allopoiesis)中,知识——或者某些人所说的技术知识——同时既是控制理念从内部形式转变为外部形式的手段,又是相同过程产生的附带结果。它既是制作人工制品的先决条件,又是人工制品制作过程形成的结果。这种融合使知识和经验可能在人体延伸为人工制品的外部世界的过程中,悄声无息地进入人体。在这种情况下,与外化同时出现的内化可能上升为显性知识。以这种方式加以理解,技术知识不可能止步于技能层面。它甚至可能接近科学知识,因为在制作人工制品中出现的情形也在科学实验中出现(而且反之亦然)。此外,前面描述的认知动量是让我们相信实验的唯一适当的认识论基础。它也有助于我们抵抗将实验视为某种纯粹工具性东西的做法。科学领域中的人工制品并不仅仅是验证理论的工具;它们是真理对自身进行解蔽的场所。[1]

现在,让我们就刚才描述的认知动量,就它所涉及的理性的内在方面,作一简要评述。技术思考的核心是人工制品的设计。我们首先发现的是,它具有将多种多样并且常常相互冲突的要求组合起来的能力。例如,在文森迪(1984年)分析的飞机工业中的铆钉设计中,除了文森迪所说的"非常重要的成本问题"之外,[2] 设计师还必须注意"重量、生产质量、结构可靠性、耐腐蚀

---

[1] 请参见本书第十二章。

[2] 我们必须记住这一附带评论,因为它给人工制品增添了一个重要维度。请参见本书第十一章。

第九章 技术综合

性、维护以及外观等因素"(同上,第 548 页)。这迫使设计师采用整体论方式,因为正如康斯坦特(见劳丹·R.,1984 年)所描述的,"设计代表多个层面上的完美,其中包括所用的材料、结构理论上的满意度、最轻的重量,以及任何可能在整体论意义上最佳的其他特征。由此可见,设计要求对只有内行才懂的知识进行整合(综合),而不是对这样的知识进行分析。它还要求作出让步"(同上,第 33 页)。技术综合或者"设计能力"中的整体论要素使这种能力更像艺术家具有的能力,而不是逻辑学家具有的能力。正如莱顿(1974 年,第 3 页)所说,它是"一种结构或者模式,是对细节或者组成部分的一种特殊组合;对设计者来说,具有本质意义的东西恰恰是格式塔结构或者模式"。

技术理性具有的综合性质和整体论性质也许能对这一点作出解释:在涉及技术的大多数当代文献中,技术理性问题——或者作为知识生成过程的技术问题——都是在技术知识与科学知识之间可能存在的差异和关系的语境中加以讨论的。在这种情况下,正如莱顿(1974 年)和 R. 劳丹(1984 年)指出的,两者之间的关系归结为:显性科学知识与隐性技能以及对技术的形象化思考之间的对比。R. 劳丹写道:"人们普遍认为,技术知识大体上是学术研究不易理解的;这个经常没有说出的假设看来依赖如下推理:既然技术知识很少阐述出来,既然这种知识被阐述出来时大体是以视觉——而不是文字或者数学——形式出现的,它并不适合进行文本分析,并不适合进行逻辑结构解释。根据这一说法,技术知识是'默示'知识。"(同上,第 6 页)它也说明了这一现状的原因:尽管有人作出了努力,目前尚无技术分析哲学。

与人和人工制品之间关系类似,我们再次看到人为的二元对立。在分析了美国飞机制造业者发明平铆方法的个案之后,文森迪说明了这种人为性。首先,他得出了结论:"生产技术的开发和对可用力量的判断完全借助尝试错误法或者某种尝试性工程参数变化,在经验层面出现。相关文章和报告中没有援引科学理论,只有为数不多的数学公式,而且仅仅用于基本的工程计算。的确存在大量的分析性思考,但是这样的思考并不是科学完全独享的东西。"(1984年,第569页)接着,他描述了所涉及的两种知识,描述性知识和规则性知识。当然,描述性知识仅仅描述事物的状态,规则性知识规定行为方式,以便实现所欲求的目标。"由此可见,描述性知识是关于真实知识或事实知识;判定它的标准是真实性或正确性。规则性知识是关于程序或者操作的知识;判定它的标准是有效性和成败程度。由此可见,描述性知识可能在一定程度上是准确的,并不受到旨在满足自己需要的技术人员的任意支配行为的影响。为了增加或者减少有效性,规则性知识可以被任意改变"(同上,第573页)。但是,这两种知识并不是互相分离的;正如部分被结合在整体之中,分析性知识或者描写性知识被吸收在综合性知识或者规则性知识之中。

不过,为了提供技术理性的全面情况,在这两种显性技术知识的基础上,我们还必须添上前面已经提到的隐性、无声、无形的知识;这种知识对工程师的判断,对生产者的技术具必不可少的作用。此外,"隐性知识和规则性知识都与方法相关,所以在实践中联系密切。因此,它们都可被描述为程序性知识"(同上,第575页)。当然,我们必须知道,描述性知识与程序性知识、显性知识与隐性知识、规则性知识与默示知识之间的区分不可能是绝对明确、完全清楚的。我们不能忘记,只有在技术理性的整体论性质的范围之内,这些区分才具有力量。

在技术领域中,描述性显性知识可能与科学的分析性思维相关,是与程序性知识交织在一起的。程序性知识包括在一定程度上精确的方法,包括形象化思维和整体论思维,包括直觉判断和技巧的默示成分。如果我们再添上前面分析的它创生(allopoiesis)的传导、演绎和生产的组合,加上它创生(allopoiesis)包含的认知动量,我们可以认为,技术理性的图像变得完整了。在这个图像中,尽管语言常常是模糊的、隐喻性的,它通常为描述性知识服务,有时候也为以明确规定或者方法的形式出现的程序性知识服务。但是,在这种情况下,语言不知何故化解在默示维度中,让位于图像、非语言演示、模仿和经验。尽管技术理性具有形象化和默示的性质,无论语言在场与否,它都在我们大脑的运作中,在我们的运动综合中起到实质作用,因而在人工制品的生产中起到实质性作用。由此可见,我们必须将注意力转向语言。

第十章 语言综合

到此为止,我们可以在不大关注语言的情况下,探讨人类认知的一般条件。前面的论述仅仅暗示了两点:第一点出现在第八章中,正常的生理成熟——即人脑的最后结构——可能要求人接触语言;第二点出现在前一章中,技术认知中的语言标示了描述性和规则性知识与不可言说和默示知识之间的差异。不过,第二章所描述的语言学转向已对任何科学理论都必然涉及的语言的性质进行了探讨。那一转向已将科学的语言维度提升到非常突出的地位,它在重要性方面已经超过了这一现象的所有其他层面。不过,正如我们已经看到的,科学逻辑几乎完全按照其句法层面和描述功能对语言进行研究,对其他所有因素均采取视而不见的态度。这样过于简单化的做法对完整的科学理论来说尤为不当。所以,我们必须重新加以探讨。

在自然主义进化认识论的语境中,人们或许可以避开科学哲学的片面性,其方式是开始从与它的起源相关的问题的角度研究语言;迄今为止,看来尚未提出令人满意的解决办法。这个问题应该并且已经从生物学的角度提了出来。在整个动物王国中,为什么只有人类拥有灵活多变的语言,而不是一套或多或少固定的信号?在这种情况下,这个问题的常见回答如下:语言得以出现的原因是,人类拥有复杂的神经系统、听觉系统、发声系统，拥有巨大的选择优势。这一回答并非无懈可击，但却提出了更深层次的问题，即是什么因素使语言成为一种进化方面的优势？常见的回答有两个：其一，"语言改善了同种个体之间的交流，从而促进了群体性活动"；其二，"语言使人能够学习别人的经验"。在评价这些回答之前，必须在人类学的框架之下重新表述这个问题；人类学认为，人类在生物学意义上是进化未完的、带有缺陷的。那么，这个问题的角度是：语言以什么方式有利于人类的完善？语言的发明抵消了人类的什么缺陷，从而使语言成为一种进化优势？于是，关于语言起源的问题归结为关于语言所起的生物学作用的问题。

再则，如果说人类在生物学意义上是进化未完的，如果说人类的自创生是与它创生混在一起的，如果说认知是技术的组成部分，那么，科学必须顺着这个方向走下去。另外，如果科学这样发展，那么就无法将科学语言与自然语言及其功能分离开来。但是，自然语言所起的作用并非只有一种。迄今为止，表述（或描述）和交流这两种特别突出的作用吸引了语言哲学研究者的全部注意力，当然，语言的作用肯定不止这些。[1] 正如我们将要说明的，自然语言至少还有两个作用，科学语言也是如此。

1. 命名和描述

人们传统上认为，科学语言具有表述关于世界的真理的独

---

[1] 波普认为，语言分别拥有两个更低和更高的功能。前者是"自我表达"或表达功能，以及"示意"或者交际功能；后者是"描述"或者表征功能，以及"论证"功能。

一功能;尽管有人试图将科学语言置于作为论证性社会活动——寻求一致和社会责任在此占据主导地位——的科学话语的更大范围的语境之中,这一传统如今依然拥有很大活力。于是,认识论在将命名和描述视为语言认知表述的本质之后,进而认为语言的功能主要是进行命名和描述。人们使用名词或者代词,对世界上的实体和活动进行命名,然后添上形容词来描述它们的特性。除了专有名词之外,所有这些表示实在的语言成分都是一般概念,它们标示某一组实体或活动。这些实体或活动的特征是由它们的共同特性或它们可能参与的互动类型决定的。我们可能需要动名词,但是不需要动词。其原因在于,在这种认知语言中,构成句子必不可少的唯一动词是动词"to be",它表示"是这一组的部分"和"是 X 的特性"这两种基本关系。在这种情况下,相当自然的下一步是由各个组构成的等级划分,或者根据概括性所做的分类。这使人们得以使用一阶谓词逻辑。逻辑联结并未给结构增加实质性东西,但是它们——与提供包含、排除、交叉等关系的分类一起——对结构加以完善,使人们拥有对科学语言进行理性重构所需的一切东西。或者说,人们过去是持这一观点的。

传统的科学哲学将——已经还原为命名和断言的——语言视为排列起来的符号组成的系统,符号表示现象世界或者真实世界之中的事物和活动。它是面对自然环境的孤独的主体的语言。其原因在于,正如我们已经看到的,句子(以及整个语言)的最终基础在于名称和形容词与世界之中的实体或事态之间的对应。但是,名称与它所表示的事物之间的联系是相当模糊的;或者用维特根斯坦的话来说,将语言挂在世界上的行为是一个"神秘过程"。依附在事物之上的名称是任意的,我们完全有理由相信,不同的语言和文化以相当不同的方式,在语言层面上对世界进行"说明"。然而,人们过去认为,在人与世界的互动中,存在着所有人共有的要素,在每一种语言中肯定存在某些非任意的东西,某种在认知上具有重要性的东西,例如,普遍语法、全面固定结构或者逻辑句法。

此外,人们主要将命名和描述与观察联系起来;它们在一定程度上与感知、识别和从代理的外部世界获取信息的行为一起出现。这一联系非常牢固,有时候——例如,在逻辑实证主义中——其他任何活动都被视为非必要的,重要的只有"说明"活动。不过,盖伦指出,感受环境的方式并不仅仅是感知,而且还进入到环境之中;按照吉布森的说法,人们甚至应将感知视为整个身体和身体在环境进行活动的结果。我们从前面的分析得知,人的感觉空间虽然是开放的,其实并不是无形的、混乱的。人体的形态和生理结构——特别是受体和效应器的形态和生理结构——先天固有或者后先获得的行为模式、外部世界的供给,这些都是强加在代理媒介提供的信息场之上并且与之交织在一起的。人们试图通过技术来闭合这种开放性,进而获得存活不可或缺的具体性和特殊性,这使人所在的环境适应人造物品,并且借此将另一结构添加在现存网状结构之上。不过,无论是生物体所确定的自然条件和环境,还是人工制品都无法给开放的人类带来闭合;它们本身并不给周围世界提供终极意义,不给人们在世界之中的活动提供终极意义。尽管这类结构越来越多,现存的网状结构仍然保持开放状态。

不过,在盖伦看来,进化未完、非特化的生物必须首先在周围世界中从事集中交流活动,因而必须具备进行这种活动的能力;通过这些活动,事物得以体验,以不变状态和未用状态被搁置起来,但是却被赋予意义。他接着指出,已被适应的感觉运动互动场首先提出语言要求,以便支持复杂的结构,然后提供语言可以悬挂的要素或者标示。他认为,探索性运动的意图场带有供名称和描述使用的挂钩,因为赋予体验对象意义,将它固定在经验之中的行为要求给它命名,无论是专有名称或者普通名称都行。人们通过命名,在感觉运活动场所中为自己定位,感觉运活动场所通过命名来利用实体和过程。不过,现在可以根据感觉运动互动和命名,重复以前谈及的关于感知的说法。

语言使用者在世界之中的在场创造出感觉运活动场所,语言要求行为者进行命名和描述,这就是说,建立语言与感觉运活动场所的现象实在之间的对应关系。但是,语言并不止步于描述世界;它将世界与语言使用者联系起来。每一分类都是对世界的阐释,每一阐释都是吸收客体、使其进入生命形式的行为。正如沃尔夫、洪堡特、萨丕尔和其他论者所提出的,世界在某种程度上也被语言本身决定。语言与世界之间的关系既是描述性的,也是构成性的。感觉运活动场所也是如此;它被所描述的因素结构,在一定程度上被语言构成,并且肯定是由语言组织起来的,而且反之亦然。在这种相互确定的过程中,名称依附在客体、活动以及特性上,世界根据语言来加以说明;人类的感觉运活动场所借此获得其最终组成,但尚未实现的闭合。在这个意义上,命名具有构造力量:名称从语言出发,经过神经系统进入外部世界,依附在世界之中的事物和活动上,使世界获得意义,但是,感觉运活动场所像语言本身一样,仍然保持开放状态。

2. 构造

因此,命名和描述本身不可能是人类语言的首要功能,其原因在于,就进化优势而言,它们与信号示意并无多大区别。所以,另外一种功能——或者说另外的若干功能——形成语言的选择价值;就开放生物的闭合而言,功能具有更为重要的意义。人类这一物种带有缺陷,接触各种感觉,拥有很大的运动多样性和弹性;从人的角度看,在人们普遍考虑到的语言的三种作用——即描述、表达和交流——中,看来没有哪一个对这一物种的完善起到决定性作用。无边无际的感觉世界与不确定数量的可能性联系在一起;如果只是在语言中接受感觉世界,将它作为模糊组合的开放世界呈现出来,然后传达给其他人,我们就不可能得到任何实质性的东西。同理,用语言表达出来的内心世界的丰富性在人类的存活中也不能派上多大用场。为了通过闭合这一物种与自然环境的关系,从而提升它的存活可能性,有利于这一进化未完的物种的完善,语言必须发挥更加有力的作用。它不可能纯粹是工具,不可能仅仅描述、表达和交流已经存在的东西;它必须是一种具有创造性的媒介。

盖伦提出的交流——或者我所说的探索——活动仍然是泛化的、不确定的活动,类似于不带任何假定的收集经验性信息的活动。然而,盖伦认为,通过这种具有游戏特征的没有目的的活动,感觉运活动场所在没有任何先在事物帮助的情况下,被赋予意义和重要性。盖伦提出的交流活动假定了与世界之间的一种保持距离、不偏不倚的关系。于是,提供意义和重要性的过程不知从何开始;意义和重要性从天而降。这是不可能出现的。人与其他动物之间差异在于,前者能够从事带来缓解的交流活动或探索活动,这个命题让人的行为处于不确定的状态,它恰恰类似于这样的情形:人工智能的构建者面对等待输入程序的电脑,这就是说,面对白纸状的心灵(tabula rasa)或者纯粹硬件,肯定存在某种东西,它将告诉人们从何处开始探索活动,可以根据哪些原理,分类整理体验到的客体,并且赋予它们意义。但是,根据盖伦的说法,人体并不拥有这样的生物程序或者人工智能程序:它们能够以试探或者原始的方式,提供对世界的最初阐释、参照框架或临时闭合,提供以有意义的方式开始探索活动的基础。

尽管有几个层面的结构活动,大量感觉和在潜在意义上几乎具有无限可能性的运动空间依然等待神经系统引入意义编码。外部成形点需要内部成形点,公开、融贯和有结构的运动需要类似的内部作用,外部的开放性需要内部闭合。但是,新生婴儿的神经系统没有本能,没有与生俱来的动作基模,没有在生物学意义上具体化的对外部世界的任何其他种类的阐释,所以无法满足这一需要。新生婴儿显然具有获得——或者更准确地说形成——最初阐释的能力,不过看来需要外部输入。新生婴儿在"社会子宫中"得到保护,然而要面对环境,因此被暴露——而且必须被暴露——在已经在场的外部意义场之中,以便获得自己的意义场。实际上,"社会子宫"恰恰意味着将人包裹在这样的环境之中,包裹在词汇和有意义的动作的云雾中。

请考虑一下婴儿出生之后最初两个阶段的情况。在出生之后第一年的年末,大脑只完成了30%的产后发育,主要集中在额叶的运动区。这时,小孩可以行走,然而不能说话。在第二年之后,小孩一般可以跑动,上下楼梯,说出由两个单词构成的短语,总共大约拥有50个单词。大脑大约完成了50%的出生后发育。根据皮亚杰提出的观点,小孩这时有了感觉运动智力,可以通过差异化活动来赋予事物意义。这可以称做"盖伦阶段"。在这个阶段中,语言指令可以引起行为,但是不能禁止行为;主要与二足动物相关的基本感觉运动结构的发育获得优先地位。但是,语言慢慢发展起来。

第二个阶段大约在小孩5岁时候结束,这一段时间看来被用于语言能力的形成和感觉运动的进一步发育。小孩处于皮亚杰所说的内化行为、意象和直觉思维的阶段。就质量和容积而言,大脑在这个阶段中实现了出生之后发育的80%。在标准环境中成长的小孩掌握所接触的语言的语法和相当数量的词汇。在这个阶段末期,可以说小孩已经掌握了语言。我们看到,也是在这个阶段中,语言指令既可以启动行动,也可以禁止行为。但是,更为重要的是,这样的指令不再完全来自他人;在表达出来的情况下,自我指导开始控制行为。

在考察这些事实的基础上,费希本(1976年)得出了如下结论:第一,语言能力的形成在这个意义上是导入,即只有完全剥夺正常生长条件的情形可能阻止小孩获得语言;第二,语言能力的形成与大脑的成熟相联系,与运动区发育相对应。这种联系通常被理解为大脑独立的——可能受到遗传程序影响的——发育的结果,大脑为语言能力形成和运动发育提供了必要基础。但是,同样的数据也可被解释为,发育的生物、行为和语言这三个组成部分互相依赖和制约,因为生物生长、行为形成和语言习得是互相影响的。这样一来,语言在神经联结的某些方面的形成过程中便起到重要作用,支撑这些方面的不仅有语言能力,而且还有感知和行为控制。正如巴甫洛夫条件反射的例子所示,当固定的神经通道建立起来之后,接触语言可能有助于完善大脑的组织。对被剥夺正常生长条件的儿童的研究支持这一结论。

通过探讨关于私人语言的可能性这一问题,我们可以进一步说明这个说法。由于命名具有任意性和不确定性,我们无法排除这种可能性:存在只有一个人懂得的私人词汇,存在——无论它多么贫乏——私人语言。我们知道,儿童有时候确实会发明他们自己的"言语";我们不难想象,长期独处的鲁滨孙·克鲁索不断遗忘他的母语词汇,最后会形成他自己创造的词汇。但是,鲁滨孙·克鲁索的思维实验让我们提出其他一些与之相关但已在先存在的问题。如果没有人听,也没人对鲁滨孙·克鲁索说话,他是否会完全忘记语言呢?他是否能够在没有语言的状态下继续生活?

如果语言具有构造作用,对这两个问题的回答应该是否定的,其原因有二:首先,鲁滨孙·克鲁索在语言环境中长大成人,来到海岛时已经有了语言知识,所以这种语言仍然是他的生物结构的组成部分,就像直立姿势和两足行走。正如乔姆斯基的例子(马蒂尼奇,1990年)所示,如果某人失去了在与人交流时使用语言的能力,这并不意味着这个人已经失去了语言知识。其次,更为重要的是,克鲁索需要语言,其目的不是为了与他人(岛上也没有其他的人)交谈,而是为了构成他在岛上的行为和生活。当他路过一棵椰子树时,他可能说出"这是椰子树"这个句子,以便记住这个地方,下次再来采摘。他需要的正是我们在前面强调的东西——成形点;成形点被语言固定在语言中,构成他的感觉运活动场所,使他的行为有序,以便让自创生继续下去,不被中断。由此可见,如果他意外地忘记了母语的词汇,他就不得不发现替代词汇;因为他拥有语言知识,所以能够做到这一点。

然而,假如克鲁索被留在海岛上时是没有任何语言知识的婴儿,那么,对"他是否能自己建构语言"这个问题的回答是否定的。乔姆斯基的这一断言或许是正确的:普遍语法可能是遗传意义上编入的指令程序。但是,看来可以确定的是,就语言形成而言,无论该语言是如何贫乏,必不可少的条件是小孩必须接触某种语言。如果说这一看法——即,在生物遗传意义上编入的指令程序仅仅是习得语言的倾向——是正确的,语言一旦习得之后,就成为最终变得完善的人的生物结构的组成部分,那么,新生婴儿克鲁索由于没有接触过语言,就不能发育出适当的大脑结构和连接。完全成熟的语言不可能当场被发明出来,只能被复制。所以说,没有私人语言,只有私人词汇。

即使留在岛上的除了鲁滨孙·克鲁索之外,还有其他前语言的婴儿,他们自己也不能创造完全成熟的语言。但是,如果他们要存活下去,繁衍后代,很可能出现的情形是,语言经过几代人之后逐步形成。人们可以教黑猩猩学会基本语言,但是,它们绝对不会拥有——而且大概不可能发明——语言。人类做到了这一点,但是花费的时间非常漫长。从这一点看,语言总是公共的;它是群体进化取得的成就,不是个人的发明;除了通过"公共渠道"之外,这就是说,通过人的社会交流之外,语言是无法被传递给新的一代的。

正如有人已经表述的,语言实现许多功能。它们都与大脑的结构过程相关,都与提供对世界的最初阐释相关。语言提供使神经系统得以综合行为的内在框架,这种支撑支架并且闭合具有可塑性的运动场所。如果这一说法是正确的,如果语言提供这种闭合,那么,尽管描述在闭合具有开放性的人类的过程中产生作用,语言也不可能仅仅是对世界进行描述性再现的媒介。同理,尽管交流显然是不可或缺的,语言也不可能仅仅是与他人进行交流的工具。语言必须具有一种全面的维度,一种构造力。

3. 实施

与逻辑经验论分析相比,言语行为理论迈出了重要的一步,摆脱了完全关注语言的表征维度的做法。它采用的方式是强调这一点:说话者在说出一个单词、一个句子或者一个言语片段时,打算完成具体活动,而不是仅仅进行描述。然而,这一步太小了。初看之下,使用语言或者完成言语的行为与其他行为类似,是人的身体活动。它以一种得到控制的有序运动的方式,与神经系统和肌肉产生联系。作为纯粹的语言技能,除了潜在的听话人之外,它肯定不会与其他任何外部客体产生联系;它完全可能仅仅是空洞空间中的一种自由运动,不对任何东西产生效果。根据大多数现代人的说法,一般说来,也许除了人和经过训练的动物之外,言语行为不会对世界产生任何影响。言语行为理论就持这种观点。在这里,注意力从语言与世界之间的关系转向了说话人与听话人之间的关系,从作为表征的语言转向了完成言语行为中言语的形成。然而,除了承认明摆着的现象(即,即使言语行为是关于世界的断言,它涉及希望在听者中形成与所断言的观点相同的信念,所以它也是以言语接受者为目标的)之外,这个理论并未带来更多的新东西。意图肯定是重要的,因为意图将不同种类的言语行为区分开来。但是,听话者实际上不在被考虑的范围之内。这一理论强调讲话者使用语言的方式,或者说强调在完成所谓的"言外行为"的过程中,人们参与了一种由规则控制的活动,而不是强调语言给听话者以及听话者的连续活动带来的影响(马蒂尼奇,1990年)。

当听话者进入被研究的范围之后,考虑到的效果也被限制在他们的心理回应或者至少说语言回应上。维特根斯坦(1958年)写道:"人们对会话中通过语言进行的交流已经习以为常,似乎觉得交流的全部意义在于这一点,即其他人理解我使用的词汇的意义。这是某种心理上的东西:可以这么说,他将它带入自己的头脑中。如果他后来还用它采取进一步行动,那并不是语言的直接目的的组成部分。"(同上,第114页和第363页)言语行为理论感兴趣的是行为,例如,承诺、要求、威胁、劝说,简言之,感兴趣的是语言方面的行为。期望从听话者那里得到的不过是另一个言语行为而已。他们强调的不是这一事实:语言的确影响非语言活动的结构;言语是唯一具有意义的活动。言语行为的结构的活力在于话语,在于话语之中的语言本身的纯粹实例化,在于话语自身声波的物理媒介,而不是在于物质世界之中的其他非语言物理活动。

按照自然主义的说法,让我们再说一遍:从根本上讲,语言既不是表征媒介,也不是会话媒介。它是作为带有缺陷、被迫在世界中以非语言方式活动的生物的人用来完善自我的媒介,是人类用来在开放的世界中扮演助人的角色的媒介。它的主要作用是构造、组织、引导和闭合人们与人为环境和非人为环境之间的非话语互动。在这种基本属于存在层面的作用中,语言首先帮助人将注意力定位在感知域之中的某事物,然后定位在人与该事物之间的关系上;人借助语言,将注意力集中在具体事物上。此外,在一系列有意义的、协调一致的、时间更长的行为必须首次付诸实施的情况下,如果离开特定的词汇串,人们通常是不可能完成这些行为的;字符串将基本活动聚集起来,综合为有序、平稳的序列。如果人们想要得到组织良好、明确定向的活动,就必须被语言所引导。人们的行为与注意力类似,带有松散性、不确定性和弹性,往往会偏离方向;它们与儿童的游戏类似,在空间中自由扩张。语言是一种工具,可以让它们返回正轨,以便保持协调行为、可以在需要时取消的视角。

例如,在准备芭蕾舞演出的过程中,舞蹈设计者必须想象出动作,通过语言,通过草图——或者同时通过这两种方式——来固定动作和动作的顺序。在这个过程中,舞蹈设计者完成一种表达性"言语行为";在该行为中,她对音乐的特定体验以另外一种媒介——即动作媒介——显现出来。但是,这时出现了构造性部分。在排练特定舞蹈设计的过程中,舞蹈设计者和导演做的事情实际上是努力在舞蹈者的身体中体现自己想象出来的动作。尽管有伴奏音乐来辅助表达,舞蹈设计者和导演还是得说一些话,传达一些语言指令,进行一些提醒。舞蹈者的身体动作不断与音乐和语言融合;通过这种融合,舞蹈设计者的概念得以铭印和内化,直到舞蹈者的身体完全进入状态,将声音纳入自己

第十章　语言综合

身体的无声空间之中。

在体育运动中,活动是任务性更强的行为,参与者言语不多,但是也会出现相同的情形。让我们看一看网球教练和学员一起观看该学员打球录像的情形吧。在这个过程中,几乎肯定会出现评论、描述和指令。教练会描述学员的接球方式,例如,指出该学员她与来球之间的距离太远或者太近,她在击球时两腿姿势不正确,手臂用力不当等。再次练习时,学员会以某种方式回忆这些话语,借此改进自己的动作。在这些活动——以及在许多其他活动——中,语言确实进入我们的身体,在体内扩散开来,约束、控制和组织我们的动作,这类似于控制某些生理功能的激素所起的作用。最后,语言完全被身体"包裹",消失得无影无踪,进入神经系统和肌肉运动的化学作用之中;我们再也听不见它们的声音,但是它们却继续产生作用。

这并不是说,语言进入身体,停留在记忆中,保留其语言形式,作为一组固定符号和可能性,以备回忆和再次使用。其原因在于,如果那样,语言就没有离开其语言媒介;在其自身的构造作用中,语言彻底改变了媒介,使它看似消失在沉默之中,在那里继续产生作用。在指导学员的过程中,教练通过语言产生一种无形的、不易捉摸的影响,这样的影响在效力上类似于出现在作家脑袋之中、决定其双手动作的"句子"。

在这种构造作用中,语言需要言语行为,从而形成提示、评论、评述、指挥、命令、要求、批判、赞同行为。但是,在听者一方,期望的回应和引起的回应并不必然是所听内容的心理表征,而是身体动作的组合。语言被接受,吸收,然后转化为某种非语言的东西;它的渗透作用超越可能有时被引起的明显的语言回应。

语言进入身体,形成技巧,或者不如说,语言在形成技巧的过程中起到辅助作用,而技巧可能是生理方面的,也可能是智力方面的。我们以两者互相支持的方式,同时学习语言和行为。通过学习语言,我们也学习如何将听到的内容化为肢体动作。随着我们的身体得以实施言语行为,语言也使我们能够形成其他行为,并且对它们施加影响。

4. 创造

纯粹的表演——例如,舞蹈和运动之中的行为——是对身体运动能力的一种运用,是纯粹的欢娱感觉:自己的身体能够以熟练方式作出这些动作。也许除了球这类无关紧要的辅助品,纯粹的表演并不需要外界的任何其他东西。尽管球可能是球员注意力的焦点,真正重要的是球员的身体。在生产人工制品的过程中,由于在实施中需要作为基本因素的外在客体,所以情况有所不同。整个动作次序被置于外在物质目标——将要出现的人工制品——的影响之下。正如我们在前面一章见到的,形成人工制品的过程始于一系列转换:从需要变为理念,从理念变为蓝图,然后通过由良好实施、妥善安排、协调一致的行为构成的一系列复杂过程,直至设计变为客观的物质存在。人工制品不仅是这种动态过程的有机组成部分,而且是整个实施得以组织起来的中心。

尽管受到将要出现的人工制品的支撑,这个过程在很大程度上也依赖相同的支撑结构,而该结构根据语言提供的明确指令和默示指令,组合任何复杂的实施。人工制品的设计及其将

第十章 语言综合

要出现的形式对行为进行组合,赋予它们结构和意义,而这两者都通过语言得以协调。但是,再次出现的情况是,语言的作用在一定程度上超过协调。在这种情况下,实施从两个方面得到支撑:设计所引导的人体和将要出现的人工制品的形式。这两者之间互动形成的结果是,其一,外部身体被吸引到人的活动之中;通过这一活动,人工制品所起的作用被吸收进语言之中。其二,语言同时被吸收进同一个外部身体之中。于是,语言进行构造的不仅是人的肢体动作,而且还有外部客体。

现在,我们可以在一定程度上,用语言将理念通过人工制品的构建、进入外部世界的旅程——我们在前面描述的旅程——重现一遍。理念或者概念赋予行为初始意义和内容;如果说它没有用语言加以表达,它至少得到了语言的协助。在这种情况下,理念或者概念常常以语言形式实现,经历变化、分类和形象化,最终完成在人工制品的设计和生产计划中的第一段旅程。此后,它常常在明确或者默示的语言或话语的帮助下,继续引导行为,并且在此过程中进一步转变和纠正自身。最后,通过形成必要的技巧,即生产者的具体肢体动作,理念和起到支撑作用的语言进入物质世界,它包括生产者的身体的世界和体外产品的世界。这样,在使用者手册中,在体现在完成的人工制品中的意义中,语言自身与设计者和生产者分离开来,开始在外部世界中独立存在。在那里,它继续影响人的行为,采用的方式是传播意义,吸引经过的人去理解和使用其新的具体化形式——人工制品。

在生产涉及的知识中,一部分以默示方式体现在设计者和工匠的技巧中,另一部分(无论它是描述性的,还是规定性的)明确地表达在蓝图和手册中;与之类似,语言也以两种形式出现。第一种是生产者的技巧吸收的"无声"语言;第二种是在手稿和其他符号手段中外化的语言。理念在经过上述过程之后,以更加丰富的状态出现;与之类似,支撑知识的语言也是如此。语言覆盖整个生产和认知的动态过程,渗透到所有的要素之中,制约并且构造它们,使其重新出现在新语言形式中。正是由于这个原因,整个过程可以用语言来详述、重复和模仿;正是由于这个原因,只有人类才能以"脱机"方式,实施这种生产。

如果你觉得这显得太抽象,那么,请想一想烹饪这种简单的日常人类活动。初次做一道菜时,人们往往从看菜谱开始。菜谱列出了所需食材,描述加工这些食材的方法。与处理语言描述的所有情况类似,我们必须经过某种"阐释",以便使所列的食材与描述的加工方法对上号。经常出现的情形是,菜谱中描述的文字简短,对佐料数量的说明也不太准确,所以,菜肴的质量在很大程度上取决于做饭者的阐释技巧和使用菜谱的能力。在这种情况下,存在着进行变通的余地,所作的变通可能后来在餐桌上聊到。在实施过程——即烹饪——结束之后,菜品被人品尝,聚餐的朋友们可能形成他们的"阐释",试图猜测菜品用了什么食材,是怎么加工,怎么做成的。在整个过程中,语言不仅仅限于描述,也不仅仅是会话的工具;它渗透并且来自做饭者的实施行为、做好的菜品以及客人的鉴赏过程。

有人已经指出,在语言与生产之间存在着相似之处,它超越了表面的相似性,即说话是发出声音。我们现在可以说明这些相似之处表现在哪些方面。说话和生产人工制品一样,都是有意而为的带有结构的过程,它们构成要素形成的等次,因此,我们可以逐一对它们进行分解,直至看到没有意义的基本构成要素:语言被分解为声音或者字母,它创生(allopoiesis)被分解为最简单的行为。[1] 但是在这种情况下,在整个计划、谈话或者人工制品的指导下,这些没有意义的要素可以而且已被重新组合起来,形成无限数量的组态。最后,两者进入外部世界,在那里停留下来,以录音形式、书面文本形式或者以技术产品的形式,表现为另外一种存在。

我们利用语言,闭合自己的开放性,至少就手段而言如此。假设语言带来了遗传"程序"中的缺失部分,人类这时已经完全拥有了"硬件"和"软件"。语言渗透进入人的互动场所的感觉和运动组分,并且将其完全整合起来。我们利用语言,使人造设备的系统得以完善,但是,我们依然并不理解这种闭合是如何进行的。语言的结构和词汇显然呈开放状态,语言形式的可变性是无限的。那么,语言是如何使进化未完的生物得以完善的?

5. 模糊性

在我们回答这个问题之前,我们必须——当然以非常肤浅的方式——讨论一下意义这个难题。在语言表象论的框架中,如何将意义分配给文字和句子的语义问题都被还原为对表述或者命题是真实的条件的具体说明;这种具体说明接着被还原为看似简单的"指向"或"观看"的动作。从语义角度看,这些动作在很大程度上可能有多种解释;若干论者以许多方式说明了这

---

[1] 某种与丹托(1965年)提出的"基本行为"类似的东西。

一点,[1]他们提出的论证在此恕不一一详述。在一定程度上,言语行为理论做得更好一些。这一理论将意义问题放到语言的实际使用语境中,然后清楚说明,如果脱离了实施言语行为的具体情景,我们是绝不可能使句子的意义变得明确的。而且,它还提出了这一希望:如果考虑说话者的意图和语境,我们是可以使句子的意义变得足够明确的。但是,我们究竟怎样才能消除模糊性呢?

我们不是考虑单个的句子,而是考虑 A、B 两人的对话(威诺格拉德和弗洛尔斯,1986 年):

A · 冰箱里有水吗?

B · 有。

A · 在哪里?我没看见。

A 的回应表明,A 的问题和 B 的回答都是模棱两可的,对话已经到达崩溃的地步,需要加以澄清。对 B 来说,"水"这个词的意思并未加以具体说明,其结果是,回答缺乏语境,对 B 来说仍然是模糊的。这里缺失的是对提问和作答背景的具体说明。

这样看来,消除模糊性在于详细说明背景。它沿着两个方向进行:一个"往上",朝向范围更大的语境,一个"往下",朝向情景的具体因素;这种步骤类似于一个良好定义的经典要求。让我们假设,A 大热天在后院玩球,后来走进厨房。可以设想到这一点:尽管没有说明,A 口渴了,询问厨房冰箱里是否有饮用水。如果 A 找不到,如果 A 知道实情,B 的回答至少可以说是不适当的。不过,如果 B 正在阅读关于冰箱工作原理的书,并

---

[1] 其中包括维特根斯坦和奎因。参见本书第二章。

没有意识到 A 要找什么,那么,他的回答可能是合理的,因为他可能想到了冰。在这种情况下,提出问题的背景与作出回答的背景并不相同。即使在问题中加上"饮用"一词,如果 B 觉得,除了冰箱里的冰块之外,厨房里没有饮用水,那么,也会出现交流失败。

这个问题的重要之点在于:第一是消除模糊性行为进行的两个方向,第二是两人都指向某种非语言事物这一事实。通过在描述情景时或者在问题和回答中提到口渴和冰块,可以提供更大的话语语境;该语境可以在某种具体的行为或者活动中取代对话,例如,打球或者读书。另一方面,通过提及没有饮用水或者冰箱里没有冰块等因素,某些具体的情景也可加以详细说明。然而,这不会是(在所有可能的模糊性被消除的意义上)详细说明情景的另外词汇;它们可能向看到或者能够适当想象情景的人进行充分说明,但是举例来说,不可能向计算机进行说明。语言表达、"语言游戏"或者对话网络本身无法具体说明意义,因为这不是使用更多词语的问题,而是非语言背景的问题;背景本来可理解为"可能性组成的空间,它让人们听见已经言说和没有说出的东西"(威诺格拉德和弗洛尔斯,第 57 页)。

正如我们已经提到的,除了专有名词之外,大多数名词性实词是某种"有限的普遍现象";它们与语言本身类似,其设计目的适用于一个以上例证,适合一个以上情景。此外,自然语言是创造出来的,已经逐步变化为人们在具体环境中以具体方式起居、行动和存活活动的一部分。它的设计目的不是为没有实际经验的空谈家服务的。因此,语言本身不必这样具体;语言总是能够而且常常依赖非语言要素,以便对意义进行详细的具体说明。

在实施中,语言进入人体的内部,然后弥散开来;与之类似,语言也进入情景的具体性中,并且在那里到达完善。而且,反之亦然;背景的非语言要素并未言说出来,但是却被"听见";它们进入语言,使意义变得完整。意义延伸出去,进入环境,主要不是朝向作为词语所指对象的具体客体,而是朝向带有可以具体说明和无法具体说明的要素的整个情景。其原因在于,每个词汇、每个句子的意义具有不确定的边缘;这样的边缘指向真正具体的东西、经验层面的东西、普遍存在的东西。这使语言得以进行概括,即便使用它目的是为了表示具体事物时也是如此。语言的作用是为了产生行为,这样行为被组合起来,适合生物需要的环境。这些需要遮断具体的外部情景,所以,语言必须将具体化留给情景本身。语言引导这种环境中的行为,但是它并不提供充分的具体说明。没有什么故事可以取代体现乡村的图画,更不用说取代乡村本身了。

另一方面,意义更广的语境也是至关重要的。文森迪(1990年)只用这三个句子来描述了三种基本平铆方法:"在蒙皮厚度肯定大于圆锥形铆钉头高度时,老式机器沉孔加工[1]证明是适当的(图6-2a)……焊接这类较薄的板材时,正如前面描述的,采用的办法是形成压痕[2](图6-2b)……当内板本身超过了最大值时,解决问题的方法是在蒙皮上形成压痕,然后对内板进行机器沉孔加工(图6-2c)"(同上,第177-178页)。也许,除了

---

[1] 通过使用旋转圆锥形工具切开金属,形成圆锥形凹痕。
[2] 在铆接孔附近压出圆锥形凹坑,让每张金属板变形,然后将平铆头置于套叠凹坑的最外位置上。

"圆锥形的"一词之外,其他的全是日常语言的词汇;如果提供了广义语境,非专业人士也能理解这一段描述。广义语境是飞机工业使用的平铆方法;在制造飞机时,传统的铆接方法使用的铆钉头凸显在板材表面上,从而降低了飞机的速度。在这种情况下,所有这些词汇和句子的意义获得一种矢量,"往上"指向飞机制造的广义语境。请注意,还有由图式参考标明的向下的矢量,我在此没有一一说明。读者稍加想象,就能将它们描绘出来;这样,读者就能感受到语言向下延伸、进入具体行为的方式。

一旦范围更大的语境得以规定,这一语言游戏便宣告结束,大多数术语的模糊性已被充分消除。局部话语的显性规则和隐性规则得到较高和较低背景(即默示和公开的所指与语境)的支持,降低意义的灵活性,于是,对话可以在不被中断的情况下一直继续下去。对话者生活在相对封闭的世界中。但是,还有一些术语的意义仍然是模糊的,其模糊性需要进一步消除。意义矢量这时往下,指向独一无二情景的不可言说的具体背景,接触了底部;在它之下,不存在更具体的事物。然而,"较高"或者范围更大的语境是无限制的。或者说,它看似如此。"水"或者"铆钉"这样的词汇在一个以上具体情景中产生作用,这样的情景处于几个宽泛构想的人类活动之中,例如,居家或者飞机制造。这些活动又套叠在范围更大的日常活动和工业语境之中。日常活动是人的生活方式的组成部分,工业是经济制度的重要部分。诸如此类,不胜枚举。正如德雷菲斯指出的,人工智能程序设计者面临语境等次问题;可能除了整个宇宙的不可编程的语境之外,这样的等次看来没有限度。但是,肯定存在可描绘性更强的上限;就此,德雷菲斯提出,该系列应该终止于"人的生命世界"

或者"人的生命形式"语境。如果德雷菲斯的建议是合理的,那么,所有语境的语境,即"生存方式"(我们在下面一章中将要讨论这一点)应该为消除模糊性提供终极框架。

在《逻辑哲学论》(Tractatus)之后,维特根斯坦所作分析旨在说明:语言不可能面对世界单独存在;意义并不仅仅是涉指和对应;语言的本质在于使用,在于参与人的语言活动和非语言活动。他所谓的"语言游戏"首先是提供语言矩阵的语言语境或游戏的语言规则;可以这么说,意义因此受到"整体"的控制。其次,语言游戏处于具体的人类活动中;它们指向它们之外的某事物,指向非语言事物,指向维特根斯坦用来说明"某事物"的"生命形式"。意义具有适应环境和人类活动的复杂、灵活的结构。意义既与具体和特殊的维度有关,也与环境和活动的层次更高、范围更广的方面相关。我们已经看到,独一无二的具体情景和范围更大的直接语境作为相对闭合的整体,是如何决定意义的。但是,层次更高的语境,尤其是提供非常重要、人们长期追求的确定闭合的终极语境的情况怎么样? 它们是如何对意义进行控制的?

6. 控制性隐喻

我们已经见到限制意义的一种方式;它就是根据包容或者普遍性层次、对感觉运活动场所中的客体和活动进行分类的集合理论。在这里,分类的顶层被包容性最大的范畴和原理占据,底层被表示最具体的意义的词汇占据。然而,除了命名和描述之外,语言还有某些其他的任务;就此而言,构建和控制意义的逻辑演绎方式被证明是不充分的、不适当的。其原因在于,这时人的行为——而不是客体和活动的组合——肯定以系统和等次方式,被语言组织起来;它们不可能被干净利落地安排和划分在组合与有组合构成的组合中。

但是,还有另外一种方式可能对行为实施语言控制,这就是隐喻方式。在《我们赖以生存的隐喻》一书中,莱科夫和约翰逊(1980年)说明,隐喻的作用非常普遍,不仅出现在我们的语言使用中,而且还出现在对我们生活的控制中。他们写道:"隐喻可以创造现实这个理念与关于隐喻的大多数传统观念背道而驰。其理由在于,隐喻传统上被视为纯粹的语言问题,而不是主要作为构造感知系统和实施日常活动的手段。"(同上,第145页)"在生活的方方面面中",这两位论者在几页之后说,"而不仅仅在政治或者在爱情中,我们用隐喻来界定我们的生活,然后在这些隐喻的基础上采取行动。我们进行推论,确定目标,作出承诺,执行计划,所有这些活动的基础是,我们以有意识和无意识方式,通过隐喻手段,在某种程度上构建经验"(同上,第158页)。

隐喻无处不在,迄今为止没有人就此作出解释。但是,根据我们所做分析带来的启迪,我们不难总结出若干理由。我们已经看到,由于语言必不可少的普遍性,即使在非常明确的情况下,语言从根本上讲依然是模糊的,需要非语言现实来完善和消除模糊性。此外,语言经常将自身驱赶到可以表达的东西的边缘,然后却进而越界进入完全不同的媒介。在接近日常物理活动——例如,空间定向和移动——的标准情景中,语言成功地控制根深蒂固的动作基模。但是,在非标准情景——开放的生物常常遇到这样的情景——中,人们脱离日常物理活动的范围,隐喻变为必不可少的东西。

我们以莱科夫和约翰逊详尽讨论的时间为例。人们认为，自己非常了解时间是什么东西，实际上对时间有深刻的认识。然而，当需要对时间进行定义时，人们却不容易找到适当的字眼。一些哲学书籍讨论了时间，但是我们依然觉得，尚有许多东西没有考虑到。当我们面对如此难以捉摸然而又非常重要的事物时，我们求助于隐喻。最常见的隐喻是，"时间是一种移动的东西"[1]（同上，第42页）；而且，这种运动是双向的：其一，时间从未来向着我们运动；其二，我们正在穿过时间，走向未来。在第一类中，我们看到这样的表达方式："当……时，这样做的时间就会到来"，"当……时，这样做的时机已经过去很久了"，"采取行动的时间到了"等。在第二类中，我们可能看到这样的表达方式："当我们经过这些岁月时……"，"当我们将来进入20世纪90年代时……"，"我们已经接近年末……"等。时间难以捉摸，然而是真实的；人们通过它与运动的关系来捕捉时间。于是，人们首先用隐喻方式来描述时间（在日常用法中现在也是如此）；接着，在古典物理学和相对论物理学中，以分析方式（通过速度）来理解时间。在这个例子中，隐喻不仅是修辞手段，而且是不可言说的事物脱离沉默进而在语言中显现出来的方式。

隐喻在语言和情景这两个方面总是不全面的。就比喻性表达而言，比较的潜能难以充分利用。就隐喻试图揭示的意义而言，它很难全部展示。此外，使用的隐喻常常不止一个，在表达时间这类基本概念时尤其如此。在莱科夫和约翰逊这本书描述的许多例子中，有一个特别突出，显示了我们这个时代的特点。

---

[1] 考虑到下面的例子，也许更合适的说法是："时间是运动。"

它就是"时间就是金钱"或者"时间就是资源"。这两个例子说明,在这些以及其他许多使用隐喻的情况下,人们试图用语言表达的是这样的东西:没有什么词汇的字面可以传达它们的寓意,它们可以通过属于另一种情景和语境的词汇、短语或者句子,直觉地加以领悟。时间可能是我们日常语言中最抽象的概念,但是,当我们通过隐喻将它与运动联系起来时,它的抽象性减弱,变得易于理解了。让我们再次说明,使用的隐喻并不是要我们理解时间这个概念;它们的任务更实际,其目的是为了影响和组合我们的行为。显而易见的是,与我们的文化相比,那些不将时间视为金钱或资源的文化以不同方式,调节人们与时间相关的行为。语言控制我们行为的方式与控制我们的表征的方式迥然不同。

为了清楚地了解隐喻影响行为的方式,让我们看一看莱科夫和约翰逊资料库中的另一个经过详细讨论的例子。请考虑下面句子所体现的"争论是战争"这个隐喻:"你的观点是站不住脚的"、"他攻击了你提出的论证之中的每个薄弱点"、"他的批评正中目标"、"我摧毁了他的观点"、"我和你争论从来没有赢过"、"你不同意?来吧,出手吧"、"如果你使用那个策略,他就会消灭你"、"他击碎了我提出的全部论点"。莱科夫和约翰逊正确指出:"重要的一点是要看到,人们并不仅仅使用战争的词汇,谈到关于争论的问题……我们在争论中所做的许多事情在一定程度上受到战争概念的影响。"(同上,第4页)我们知道,在未开化的族群当中,争论可能很容易引起肢体冲突;两者之间没有明显的界线。显而易见的是,即使在学术辩论中,隐喻不仅描述正在进行的事情,而且甚至进入人们的内心,影响人们的行为。隐喻实现这一点的方式是改变来自另一个范围的经验。

我们注意到,这一点(就下面一章的讨论而言)是具有启迪意义的:正如时间这个例子所示,在用来表示争论的隐喻中出现了变化。"争论是战争"已经逐步被"争论是交流"这个隐喻取代——后者模仿了"观念是商品"这一隐喻。我们还是看一看莱科夫和约翰逊所举的例子吧。"对自己的观念进行包装是重要的"、"这个他是不会买账的"、"那个观点不会走俏"、"好观点总是有市场的"、"这是一个毫无价值的观念"、"他是宝贵意见的来源"、"我觉得那个观念一文不值"、"你的观点在思想市场上是不可能站住脚的"(同上,第47页)。

那么,隐喻是如何产生作用的?从本质上说,隐喻是并置。正如我们所描述的,话语的意义取决于具体情景和更广义的语境;两者形成的组合几乎不可能以完全相同的方式重复出现。不过,即使在具体情景中,也有某种与族相似性,与将这一个族聚集起来的原型联系起来。人类活动的语境更易于形成这样的分类。在原型中,这就是说,在典型情景和典型语境中,句子获得其字面意义,该意义听者容易理解。由此可见,隐喻的作用在于将一个短语或者句子从典型情景和语境中移出,放入不同的语境之中,在于将它从该族中移出,放入另一个族中。隐喻要产生作用,新的情景和语境必须与原来的典型情景和语境具有相似性。但是,究竟在什么意义上,这两种情景和语境必须相似呢?对于这个问题,论者说法莫衷一是,我们在此不会详述这一点。我们认为,重要的一点是将隐喻主要视为人们在面对新情景或者开始新活动时使用的一种语言工具;在这种情况下,人们接近了表达性的极限。如果注意到以下一点,我们的目的就达到了：隐喻通过平常语境和情景，进入新的语境和情景，要求人们探索可能的相似性和类比的空间，从而通过这一冒险活动，理解任何字面意义尚未表达——而且也许无法表达——的事物。

莱科夫和约翰逊告诉我们，"隐喻的本质是从一事物的角度来理解和体验另一事物"（同上，第5页）。我们以某种方式，从隐喻中获得一种相似性、联系或者基于直觉的想法，然后找到自己理解隐喻意义的方式。一旦我们摆脱对语言的传统表征感知，一旦我们将注意力集中在语言控制我们行为的方式上，我们就能认识到，隐喻允许并且要求我们进行某些种类的"演绎"或者推知。我们不能轻易地详细说明这种作用进行的确切方式，我们也无法像进行逻辑推论那样，将这种方式系统化和形式化。尽管如此，这种作用这时不是通过另外一个经过演绎的句子，而是以直接方式，使我们从以隐喻方式接触的语言结构进入行为结构。它是一种暗示，一种直觉方向，通过回忆隐喻在字面上表示的另外一经验，给我们指明实施行为的方式。

我们可以将这种与逻辑顺序和作用的类比再向前推进一步。逻辑推论的先决条件是分类，即根据普遍性层次，对概念进行等次排序。莱科夫和约翰逊说明，隐喻也可形成带有某种隶属关系的协调一致的系统，或者他们两位所说的蕴涵。那么，让我们再次使用他们提供的例子。"时间就是金钱"这个隐喻包括"时间是有限资源"和"时间是宝贵商品"这两个隐喻；后两个隐喻被蕴涵在前一个之中。如果我们现在回想起来，观念以隐喻方式被视为商品，劳动被视为资源，争论被视为交流，我们就能发现某种模式，甚至发现一种系统：隐喻在这里围绕共同的主体被组织起来,甚至可能形成等次。当然,这个系统缺乏某种基本的逻辑次序;隐喻总是不完整的,一个概念常常需要几个隐喻才能覆盖。这种蕴涵其实是部分重叠的,因为总是有一部分并不符合的意义。莱科夫和约翰逊说明,隐喻尽管看似不同,甚至是矛盾的,它们通常是协调一致的。所以,人们仍然讨论隐喻系统。

康韦(1989年)在论及语言游戏时说:"在研究人的思考和言说世界的语言游戏的过程中,我们发现,具体命题影响人们关于世界的所有话语。"博根(1974年)提到特定的"激活"命题,它们保持不变,确定语言游戏中的其他概念。"这类激活命题构成一种世界图画,构成对世界的认识。它们说明基本一致性;如果没有这样的一致性,语言游戏就无法进行。这类命题通常是不被提及的"(同上,第139页)。我们可以说,这类命题不被提及的原因在于,它们有可能隐藏在"我们依靠的"隐喻中。因此,语境的范围越大,越普遍,层次越高,控制的层次就越低,范围就越狭窄,越具体,无论以演绎方式,还是可能性更大的隐喻方式(特别是考虑行为时)均是如此。

这样,我们就看到了语言进行的引导、指导和组织——简言之,构造人们生活——方式的整个系列。此外,我们还看某些提示,它们让人们了解语言如何被组织起来,形成一种自行闭合的整体,例如,"语言游戏"或者"生存方式"。在这种情况下,我们已经做好准备,赋予新生过程、赋予语言在其中所起作用适当意义;通过拥有确定生活方式所需的"硬件"和"软件",人类最终对自己进行界定。

7. 闭合

我们已经看到,人的大脑需要外遗传型,需要外部遗传密码,这种密码将被内化,甚至将会完善其有机结构和功能作用。这种密码是用广义语言和狭义语言提供的。这种说法并不令人非常惊讶,乍看来并不是一个十分强有力的陈述;我们都知道,语言传递传统,并且使传统变为可以复制的东西。但是,尽管这个方面并不是未知的,在与语言相关的认识论考虑中,尤其是在研究科学语言的论者中间,它却常常被人忽略。也许,其理由在于这一事实:嵌入在语言之中的语义编码和规则大多是默示的,以无意识方式使用的。它们与人的基因和激素类似,在人的体内产生作用。如果它们被人带入焦点之下——例如,当我们讲外语时,我们集中精力考虑该如何遣词造句——时,这种作用就停止下来。此外,在人的种系发生和历史——或者在某人的个体发生和训练——的任何一点上,语法规则和结构性隐喻并不被有意识地事先表达出来。它们通过历史进化发展而来,这类似于遗传基因经过生物进化的情形。

语言的遗传方面脱离了人们的关注焦点,其原因在于,语言实现构成功能和遗传功能的典型情景——即教学——没有成为科学哲学研究的课题。[1] 在哲学人类学领域中,为数不多的学者将这一点提了出来,承认它在概括说明人的独特性和进化时

---

[1] 在库恩的思想问世之后,本应出现变化,但是情况并非如此。

所起的重要作用,威尔森也名列之中。[1] 他写道:"在我看来,教学艺术得到发展,作为总体的文化艺术(或者说科学或技巧),这是人类取得的重要成就。就这一点而言,我想修正这一陈旧说法,即文化是通过学习或经验等获得的行为;更确切地说,文化是通过教学获得的行为"(1980年,第146页)。"通过教学获得的行为"这个说法仍然显得委婉,并未充分说明"教学艺术"的重要性。但是,它给人启示,说明我们尚未充分认可语言所起的重要作用。在该书的前面章节中,威尔森谈到了劳伊克-古道尔(1978年)在黑猩猩实验中注意到的这一有趣事实:有的黑猩猩看到了同伴费根、菲菲和埃弗里德是如何打开装有香蕉的盒子的,然而却无法重复它们的行为。因此,我们看来可以这样说,如果技巧比较复杂,仅仅通过简单观察和尝试性模仿是无法学习和掌握的。当然,费根和其他黑猩猩并未想法教它们的同类。教学行为并不是黑猩猩的行为系统的组成部分;同理,语言也不是黑猩猩的行为系统的组成部分。

在这部著作中,威尔森还报告了涉及人类的类似实验。克拉克[2]把东非奥尔德沃文化的工具分配给自己的研究生,并且演示如何制造这样的工具。那些学生通过观察他的行为,模仿他们看到的做法,复制了这一技巧。毕竟,他们是研究生。不过,当用勒瓦娄哇文化的工具进行类似实验时,那些学生却无法重复克拉克的行为。威尔森得出的结论完全正确:这里必须使

---

[1] 关于其他人的情况,请参见哈纳德、斯特克里斯和兰卡斯特(1976年),以及布鲁斯(1983年)。

[2] 相关报告参见沃什伯恩、舍伍德·L.和露丝·莫尔(1974年)。

用"某种形式的分析性指令"。威尔森在书中并未解释"分析性"在这里是什么意思；不过，我可以猜测，它的意思应该是某种形式的语言解释，或者说，至少某种语言方面的辅助，它不仅出现在演示过程中，而且还出现在指导学生制作工具的过程中。另一个显而易见的结论应该是，尽管涉及图示性和默示性，即使在勒瓦娄哇文化的工具这类复杂程度较低的情况下，技术策略也无法在脱离语言的状态下得以维持。

语言是教人做事的行为过程中不可或缺的因素，其原因在于教人做事的行为情景的特殊性。在本书前面的章节中，我们已经努力说明正在进行的具体行为与语言之间的密切联系；我们能够看到，它们是如何互相支撑的。我们也可以理解，为什么说人类的语言主要是用声音来表达的：一旦人的嘴巴和牙齿被从发现与提取食物的功能中解放出来，言语就能伴随双手的动作。于是我们看到，在教人做事的行为活动中，所教的行为并不是"真实的"，而是假装的。在这一过程中，一种行为——例如，投掷长矛的行为——脱离了真实生活，脱离了日常活动，在完全不同的语境中"被表演出来"，这是经过训练的表演语境，类似于仪式、节日或者戏剧。在文明之初很可能出现的情形是，在"表演性"活动与教人做事的行为活动之间是没有什么区别的。也许，某些岩画属于教人做事的行为仪式，伴随着"毕业"典礼；通过这样的"毕业"典礼，小孩跨入了成年人的门槛。在许多仪式中，讲故事或者唱故事以及其他所有的语言表达形式都伴有舞蹈这样的肢体活动，使身体作出刻意而为、经过组织和指导的动作。在这些并置的"假装的"情景中，动作以象征的"脱机"方式重复；这样的情景不仅是语言使用的理想场景，而且它们的实施也是以语言为前提的。如果说教育一词的意义意思是,在并不直接参与真实生活的情况下,实施"脱机"行为或模拟行为,从而获得他人的经验,那么,无论使用什么手段,那些手段都是在脱离其适当语境的情况下使用的。这种新的假装的语境增强对所用手段的"隐喻性"理解。从隐喻的角度看,教人做事的行为总是利用隐喻来完成的。

根据以上讨论,我们可以得出最后的结论:语言的适当进化优势和源泉在于教人做事的行为。在教人做事的过程中,而不是在围着火堆聊天或者群体打猎(顺便说一句,打猎是在完全无声的情况进行的)的过程中,作为复制生存方式的遗传密码的语言的发明得到充分的生物学证明。从原始人类进化的发端起,如果没有语言——无论它多么原始——祖先们就无法将收集食物、狩猎、制作工具和保持火种过程中获得的经验传授给别人。能人(Homo habilis)的奥尔德沃文化与直立人(Homo erectus)的阿舍利文化之间的差异标志着两者之间的界线,这意味着其中可能涉及完全以口语方式表达的语言。如果上述观点成立,显而易见的一点是,通过发明得到语言支撑的教人做事的方法,人类获得了体外遗传物质和表观遗传机制,遗传"密码"或者"程序"通过它们进入人体,使其得以完善。正是得到语言支撑的教人做事的方法使人类得以世世代代维持自己的开放性和人类这种自创生,即技术存活策略。人类"社会子宫"的表观遗传系统包含非常脆弱、已被弱化的遗传材料,这种材料嵌在人的声音和它所产生的空气的震动中,震动持续时间很短,消失之后不留下物质痕迹。此外,如果在人体之内没有找到特定的共鸣,这类震动根本不会留下任何痕迹。但是,人类已经创造出系统的"教

第十章 语言综合

育"活动网络,已经用发送信息的人工制品填补空间,已经构建了社会关系网。总之,人类已经形成了支撑这种脆弱的遗传材料的社会符号系统,使它能够实现其功能。

因此,我们没有理由不将语言组视为与遗传型类似的符号系统。语言组可被理解为已被吸收的密码(或者软件);个人作为以特定方式生活的局部人群的一员,在自己的社会个体发生过程中借此得以完善。语言组可被理解为个人已经内化的语言和语言所携带的密码,语言组利用取自语言和个人所在文化的其他符号"基因库"的材料,补充个人的生物遗传型。

我们还可以将语言材料与生物基因材料之间的相似性再推一步。人们在传统上认为,两者均都具有原子或粒子性质,即都是由原子句和粒子遗传型成的。如今,我们已经清楚地了解到,在遗传型之中,肯定存在整体对组成部分的某种控制,存在遗传型的整个设计对具体基因暴露的某种控制。在维特根斯坦和奎因的理论问世之后,我们已经清楚了解到,语言结构以及语言组表现出类似的整体性;这样的整体性确保,大多数人在大多数时候在一定程度上表现出协调一致的行为。语言组是对在具体文化和社会历史中形成的传统的具体化,这样的传统从祖先传导到后代,提供一种内在架构,在协调一致、封闭的整体中将表观遗传系统的要素组合起来。任何人都从接受的材料中形成自己有限的(闭合)密码,这样的密码不断引导和组合人在本来无限的感觉运活动场所中的行为。语言组既不是私人语言,也不是个人建构的语言。语言组是我们发现自己使用的语言,这种语言出现在任何反思或者推理活动之前,出现在我们开始自己独立的个体自创生之前。它提供我们所寻找的东西:对自己所在的感觉运活动场所最初阐释。这种最初阐释既不是以某种一致性形式出现的社会建构,也不是对个人经验的完全的私人建构;它是从社会历史和个人历史中发展而来的某种东西。

在使一种传统和文化有别于另一种传统和文化的诸多因素中,肯定包括所使用的隐喻。前面描述的隐喻所暗示的时间概念肯定与中世纪农民或者古代祭师的时间概念迥然不同。如果协调一致的隐喻系统提供对具体文化特有的语言组的总体控制和一致性,人们是否会觉得惊讶呢?对并不强调逻辑、理性分类和演绎推知的系统文化来说,这一点几乎肯定是存在的。我们还可以肯定的一点是,正如我们对商品隐喻和资源隐喻的强调所提示的,在当代文化中,存在着包罗万象的隐喻,它们将我们的感知系统结合在一起。

由此可见,遗传材料与语言之间的相似性可能让我们更好地认识语言与实在之间的重要的令人感到困惑的关系。在第六章中,我们已经讨论了遗传型与生物的微环境发生联系的方式。我们稍加想象就不难看到,我们可以借用那种分析,研究体现外遗传型的语言与语言的自然和文化环境之间的关系。借助这种相似性,我们看到了重要的一点:语言组与遗传型类似,其目标并不是反映和构成实在的图像,也不是成为对实在的未经媒介作用的对应,而是要生物体或者人与实在打交道的过程中,在他们与实在的选择性互动中,在他们的发育过程中,提供引导。

随着语言的发明,原本带有缺陷的生物这时有了成功存活策略所需的所有要素;就工具而言,一种开放的生物按照生物特征的要求,最终进入闭合状态。这种生物拥有人工制品来补充带有缺陷的形态,拥有语言来对负担过重的神经系统进行构造,转移体外程序,拥有各种随意的、仪式性的或者刻意的教学行为来提供让语言完成其结构作用的机制。语言承担遗传角色,这时终于闭合意义的系统,以便使以技术策略为导向、进化未完的非特化生物得以存活。然而,为了起到这一作用,语言本身必须——在语义层面上——提供完整、表达清晰的闭合密码。我们已经看到,存在着一种看似开放的语境的等级划分,意义"从下面"得到对人所面对的任何具体情景的支撑。在这种情况下,仍旧缺失的是那种具体的东西,可能是一组基本隐喻;那组隐喻终止该等级划分,使那种特殊生存方式的具体语言组得以完善。维特根斯坦所作的分析建议,作为非语言场景的生活形式闭合语言游戏,并且——根据他的说法——为语言游戏提供基础,我们必须寻找这样的形式。我们已经从生命概念、生存方式出发,接着讨论了人作为进化未完的生物的特殊地位,最后研究了他们的完美设备;这样,我们已经做好准备,重新思考这一建议,这就是说,寻找对人的不同生存方式进行编码的隐喻。

第四编 现代科学

第十一章 科学与现代性

我们使用大量篇幅,讨论了生物综合、神经综合、技术综合和语言综合,然而我们仍然停留在开放的领域之中;技术和语言本身是开放的系统,人类的生活仍然可以选择许多途径,采取各种各样的方式。这使人成为历史生物。人类的每一种生存方式都是特殊的闭合整体,被这一物种的总体设计所架构,但是,由于技术和语言具有开放性,方式的多样性使可能性空间维持开放状态。不是特殊存在方式的开放性,而是闭合生存方式的多样性构成作为进化未完的历史生物的智人(homo sapiens);这一物种的成员拥有相同的开放形态,但是具有以不同方式闭合的动物行为。同一个物种的闭合存在形式的这种开放多样性(即历史性)是人类特有的全新解决方法,其目的旨在适应开放和闭合两者之间的辩证关系。根据这种辩证关系,我们在本书中的讨论从生命的定义开始,接着涉及生命的进化,最后谈到生命在体外结构中的延伸。

有人认为,构成人的基本组成部分——即人体、大脑、技术和语言——对人进行完善和具体说明,然而它们本身是不完善的、开放的,缺乏自身的内在意义;这一事实也给描述人的生存方式带来了难度。其原因在于,从生物学的角度看,开放的人通过一些途径使自己完整,那些途径反过来也需要人的计划来加以完善。奥尔特加-加塞特说,技术是"人的可变程序的一种功能"(米查姆和麦基,1972年,第302页),而不是该程序本身。而且,这一观点也适用于语言。不过,成为可变程序并不意味着摆脱了所有限制;当然,最重要的限制是生命性质本身所要求的闭合。[1] 技术和语言并不使人摆脱成为具体、确定的生物的必然性;恰恰相反,技术和语言以具体化为先决条件。但是,技术和语言并不制订计划;它们服务的最后目标和闭合来自其他方面,尽管这里所说的"其他方面"并不是独立于技术和语言的。技术、语言、人体以及人的神经系统,这些全都是一个巨大的相互完善的循环系统——人的自创生——的组成部分。为了具有可生存性,这个循环系统围绕着确定、协调一致的生命支撑互动运行,这样的互动以具体和实际的方式,将互相完善的部分组合起来。"人的可变程序"至关重要,是具体的生存方式,具体的自创生方式。由此可见,我们现在应该具体阐述人的计划,至少应该概述促成现代科学的兴起、带来现代科学结构的人类的特殊生存方式。

1. 人类的自创生方式

从本质上看,人的生命与任何其他的生命形式类似,由人类维持对抗熵原理的过程、自创生过程和繁衍过程的方式构成。尽管奥特伽提出了颇具浪漫色彩的观点,生物特征依然起到十分重要的作用。然而,技术和语言的媒介作用带来大量新的可

---

[1] 参见本书第五章。

第十一章 科学与现代性

能性,这不仅使人进入从亚热带到南极这样不同的环境,而且有助于人以不同方式,与相同环境进行互动。正是这种媒介作用改变了人的自创生,开启了人类的历史。人类的"生存方式"——还有奥特伽所说的"程序"——是技术和语言的媒介作用的工程,这类工程的构成围绕维持自创生不可或缺的与自然环境的那一组互动。这种技术和语言的媒介作用工程具体说明与自然和其他人相关的行为系统,并且对其进行闭合。在所有可能行为的开放领域之中,分割出确定的部分。它设置范围,将结构强加于行为的多样化之上,强加于人工制品的多样性之上,强加于语言形式的多样化之上;它规定了可利用环境的可能性——或者说供给——的范围,将世间事物和活动的意义与影响具体化。[1] 这种工程闭合开放生物的存在形式,界定人类在出生时发现自己所处的栖息地,使有限数量的可能性进入运动状态。具体来说,它是人在日常生活中所进行的那一组媒介活动,例如,收集食物、狩猎、耕种、建造安身之处、在工厂或者办公室上班等;这类活动得以实施,作为整个可持续生命工程的基本要素。

所以,得以确定的不同的媒介工程是人们通常所说的文化。其原因在于,正如克里福德·格尔茨所指出的,"我们不应像迄今为止人们通常所做的那样,将文化视为具体行为模式——习俗、用途、传统、习惯——的复合体,而是作为制约行为的一组控制机制——计划、制作方法、规则、工具(计算机工程师所称的'程序')"。这是因为,"人恰恰是这样一种动物:他们非常依赖

---

[1] 总之,它规定哲学现象学中所说的"生活世界"。

这类非遗传的体外控制机制,依赖这类文化程序来约束行为"(同上,第44页)。因此格尔茨还认为,核心机制是"使人的固有能力的范围和不确定性被还原为人所达到的实际结果的范围与具体程度的机制。关于人类的最明显的事实之一可能最终是,人们开始时都拥有过1000种生活的天赋能力,但是最终仅仅过了一种生活"(同上)。

由此可见,我们可以这样理解:经过技术媒介的互动组与经过语言媒介的程序之间的关系类似于维特根斯坦所说的"生活形式"与"语言游戏"之间的关系。[1] 因此,当我们谈到"经过技术媒介的互动组"或者"生活形式"时,我们像维特根斯坦一样,心里想到的可能是某种与下国际象棋或者建筑房子类似的活动,我们可以将它与语言的特定词汇和使用规则(即"语言媒介的程序")联系起来。但是,从自创生复杂循环的角度看,这类活动对生命而言是初级的、片段的,不可能被视为更全面的东西的外观或者表现形式。在这种情况下,"形式"一词意味着生活的某一部分,生活的一个侧面,生活还有其他许多方面。即使直接与存活联系起来,这样的东西也不能代表生活本身。这类活动不能作为具有调控作用的整体的生存方式的示例。

这迫使我们转向更高的层面,转向通过与关注存活的人、活生生的个人发生联系而获得统一性的活动组。个性通过个人从事的活动组表现出来。所以,有的人可能建造房子,打网球,洗碗;有的人编制电脑程序,看电视转播的足球比赛,下厨房做饭。每个人都——以有规律或者无规律的方式——从事一组有限的

---

[1] 请参见格特鲁德·康韦(1989年)。

活动,该活动组至少代表这个人的个性的一种外部表象。我们当然可以将这样的活动组称为人的"生命样式"。在此使用"生命"一词是有充分理由的;在这些活动中,有的部分肯定与"谋生"相关,与生物学意义上维持生命的活动相关。

但是,即便最原始的人类社群也对必不可少的互动进行某种功能分配,即对不同的作用进行分配,以便维持局部种群(顺便说一句,这或许是自然选择的主要单位)的生存,个人的生命样式通常不是自足的自创生方式。鲁滨孙·克鲁索这个例外证明了这个规则。假如一种生命样式是一个孤立的人的排他性创造和拥有的东西,作为个人历史的特殊结果,从物理学和生物学角度看,这是不可能的。至少在"社会子宫"中应该存在内化的语言组;舍此便不可能出现什么个人历史。完全独创的私人生命样式的不可能性与私人语言的不可能性相关,而且反之亦然。意义并不依赖孤立的个人对语言的使用,而是依赖属于具体历史社群的个人对语言的使用,每一种生命样式都依赖社会意义上继承而来的意义系统。鲁滨孙·克鲁索的生命样式的大多数要素源于他曾是社会一员时所获的知识,他在新条件下用以维持生命的许多人工制品也源于那时所获的知识。在某种意义上,无论他的新生命样式看似多么特殊,他其实继续了以前成长时所形成的经过改变的社会生命样式。

显而易见的是,我们必须考虑更高层面,考虑高于个人生命样式的层面,即社群生命样式的层面。如果要提供闭合,社群生命样式就不能仅仅是剖面,不能仅仅是局部种群成员的个人生命样式的共同要素之组,也不能是所有人的生命样式之和。它必须是一个系统,一个具有统一作用的整体,必须是在种群之内分配支撑生命的互动所形成的计划,而这种分配包含一个协调一致的有效的核心部分。它必须包括社群每个成员存活必需的所有要素;从这个意义上说,就其本身而言,它必须是自足的、确定的、闭合的。它必须形成完整的自创生,但是并非必然被任何个人的生命样式所体现。

在通过例子来具体说明社群生命样式之前,我们应该提出若干一般性评论。在旧石器时代晚期,技术策略得以充分发展,大量可能性被技术和语言开启并证明,验证开放生物的开放性;不过,这些可能性并未立刻随之展现出来。在人类历史之初,人类并不支配自己使用技术和语言的能力所提供的全部选择。不同生存方式的可能性以及它们的实际实现形式以缓慢方式持续发展,经历了漫长过程,发现和发明,寻找和创造,尤其是通过悉心传递给子孙后代的方式,保存了所取得的东西。我们所说的历史这一发展过程是一个零碎的无指令程序的偶然进程,与生物进化颇为相似。

再则,人类生存方式的多样性一方面以行为的多样性、人造结构的多样性、语言的丰富性和灵活性为前提,另一方面以这些活动和人造结构的闭合组合为前提;人类生存方式的多样性并不排除人类不同的自创生方式中共同要素的存在。恰恰相反,人类独一无二的结构使不同生存方式以不同方式实现,使相同的基本存活策略呈现出不同的变体。但是,这一组共同要素——例如,我们在前面三章中讨论的共同要素——并不单独构成确定的可生存整体;只有它在实际时空中、在实际的社群中的多样化的具体形式才能构成确定的可生存整体。生物在这个世界上的生存是在时空之中的具体存在,被赋予某些具体的生

第十一章 科学与现代性

物学特征,被赋予某些现成的东西和文字,首先被赋予前辈们传递下来的对世界和自身的某种先在理解。历史与进化类似,从一个实际、具体的生活世界转移到另一个生活世界,从来没有失去其贯穿始终的共同主线。

但是,在这一持续不断的转变过程中,存在着一种基础,让我们去考虑如何对具体社群的类似自创生进行分类,这与我们将不同的土生动物种群划分为同一物种时采用的方式相同。毕竟,与有机体形式、与物种概念和进化概念的相似性是不可抗拒的。这一个是有充分理由的;物种的特性取决于其独一无二的生存方式。由此可见,在历史的长河中,既存在着突变和变异,也存在着生存方式的扩展。同理,人们讨论家系、家谱树和诸如此类东西的做法也是有一定道理的。从同一个角度看,我们可以认为,作为核心的人类的任何具体生存方式在一定程度上是恒定的,不随局部环境和社群生活方式的局部变化的影响而变化。

由此可见,与所有一般概念性类似,我们无法在脱离具体示例的情况下精确界定生存方式这一概念。那么,我们在此应该停止抽象讨论,转而求助于人类学和历史,以便找到具体的社群类型和分类,找到它们在不同生存方式中的分类。我们这样做的更为重要的理由在于,从宏观角度看,如果一种生存方式被视为协调一致的、稳定复制的自足整体,那么,并没有多少作为分类学单位的候选对象。根据历史上出现的顺序,人类的生存方式大概是:(1)旧石器时期的狩猎者和采集者方式、(2)后来时代的新石器式农夫方式、(3)农业封建文明的贵族方式、(4)现代的企业家和商人方式。当然,还存在着这几种方式混合的情况和更细划分的情况;不过,如果我们集中讨论人与世界之间的维持生命互动的基本种类,这四种方式几乎可以囊括全部范围。

在本书中,已经进行的探讨具有更具体的目标,所以我们无法详尽说明或者论证这些或者更加细化的分类。我们的目标仅限于寻求对现代科学这一具体现象的认识,探讨科学与形成科学、继续保持科学作为其部分的生存方式的关系。生存方式形成科学出现的条件;因此,我们将通过直接研究其中出现的变化,试图说明人类的生存方式的概念。然后,我们将提出对现代生存方式的论述,讨论生存方式与现代科学之间的关系。

2. 城镇革命与科学的兴起

科学的发展已经迈出了三大步:古代农业文明科学、古希腊科学、现代科学。科学发展的开始与人类生存方式的历史变革中的第二次伟大"革命"——"城镇革命"——联系在一起。[1]"城镇"一词并未准确地表示当时进行的那一革命进程。集镇或者城市在物质意义上的崛起仅仅表示那一非物质过程的一种表面的物质侧面。在最早的集镇中,人们见到的只不过是建有宫殿或寺庙的大型村庄而已。[2] 但是,宫殿或者寺庙显示至关重要的差异,标示了在那时的集镇居住者之间出现了一种特殊的存在关系。

这种新的存在处境的主要特征是负面的:与更早时期的大

---

1 第一次是新石器革命。

2 关于村庄、城镇化村庄和集镇之间的关系,请参见 N. S. B. 格拉斯(1922 年、1969 年)。

第十一章 科学与现代性

多数集镇居民不同,那时在宫殿和寺庙之中居住的人并不是在附近白天田野里劳作、晚上在集镇中睡觉的人。那些人的存在处境并不是人们通过维持生命的生产活动——例如,狩猎、采集、耕种或者驯养牲畜——构成的,并不是通过与自然的互动构成的。把新石器时期定居点变为集镇的人首先是统治者和官员,后来是军人和神父,然后是数量日益增加、为宫廷服务的商人和工匠。那些人既不生产,也不提供基本的生活必需品。旧石器时代的狩猎者和采集者、新石器时期的耕种者以及古代文明的农民都从事基本生活必需品的生产活动,因而与自然密切联系,将自然作为自己的家园和维持生命的物品的源泉。然而,城镇人切断了与自然之间的这种维系生命的关系,他们失去了自然家园。

由此可见,城镇革命的特征是一个新阶层的崛起。在旧石器时期狩猎者和采集者的生存方式中,在新石器时期农耕者的生存方式中,原始开放性曾被成功闭合。对这个新阶层来说,由于完善周期已被中断,开放性被重新开启。与人类的唯一生命源泉——大自然——之间的维持生命的互动被中止了,于是不完善性重新出现了。没有什么生命形式能够在进化未完的状态下存在,城镇革命肯定形成了某种方式,从而使这类人的存在是闭合的,并且借此变为可能。这样的方式只有一种;这样的闭合必然通过他人来实现。那些人实际上保持与自然的自创生互动,他们能够形成足以维系生存的方式,以维持他们自己和当时的城镇人口的生存。由此可见,城镇革命形成了在存在意义上不是依赖大自然而是依赖他人的群体,该群体与自然的关系,与每个人存在的终极资源的关系首先被中断,然后通过他人联结起来。

人与自然资源分离开来,其不完善性形成巨大鸿沟,有两种方式可以将它缩短,以便获得来自他人的帮助。一种方式是政治的,另一种是经济的。两种方式都属于社会关系,通过这样的关系,城镇阶层存在所依赖的那些人的作用可以得到保证。前一种方式依靠被称为国家的制度,后一种方式依赖被称为市场的社会网络。古代文明取得的最伟大成就既不是集镇,不是城镇阶层,不是任何具有创新性的技术发明,而是国家制度。在这样的制度下,根据威尔森(1980年)所称的"承诺与责任",古老生存方式的人际关系被权力与服从关系取代。后来出现了市场。我所说的"贵族生存方式"是国家统治者、宫廷人员和管理人员的生存方式。他们的生活世界是国家的世界,那时城镇中的其他人群的生活世界也是如此——一般说来,其他人群以某种方式为宫廷服务。新石器革命是带有社会结果的技术革命,城镇革命是带有某种技术结果的社会革命。值得指出的是,尽管许多文明兴起或衰落,农业技术直到中世纪后期才出现实质性变化。技术创新主要与新阶层的生存方式带来的需要产生联系,例如,发明了武器,生产了奢侈品。这说明生存方式对技术发展的控制是多么的巨大。

总而言之,城镇革命为可能的个人生命样式开启了新的广阔天地,我们只需简单理解城镇人口的情况就可清楚地看到这一点。此外,城镇革命还提供另外一种多样化资源,这就是国家得以组织然后产生作用的方式。古埃及、中东、印度、中国和美洲的文明在许多方面各不相同,但是,它们都具有这一基本关系:某些人的生存不再依赖自然,不再只是受到人工制品和语言

第十一章 科学与现代性

的媒介作用的影响,而是依靠他人,受到以权力和服从为基础的社会制度的媒介作用的影响。这一共有的基本关系也是理解科学兴起的钥匙。

波普、库恩及其追随者强调科学发展的问题,科学与人类的其他活动之间区别的问题被科学所取得的历史成功这一问题所取代。因此,越来越多的人试图将历史和科学的历史性作为一个重要问题来加以探讨。但是,科学的历史起源问题并没有以适当方式加以研究。经典竞争对手——即逻辑经验论和科学实在论——和自然主义认识论都以某种方法假定,存在着普遍的人性,从而存在非历史的科学基础;这意味着,科学没有真正真实的历史特性,只有普遍构成的不同的或者延迟的历史表现。[1]正如我们已经看到的,那时有人理所当然的认为,存在着基本的理性;只要环境因素有利,理性足以让人从偏见、迷信、教条主义态度——总之,从任何形式的偶像——中解放出来,科学就会从这种理性中冒出来,这类似于花朵从胚芽发育长大的情形。

然而,我们所作的分析以强有力的方式显示,只有在生物与环境的选择性互动中,人类的认知才能找到证明和来源,所以说人类的认知与其他任何形式的认知类似,与物种的生存方式密切联系。因此,在人类的不同生存方式中,人类应有不同形式的认知,而科学应是其中之一。其原因在于,显而易见的是,科学是在最早的文明问世之后出现的,科学的起源——或者说科学从最早的文明中产生的方式——的史话应该有助于我们理解人类的认知形式与人类的生存方式之间的联系。如果以上论点成

1　请参见马克斯·W.瓦托夫斯基(1979年)第七章。

立，那么，科学与城镇人口的生存方式之间的联系也应阐明科学本身的某些基本特征。

无论是狩猎者、采集者，还是耕种者、放牧者，他们都完全沉浸在自然之中；他们通过人工制品和语言的媒介作用，与自然进行互动；他们经验中的大自然是其熟悉的家园，那里栖息着人类的动物邻居们，栖息着他们的灵魂或者人格化的神灵。在他们与自然之间，没有裂痕，没有鸿沟，没有距离。这种特殊的统一性在他们信奉的万物有灵论和图腾系统中，在神话创作和宗教系统中得到充分表达。所以，当群体成员长大成人，有能力为自己的生命，为自己婴儿的生命承担责任时，他们都了解这种与自然打交道的恰当方式。早期的城镇居民面对的是已经变化的构架。以社会制度形式出现的人为媒介的作用中断了人与大自然之间的天然纽带和统一性；在那样的社会制度下，公民面对的不是自然，而是其他的人。在城镇阶层与自然之间，插入了社会惯例的屏障，或者可以说，插入了构成国家的社会惯例屏障；直接性被打破了，自然界被疏离了。在那种新的生存方式带来的许多最初结果之中，我们看到，存在层面的疏离和破裂脱离了自然，人们丧失了与自然的直接接触，丧失了在自然之中的直接体验。"前科学"或"前理论"经验遭到破坏，其原因正在于此，而不是人对世上事物的关注或者参与。[1] 形成这一差距的原因正是新的生存方式。作为其后果，大自然开始以人们不再熟悉的未知客体的面貌出现，成为一种陌生和不可靠的客体；对于这一点，人们既没有得到来自自然界的暗示，也没有先在的理解。这

---

[1] 现象学家就持这样的观点。

第十一章 科学与现代性

种破裂处于存在和历史层面,并非局限于心理层面;它反映出生存方式方面的变化,并不仅仅是心理或感知方面的变化。城镇革命、破裂和与之相伴的疏离形成了"理论态度"或"科学态度"出现的历史条件,而不是其相反的情形;疏离不是理论态度或科学态度形成的结果,而是其前提条件。

在文明出现之初,科学兴起的另一个前提条件也得以实现:出现了一个次级群体,他们将早期科学所需的三种功能结合起来。这些功能分别为:管理国家,其中主要是税收;设计和监督国家安排的公共工程,例如灌溉和城市建设等方面;维持意识形态,这使国家行使的权力合法化。隶属于这个群体的不是统治者,而是宫廷的成员,他们从事意识形态和实际工作,因而也对知识产生了某些"理论"和实际兴趣。这个群体可能是古埃及的祭师阶层,也可能是其他古代文明中享有类似地位的人。他们有能力——有时候不得不——将部分时间用于思考已经遭到疏离的自然,并且将自己的思考融入实践,融入他们形成的国家意识形态。此外,这个群体的成员还为科学的出现创造了另一个前提条件:他们发明了书写方式(其目的很可能是满足行政管理的需要)。最后一点是,作为他们的社会地位的重要的部分,教学活动也是辅助功能之一,与之类似的还有用于观察和沉思的时间。因此,科学兴起的所有必要条件一一具备,并且集中体现在一个阶层身上;该阶层沉浸在新的生存方式之中,与其他城市居民一起,共享关于自然的这种新的疏离意向。

科学兴起的第一次机会并未形成完全成熟的模式。早期的科学完全符合其创造者的地位,是宫廷意识形态的组成部分,因而也是庞大的宗教系统的组成部分。它缺乏严格意义上的理论,所以有人管它叫"经验的"。其理由在于,那时的"理论"是由全面的制度化的宗教信仰体系提供的。然而,一旦新的生存方式得以确立,它就持续对意识形态体系施加压力,使其朝着更理性、更抽象、哲学意义更强的宗教形式发展,最终形成了哲学和科学。

3. 古代技术与现代技术

我们在此无法追溯文明的生存方式的历史渐变和扩展过程,也无法追溯与之并行的宗教体系和哲学体系的发展过程;这样做将会偏离本书讨论的主题。同理,我们也无法提供对现代科学诞生的完整论述。[1] 我们能够而且将要做的是以一种间接方式,探讨保障城镇人口生存的其他社会机制——例如,市场——对技术和科学的发展形成的冲击。我们将讨论已经形成的变化,所采用的方式是评述关于古代技术与现代技术之间的差异(有人认为,这一差异也与科学相关)的那一场辩论,然后在下面一章中讨论古代科学与现代科学之间的差异。这将直接把我们引向对作为新的生存方式的"现代性"的分析。

在技术哲学领域中,我所称的二元对立态度占据了统治地位,将所有问题都以非黑即白的方式加以讨论。它简化了历史。技术被分为两大类,大致分布在两个时限宽泛的阶段之中:前现代和现代。这两个大类也被命名为:以经验为基础的技术和以科学为基础的技术;或者说以生活为中心的技术和以力量为中

---

[1] 本书第一章是相关的简略概述。

第十一章 科学与现代性

心的技术;或者说,宏观技术和微观技术。在这三个组对中,前者是前现代的,后者是现代的。有人可能觉得,这两大种类是完全根据内在技术标准进行区分的,但是,我们将会看到,情况并非如此,相关生存方式的某些要素打乱了这一划分。这些因素引起了混乱,致使不同论者将两个阶段之间的分界线定在截然不同的历史时期中。例如,芒福德(1963年)将分界线定在文明问世之初,正如我们已经看到的,他这样做也有一定道理。大多数人在培根哲学的态度中,或者在"工业革命"中,发现了两者之间的分界。有的人将新纪元的起点定在19世纪,甚至定在20世纪中以科学为基础的技术的崛起。在这种混乱的背后,是现代发展过程形成的一个尚未确定的新颖性观点。存在着一种强烈的感觉,认为现代技术与原来的技术截然不同,技术的新颖性是现代性的首要特征。但是,新的东西究竟是什么呢?这一点尚未揭示出来。

海德格尔的现代科学技术哲学提出了质疑,其影响如今依然存在;所以,我们必须在此重新加以讨论。海德格尔清楚地认识到,技术可视为从遮蔽状态进入无遮蔽状态的带出过程,收到轻微干预和关爱的调节;不过,这一看法无法包括整个情况。海德格尔断言,这样的描述符合他所称的"古代"技术。我们在第九章中看到,这一概括描述符合助产士这一隐喻:在建构人工制品时,人类并未将任何新的东西引入到自然中,只不过帮助自然娩出已在自然本身中构想和隐藏的东西。这种技术有时被称为"以生命为中心的"技术:作为最高形式自创生的大自然(physis)形成阻碍,技术所起的作用只不过移开自然过程中的这种障碍而已。它是自然在最低限度人类干预的情况下,单独地利用自身资源维持人类生命的技术。这一描述完全符合狩猎者和采集者所用的技术——他们并不控制食物资源，而是寄生于自然所给予的东西。如果我们淡化表观遗传和生态系统中的人类干预，小村庄的情形也是如此：它有一些耕地，几群牲畜，看似经过改造的栖息地完全沉浸在几乎完整无缺的大自然中。我们看到，早期农业文明似乎也大体符合这个隐喻。

在概括描述——通常被浪漫化的——古代技术时，论者们之间的差异微乎其微。不过，他们进行了许多不同尝试，以便描述常被模糊称为"传统"技术与"现代"技术之间的对比。此外，一个伟大的哲学重任被置于这一区分之上，其目的不仅在于强调彻底新颖性的感觉，而且在于强调这一断言：现代技术使人类面临"超级危险"。然而，隐藏在这一区分背后的至关重要的问题是，这一差异究竟是技术领域之中内在的东西，即是本质的一部分呢，还是完全外在于这个领域的东西呢？关于这一点，海德格尔提出的观点非常富于启迪性；不过，还是让我们先看一看对历史事实的"经验"排列吧。

简略的技术内在史显示出持久不变的发展脉络，旨在将日益增加的人类活动或人类作用转变为人工制品。例如，有缺陷的人首先将自己被剥夺的某种"生理"功能"交给"人工结构，例如，工具、衣服、房舍等。此外，动物的身体器官产生的大多数机械作用和化学作用——例如，撕、咬、清洁、软化等——通过使用工具，使用火，或者使用其他技术来实施。在这种情况下，出现了更大规模的扩展，植物和动物被驯化，以便适应人类的需要，使人不必迁徙（新石器革命）。在下一个阶段中，（物质或动物的）自然能量被加以利用，人的体力得到解放，这种作用在核电

第十一章 科学与现代性

站中技术中达到顶点。后来,当初需要人力的工具变为机器,使用受到控制的自然力量。最后,在当代这个阶段中,人的某些智力已被嵌入机器之中,专门用于日常信息处理和烦琐的控制。在这些相对连续的发展过程中,许多分界已被跨越,出现了许多革命性进展。但是,哪一个应被加以标记,作为古代技术与现代技术之间的"唯一"分界呢?确定这一点难度很大;芒福德、海德格尔以及他们的许多追随者并不使用这类实际的历史"分界",其原因也许就在于此。与之相反,人们已经接受迥然不同的方式,以便对现代技术进行概括描述。其中有两种方式最为突出:一种与力量相关,另一种与科学相关。[1]

排除芒福德这一例外情况,看来许多人都将培根作为转折点。培根认为,显而易见的一点是,在以前的时代中,系统知识与技术是分离开来的;应该将它们统一起来,以便"使人类的生活条件具有新的作用力量",从而"扩大人的力量和伟大性的范围"。他还清楚地看到,应该改变的正是系统知识——哲学。于是,研究哲学的目的不再是为了"愉悦心智,提出主张,显得高人一等",而是为了"生活的益处和用途",以便"减少和克服人类的苦难"。[2] 初看之下,而且从最无害的角度说,这样的描绘纯粹是自然"征服者"心态的宣言;据说这一心态在现代技术中凸显出来。但是,对自然进行"操控"或驾驭自然的"力量"这类术语(顺便提一句,这样的术语可被用于新石器革命之后的所有农业

---

[1] 笔者在此必须提及的这个方向的一个思路是法兰克福学派对现代科学技术的批判。有关评述和参考资料请参见默雷(1982年)。

[2] 培根《学术的进步》,第1605页。

技术)[1]还有通常未加特指的引申意义,与社会——尤其是政治——力量和对社会的控制相关。在这方面,芒福德也是一个例外。他以明确和引人瞩目的方式,具体说明了作为"有机部分"组成的"超大机器"的国家理念之中的这些隐含意义。因此,关于"力量导向"技术的言说常常表示其他的东西,要么指向心态,要么指向外部社会环境,要么同时指向两者。在这种情况下,"力量导向"这个术语的意义仍然尚待确定。

同理,对现代自然科学技术的使用也无法给我们提供清晰的分界线。首先,技术开始利用科学的时间并不确定。有人可能注意到,皇家学会从开始便特别关注这一点,试图刺激和促进沿袭培根思路的实用发明。值得注意的还有各个行会中形成的不断增强的态度,旨在以更系统、更有序的方式解决实际问题,刺激和支持发明(尽管这并不意味着刺激和支持发明家们)。但是,在到近年为止的所有阶段中,爱迪生和特斯拉这样的发明家——而不是"自然哲学家"——在技术领域中占据了主导地位。卡梅伦贴切地进行了如下描述:"在18世纪现代工业革命之初,无论其倡导者们的意图如何,科学知识的体系非常不足,非常薄弱,根本无法被直接应用于工业过程。实际上,直到19世纪中期之后,化学和电学科学得到蓬勃发展,科学理论才能为新的过程和新的产业提供基础。不过,无可争辩的一点是,早在17世纪,人们应用(并非总是成功应用)科学方法——特别是观

---

1 新石器革命主要是一场技术方面的革命。在那场革命的过程中,食物资源本身——即植物和动物——变为人工制品。人类有史以来首次对表观遗传系统和生态系统进行了干预。自那之后,对这些系统的每次干预都仅仅在程度上有所不同。

察方法和实验方法——为功利性目的服务。实际上……大部分重要创新是由善于创造发明的思想家、自学成才的机械师和工程师以及其他自学者完成的。在许多情况下,实验方法可能太正式、太严格,无法用来描述创新过程;在此,尝试错误法也许更为合适"(同上,第165页)。即使到了19世纪后期,科学技术也未正式登上历史舞台。到了20世纪30年代之后,出现了最早的科学,后来技术也开始在微观层面上发挥作用,那时才见证了两者的最终结合。在微观层面上,发明者仅有想象力是不够的,微技术[1]只能借助系统知识和研究才能发展起来。

这两种概括描述(即力量导向技术和以科学为基础的技术)都是正确的,被海德格尔认可和使用。但是,根据他的看法,现代技术的本质仍然停留在隐秘状态之中。针对自然的挑战——即激励、刺激、挑逗和攻击自然的挑战——暗示一种暴力,一种将某事物强加在自然之上的尝试,其目的旨在征服自然,操控自然。此外,现代科学带有"排序姿态",试图将其尝试扩大到技术中。但是,为了理解技术与力量和科学之间的关系,我们必须进行深层次探索,以便——根据海德格尔的说法——将技术视为存在物将自身展示给人类的方式,或者视为存在展现自身的方式。海德格尔认为,现代技术的本质与技术毫无关系,在于"托架作用";"由于现代技术的本质在于托架作用,现代技术必须使用精确的自然科学"(1977年,第304页)。

"enframing"(托架)——或者德语中的 Gestell——这个理

---

[1] 这里使用的"微技术"这个术语并不仅仅表示操作微小实体或者微小数量的技术,而且还表示必须应用微观世界知识的技术。

念并不简单,笔者在此无法加以详尽分析。[1] 我们只能挑选对本章语境非常重要的某些方面。这个理念的一个可能的侧面是对"态度"的描述。海森堡(1958年)——海德格尔在若干场合中和他见过面——描述了这一态度,采用的方式是引用中国哲人庄子的作品。庄子讲述了一位拒绝使用吸水井的农夫的故事。当有人问及原因时,农夫回答说:"我听我老师说过,使用机器的人做事像机器。做事像机器的人长出的心脏就像机器,长着机器心脏的人就会丧失淳朴。丧失淳朴的人在灵魂冲突中缺乏定力。灵魂冲突中的非定性是与诚实格格不入的东西"(同上,第21页)。海森堡说,灵魂冲突的不确定性"或许是对身处当代危机之中的人类状况的最贴切的描述之一"。不过,海德格尔喜欢使用"解蔽方式"而不是"态度"。他说:"在整个现代技术中占据支配地位的这种展现并不进入创生(poiesis)意义上的引出状态。在现代技术中占据统治地位的这种展现是一种挑战,它向自然提出不合理要求,要自然提供能量;这样的能量可被提取出来,并且加以储存。"(同上,第296页。黑体是笔者添加的)现代态度是将自然视为"持存能量的主要储藏室"(同上,第302页)。在这里,"持存"——德语为Bestand——是关键词。

但是,这一点不能仅仅从字面意义加以理解,其原因在于,它是所有生物的普遍特征;所有生物都将所处的环境当做能量"储藏室",从中提出能量,以便对抗热力学第二定律;它们主要在体内储存那些能量,但是有时候也在体外进行储存。人类从

---

[1] 更详尽的讨论请参见科尔勃(1986年);科尔勃将它翻译为"普遍的强加"。伊德(1990年)将它称为"资源井"。

食物摄取能量,而且从文明之初就开始用火。从某种意义上说,生命就是对能量加以改变、储存和控制性使用。弓弩、杠杆、风力磨坊、水力磨坊、水电站、热电站、核电站,这些东西从技术上看是不同的,但是,就"能量提取"而言,它们在本质上是相同的。就在能量使用方式而言,古代与现代的不同之处表现在所用资源的规模、效力和可更新性这三个方面。但是,这并不是持存(Bestand)的意思。

在这意义段引文中,还有使用另一个术语,这就是"挑战"。海德格尔说,农民的工作并不对田地里的土壤提出"挑战",而机械化的食品工业却提出这样的挑战,其原因在于,"耕种田地受到另外一种预置的操控,这形成对自然的攻击"(同上,第269页)。我们可以将"受到操控"视为新态度带来的结果;该态度抑制技术和科学,使其起到支配自然的方式的作用,使自然成为材料和能量的提供者。海德格尔认为,它是"订购行为"或者"预置行为",作为人类提出的一种蔑视性挑战,其目的旨在实现绝对和全部操控。后一个术语类似于培根所用的词汇和"征服者隐喻",但是前者——"订购行为"——扩展我们的视野,看到某种更为基本的东西。

我们在此关注的态度将科学和技术视为手段,显然包含某些非技术成分。海德格尔对这一点进行了明确解释:"这种攻击对自然的能量提出挑战,是一种加快进展的行为,它体现在两个方面。它进行释放和暴露,从而加快进展。然而,这种加快本身总是从生物自身指向形成某种别的东西的过程,即指向促成以最小代价获得最大产出的过程"(楷体是笔者添加的,第297页)。在这一段引文和其他引文中所用的关键词汇,例如,"以最小代价获得最大产出"、"交货"、"储备"、"加快进展"等都带有经济方面的引申意义。实际上,持存(Bestand)被翻译为"订购",其核心理念主要含有订购商品的这一商业方面的意义。达尔斯托穆(见德宾,1988年)指出了同样的方向:"在托架(gestell)系统中,事物的在场不是在成为其自身的行为之中,甚至不是作为面对人为动因和感知者的客体,而是仅仅作为这样的持存(Bestand)。更准确地说,我们面对的只有商品,所以实际上(即在实践中几乎总是如此)没有什么事物可言。世界只是变为这样的生产能力,一直等待订购"(同上,第155页。楷体是笔者添加的)。"托架(gestell)将食物——类似于事物和客体——变为这样的存货,变为可被摆上货架的某种东西。这里所用的托架(gestell)这个术语最好从字面意义上进行解释。存在(being)类似于成袋的面粉、成盒的谷物、成罐的花生酱和成箱的柑橘,意思是'可被摆上货架的东西'"(同上,第157页)。现代技术不仅生产技术客体,而且还生产商品。

逐一讨论托架这一概念的最佳阐释意义超出了本书的范围。但是,从以上讨论,我们看来肯定得到这一结论:这个术语的意义的一个方向从技术转向经济环境,从而转向新的生存方式。由此可见,我们已经触及了底部,现代技术的本质是商品化。我们可以改用别的措辞来表述海德格尔的观点:因为技术客体已经变为商品,"现代技术必须使用严格的自然科学";或者说,当市场提出效力问题,科学就参与进来。在这种情况下,历史顺序和根本顺序是:商业为先,技术随行,科学断后。

4. 现代性

在现代,与技术领域中的变化相关的新颖性理念得以形成,我们见到的这一理念并不仅仅限于技术领域,它扩散到生活的方方面面。现代生存方式与以前的所有生存方式迥然不同,其原因究竟何在?人们围绕这个问题进行了广泛讨论,各持己见,莫衷一是。就对现代的一般性概括描述而言,科尔勃(1986年)发现了两个主要特征,它们是流行观点和韦伯、黑格尔及海德格尔所提观点的共同之处。这两个特征是"空洞主体性"或"赤裸自我",以及"形式合理性"或"计算性思考"。我们在此仅能对这些特征作一简要描述。

在这一广泛传播的新颖性理念中,主要的共同要素肯定是解放感,这是启蒙运动的本质。解放在于割断几乎来自一切事物的禁锢,其中包括:来自传统事物和当代事物的禁锢、祖传下来强加在个人头上的任何角色禁锢、他们所服从的规范的禁锢、他们盲目尊重的价值观的禁锢。现代人觉得,自己不应该继续家族事业,不应该对家族田产担负任何责任。他们相信,自己有权沿着社会阶梯往上爬,有权选择自己居住的地方,有权选择自己扮演的社会角色。他们相信,自己有能力而且必须获得机会,完全依赖自己的能力,以最优方式利用提供给自己的可能性。"对机会的最优方式利用"这一重要说法意味着,人必须拥有自由,客观地考虑自己所面对的情景,不受以前任何联系的影响。根据启蒙运动的这个重要格言,万事万物全都受到独立个人的批判性判断的审视,受到自己的自由选择的影响。其他的所有人和社会惯例都必须尊重每一个体作出自由决定的权利,都担负着创造非压迫性环境的重任,以便进行真正的自由选择。

他们从非解放思考和自主判断的任何禁锢中解放出来的;与之相伴的是疏离,不仅疏远了大自然,而且疏远了深思熟虑的主体。或者说,反之亦然:解放得以实现的原因在于,人类让自己与构成其生活的一切东西保持距离。不管怎么说,现代人看来并不认同任何东西,而是急于保持重复自己判断的自由,保持重新思考和作出新选择的自由。正如科尔勃所说,"关键的一点在于人进行了选择……现代个体被剥得精光,只剩下统一的核心部分,剩下进行感知和选择的生物;现代个体在潜在意义上能够自由地将自己欲求的东西最大化。人们在最大的可能范围之内作出选择,根本不去考虑可能对自己进行规定的任何东西"(同上,第6页)。在波动不定的社会环境和经济环境中,在不断变化的社会中,这样的疏离,这样的自由已被视为必需之物。面对自己所处的个人环境,面对向自己开放的可能性,面对可能的最佳选择,为了获得被想象为客观、无偏见的判断,个人必须摆脱以前限制自己的东西,以便在自己与社会——或者自然环境——之间弄出一定的距离,让自己摆脱世事,总而言之,让自己摆脱可能预先影响判断的任何禁锢和偏见。认知净化与解放紧密地联系起来。

我们已经看到,这样的极端解放是不可能实现的;每个人都通过自己的成长和教育,获得一组现在称为"作出的选择"的东西。但是,解放可能只是意味着,缺乏对这一组中任何部分的坚定承诺或认同。伴随解放的空虚并不在于个人(空洞主体性不是没有内容的自我)真的缺乏内在的东西,而是在于缺乏证明和确定内在内容的固定标准。也许,"灵魂冲突中的不确定性"这一说法是恰当的。这个问题涉及的与其说是迷失的自由自我感觉到的空虚,毋宁说是割断与自然的联系、遭到疏离的公民感觉到的不安。正如我们将要看到的,更确切地说,空虚感属于不再支撑任何固定规范和价值的社会。

但是,如果没有某种在背后产生作用的统一原则,没有人们常说的"无形之手",任何在功能方面高度分工的社会都无法继续存在。现代社会——在任何具体选择方面保持中立——也有这样的原则。现代社会表现出无穷动量,推动它的支配原则是文明社会的规则。导致社会依然"空虚"的是这些规则的形式特征。韦伯将现代性的发展视为理性化不断增加的过程。理性化建筑在客体化——即疏离——的基础之上。价值中立的形式逻辑演算仅仅保证融贯性;可以根据这种演算"理性原则",安排和重新安排缺乏与人的直接依附、缺乏预先决定的意义等级的事物。一旦获得解放,就可得到逻辑顺序和融贯性,在形式上替代冲动和任意行为可能带来的混乱。

在韦伯提出的"形式合理性"的基础上,海德格尔和其他人增加了"可计算性"和"可操控性"。他们对可计算性——这一概念在本书下一部分中及将会加以详述——进行了这样的描述:"在制订计划,从事研究和组织活动时,我们总是认真考虑给定的条件。它们带有经过深思熟虑的意图,为特定服务的目的服务;我们根据这一点来考虑这些条件。例如,我们能够依赖确定的结果……我们的思维计算不断变化、更有希望并且同时也更经济的可能性。深思熟虑的思考从来不会停止,从来不会安静下来。"[1]"可操控性"源于现代人感觉到的操控"空虚"环境的紧迫性;(自然和社会)环境中的这种标示牌已被移开,环境因而已经变为无法量度的。那种认为"权力意志"——操控狂热——源于人的力量的看法是错误的;它源于虚弱,源于已被剥夺的人与自然和社会直接知识的密切联系,源于现代人失去家园感的状态。操控是通过理性判断和理性操控的尝试来实现的。但是,这里的操控与人工制品的它创生(allopoiesis)毫无关系,而是与对事物的操控有关,从而使它们符合理性思考形成的东西。它所涉及的不仅有自然环境,而且还有社会环境,不仅有事物,而且还有他人。我们并非固定地依附于任何事物,即使我们内心作出的选择或者欲望也被视为可操控的。由于大家都进行操控,人类已经变为"被操控的操控者"。

由此可见,韦伯认为,在拥有自由市场和最小政府的社会中,这就是说,在任何自由社会中,理性思考的形式程序和未受约束的内容是被惯例化的。最重要的惯例——其实是一组重要惯例——看来是"文明社会"。黑格尔认为,"文明社会"是"自治市的自由民或者市民的社会,是受到市场影响的人组成的社会"(科尔勃,第22页)。我们将使用海德格尔所说的"文明社会"这个术语,用它来表示商业社会,表示由市场人际关系构成的社会网络。它虽然与家庭和政府代表的"政治社会"保持千丝万缕的密切联系,但是又与它们有所不同。

参与市场的意思首先是与商品打交道。让我们先看一看最简单、最常见的商品——物品、物质产品和人工制品。这些客体

---

[1] 《纪念致辞》,参见《论思考》。纽约:哈珀和罗,1996年。

在市场上经历的转变可被描述如下。请回想一下可在个人与人工制品之间建立起来的这种关系。它们是生产性、工具性的,或者是伊德所说的体现关系、他者关系和阐释质疑关系。但是,如果一件人工制品与两个或两个以上的人发生联系,就会出现新的可能性。请考虑一下制作礼物——这就是说,生产将要送给别人的人工制品——而不是购买礼物的情形。它的设计要显示赠送者的爱意、同情、感激或尊敬,显示带来喜悦、慰藉或安全感的意愿;在情感上或者其他某种正面意义上,赠送对象与赠送者之间存在着密切联系。要么赠送者与赠送对象亲密无间,要么送礼旨在建立联系,表示关爱,或者甚至表明赠送者以某种方式认同那个人。另一方面,请考虑一下这一情形:制作的人工制品只是被某个人使用,例如,工匠为宫廷制作的人工制品。这时,人工制品所体现的关系是不同的,可能涉及的是不带感情的超脱和意义的缺失,剩下的只有服从和奴役状态。但是,工匠知道该物品的使用者是谁,人际的依赖关系隐含其中。

然而,为了市场的生产——为了未知使用者的生产——割断了任何直接的人际关系,取而代之的是卖方与买方之间的抽象关系;这样的关系依据非个人化获得充分意义。一旦人工制品逐步成为面向市场而生产的东西,一种无法避开的简化过程就随之开始。在人工制品的形式和意义上,在人际关系的形式和意义出现了简化,或者说出现了"理性化"。我们应该注意到,这样的简化并不是技术方面的,它们既不是来自生产过程本身,也不是来自人工制品可能实现的实际使用。这种简化来自人工制品所涉及的新近确定的惯例。当人工制品变为商品时,最初在物质方面并未出现什么变化;它们的生产方式与以前完全相同,它们以相同的方式服务于相同的目的。它们的外观没有改变,体现的意义也没有改变。出现变化的是生产者、使用者与人工制品之间的关系,生产者与使用者这时被分为两个不同的群体,分别扮演卖方和买方这两种新角色。这种新的排他性人际关系通过市场这种惯例得以确立,这时开始改变人工制品性质和人工制品生产的性质。

人工制品体现的价值多样化这时被简化为两种:使用价值和交换价值或市场价值。前者虽然被非个人化了,但是仍然是具体的;后者是抽象的,其抽象程度与它代表的社会关系不相上下。这两种价值相互联系,同时也具有相对独立性。市场价值作为独立存在的理想,渗透到人工制品的设计和生产之中,最后渗透到人工制品的使用本身之中。成为商品——即获得交换价值——的不仅仅是成品,它的所有内在组成部分以及生产的所有组成部分都获得了交换价值。每个部分都有价格,每个部分都纳入最终成本和收益的计算之中。在这种情况下,技术建构和理性思考处于迥然不同的氛围之中;这种氛围不仅作为背景作用,作为外部界线,提供在宽泛意义上具体化的生产环境和使用环境,而且作为某种因素,渗透并且遍及整个过程之中。商品是身背社会关系重负、受到社会关系侵袭的人工制品。古代技术与现代技术之间的根本区别正在于此。

黑格尔认为,如果没有作为共相体现的国家所提供的更大范围的社会环境,文明社会是不可能存在的。其他论者[1]意识

1　特别是马克思主义者和新马克思主义者。相关提示可参见默雷(1982年)。

第十一章 科学与现代性

到文明社会具有的攻击性和力量：它们渗透到人类生活的每个角落，使国家成为一种形式构架，确保不受干扰的活力，以便进行买卖，积累财富和资本。传统的自由论者认为，现代社会构架包括全能的市场和国家；国家保证个人自由，保护积累而成、以私有财产形式出现的财富。除了尊重他人自由、不侵犯他人财产之外，社会对个人行为没有任何别的限制。市场对买卖的东西没有任何实质性限制，国家所起的作用也是如此，两者的限制仅仅是程序性的、契约性的。

在市场中，人们互相之间是这样承认的：人们都有某些需要和愿望，凭借某种可以出售的财产，在世界上占有一席之地；这样的财产与人之间没有硬性束缚关系，人们可以自由选择，决定是否出售它们。互相之间的承认并不依赖具体内容；只要某种东西是供出售的，这对作为整体的社会只有一个要求：它必须提供一种形式——即程序性——构架，以便让作为商业伙伴的个人互相进行交换。从本质上说，科尔勃重复了黑格尔对文明社会的批判："并不存在这种实质性价值或者传统：它在种类或数量上限制进入文明社会的需要流通和商品流通。因此，文明社会的方方面面可能在没有内部限制的情况下扩大。在文明社会内部，不可能判断哪些需要是不自然的，是应该加以回避的，需要的扩大促进资本积累和市场扩张。"（同上，第33页）

我们现在可以理解自由的真正意义和内容了。一旦某事物变为商品，它存在的条件是作为能够出售它的所有者的自由行为的结果。与此同时，这种商品化的东西提供个人自由的基础，个人可以通过出售行为来摆脱它对自己的约束。个人首先在情感上与它分离，要么觉得认为自己不再需要它，要么觉得交换它可能对自己更好一些。当纯粹形式的一般商品——货币——被发明出来之后，个人的自由变得更大。其原因在于，在这种情况下，个人甚至在身体方面也摆脱了任何束缚；一切东西都可换成货币，变为可以随身携带的货币。如果某种财产给个人提供维持生命的手段，例如，土地或者家族生意，但是由于某种原因，个人无法出售它以便购买另外的资源，在这种情况下，个人被束缚在财产上，并不是自由的。但是，普世文明社会将个人从这种限制中解放出来，使个人能将一切东西都变为货币，能够远走他乡，根据自己的意愿或者劳务市场的需要，确定自己的居住地。

这样的自由带有明确限制，其原因与其说要求个人必须拥有可以出售的东西，拥有谋生手段（因为我们大家至少拥有两种商品——身体和智力），毋宁说要求个人必须面对市场、出售自己拥有的东西。这是个人维持自己生命的唯一方式，它是现代社会中每个人唯一的生存方式。正是现代性的这种深层次的商业结构，正是这组基本的存在互动，使现代性和文明社会——对不起了，黑格尔——成为完整、彻底的生活方式。正是这一要求、原则或者操控机制闭合了由文明社会的看似开放的活力所确立的开放性。

5. 理性的经济人

现代人被抽象地概括为"空洞的主体性"，居于其直接的环境——即文明社会——之中，得到与之相伴的形式合理性的补充；这一概括勾画出新的生存方式的主要框架。作为主体的人从过去和现在的一切僵化束缚中解放出来，除了对生物存活必需的内在需要和欲望的承诺之外,甚至缺乏对其他任何确定的内在需要和欲望的承诺,这只给作为主体的人剩下一组结构松散、上下波动的"价值",一组据说界定人的主体性的价值。然而,进入文明社会时,主体的需求和欲望将被转化成某种商品。这意味着,首先要变为对其他主体可能有用的某种东西,以便与其他主体可能提供的东西进行互换。需要和欲望——主体的主体性的内在要素——必须被外化为"效用",外化为与其他主体发生联系、可以进入市场交换的东西。

在文明社会之外,效用作为物品或者能力的使用价值,在主体的生活中通常占有明确的地位,因而具有明确的意义。但是,当它进入市场,变为用于交换的对象时,真正重要的是其市场价值,该价值可能——但是并非必须——与它给主体带来的东西发生联系。而且,每一交换价值都需要数字,需要一种量化,具体说明某事物的多少数量可与另一事物的多少数量进行交换。从文明问世之初开始,税收和贸易——而不是科学和技术——一直是算数或者计算的源泉;它们过去是——现代依然是——计算理性的基础。由此可见,我们必须添上市场,所以让我们更细致地考察一下渗透商业生活的理性思考。

效用(与边沁希望从中推知效用的愉悦或者幸福类似)难以量度,所以现代经济理论更喜欢讨论"优选"。有人假设,每个进入市场的主体总是可以判断——至少对自己而言——这一点:在市场提供的备选项中,自己在什么程度上选择什么东西。在这种情况下,尽管缺乏任何确定的量度单位,仍然可以对选择项进行排序。比如说,通过将 1 指定给最优选项,将 0 分配给最差选项,该等级可以显示排序,将用数字表示的权或值分给备选项。于是,"空洞的主体性"获得以机会序列表形式出现的形态,它的数字显示它们对主体的价值。这一排列形成了市场的需求方。

为了进入市场,主体还必须形成另一份对自身进行规定的清单,即主体愿意用来进行交换的价值清单,主体准备放弃的东西的清单。只有凭借这份清单,主体才能在市场上得到承认;否则,主体根本不在市场上存在。这份清单上所列的东西也带有相应的数字——它们的预定的交换价值或者价格。这样的清单形成市场的供应方。这份清单上的东西的衡量值面对与衡量优选相同的问题。主体能够做的只是计算生产或者获得所提供的商品的成本,将计算的结果作为参考价格;剩下的一切取决于供求"规律"以及成功的讨价还价行为。

于是,形式合理性进入了全盛阶段。它的第一项先决条件已经得到满足;主体已经"解放"了自己,在不同程度上与供求双方的价值——即供需价值——分离开来。主体对它们加以"客观"评价,似乎它们并不属于主体自己。他给它们"编号",借此使它们得以进入冷酷无情的市场空间。主体在市场上加入讨价还价的游戏。这种游戏可被划分为不同的步骤;与国际象棋对弈时的情形类似,根据可能引起的结果,对每一步进行估算。由于无法准确预测大多数步骤带来的结果,必须计算结果和所涉及危险的或然性,表示结果出现可能性的概率测度被分配给所有的可能步骤。联系起来的一系列步骤被称为"谋略",每一系列最终都满足某些欲求和需要,可能是整体的或者局部的,可能是最优的或者次优的。决策论和博弈论——从形式上——告诉我们如何进行这样的计算,如何将结果最优化。尽管这些理论非常抽象、非常理想化,它们大概代表了实际商业生活中的真实情况。

笔者认为,应该特别提到这一点:我们可以在著名的《波尔·罗亚尔逻辑》(阿尔诺,1662年)中发现贝叶斯决策理论的雏形。那部著作与1654年提出的关于或然性的费马-帕斯卡对应有异曲同工之妙,描述了"新的判断范式"。"我们进行判断,以便采取行动,相互算计的赌博是理性行为的范式。('你做的任何事情都是赌博!')这是新的观点;在此,判断被认为与行为带来的可能结果的可取性和或然性相关,这类判断的一致性准则被视为一种不确定预期逻辑"(R. C. 杰弗里,1985年,第95页)。因此,1654年至1662年那一段时间不仅见证了或然性概念的问世,而且也见证了形式、理性和可计算的决策论——"新的判断范式"——的问世。请注意,牛顿的《自然哲学的数学原理》(*Philosophiae Naturalis Principia Mathematica*)那时尚未出版。

读者肯定已经注意到,关于价值和或然性的所有这些编号与计算行为并不就供求的内容,并不就可能或者不能进入市场的东西进行任何假定。对弈规则以及相应的估算规则规定的是程序,而不是前提,这类似于任何一种形式推理的情况。它的形式性看来比符号逻辑更强,其原因仅仅在于,它是与使用它的主体的空洞性联系起来的。首先,没有什么外部因素决定主体的价值观;就此而言,主体被视为空洞的。主体被视为完全自主的原因在于自由,在于主体摆脱了任何预先存在的禁锢和责任的自由状态。在这一点上,主体是市场上的自由行为主体,拥有消费者或者生产者的独立自主地位,按照自己的意愿进行交易;或者说,有人是这样认为的。严格说来,主体并不是存在主义哲学的自由人,然而却显然接近那种状态。[1] 文明社会看来并不确定任何实质性规范,仅仅确定形式程序,所以主体似乎生活在空洞的空间之中。不过,还是存在着限度。第一个限度源于无声控制选择、被称为"福利"的某种东西。讨价还价游戏的主体试图最佳化的是自己的个人福利。我们从前面的分析可以得知,福利必然包含维持生命和繁衍后代必不可少的成分,至少在生物学层次上可以这么说;它必须服从如今所说的"基本生活标准"。诚然,我们的饮食习惯、住房风格,我们对健康、子女养育和赡养老人的关注在很大程度上受到市场力量、广告、大众传媒、时尚、名流的影响,甚至受到见诸文字的科学报告的影响,但是,基本要素是所有人都共有的。

第二个限度源于仅仅属于文明社会的具体规范。让我们看一看经济理论是如何描述"理性的经济人"的。戴克(1981年)以第一人称方式进行了生动叙述:"我不得不将自己视为某些东西(也许只是劳动量)的供应者和其他东西的需求者。我将提供对别人有价值的东西,需要对自己有价值的东西。在这种情况下,让我这样做的合理方式是什么呢?怎么说呢,如果供求规律奏效,那么,我肯定已经作出决定,合理的行为方式是获得尽可能大的价值,同时放弃尽可能少的价值。此外,市场上其他每个人肯定也作出了同样的决定……这里涉及的合理性规则是:采取行动的目的旨在花费最小价值去获得可能得到的最大价值。"

---

[1] 无论是存在主义的解放哲学,还是新马克思主义的解放哲学都没能认识到,从商业生存方式中解放出来的状态同时也是为商业生存方式服务的状态。

第十一章 科学与现代性

(第29页)后来,戴克将这个规则一分为二,其中一个规则直截了当地说,"更多总是比较少更可取",另一个规则对必须妥协和追求最优化的情况进行了具体说明。我们在此是否承认结构隐喻?尽管表面不同,但这些并不是形式规范。

"理性的经济人"还有另外一个非形式规范,这就是我们已经提到的准则。这个准则告诉人们,原则上几乎一切东西都可被送到市场,进行买卖。文明社会本身并不限定可以出售的东西的范围;文明社会的成员实际上受到鼓励,将一切事物都视为潜在商品或实际商品。于是,任何文明社会成员所处的环境以及作出的选择都受到市场提供的东西或者在市场上可以得到的东西的影响;这样的东西要么可以使用,要么可用于进一步交换。他们的环境和选择还受到储备的或"待售"的东西的影响;这样的东西要么可以满足需要和欲求,要么是用以进一步积累财富的资源储备;这样的东西总是可被变为用数字表示的抽象的形式商品——货币。如果要考察这种影响的普遍性,请回忆一下本书前一章所强调的那些隐喻。

要一一考察构成"理性的经济人"的基本要素,我们就必须分析投资、资本流通、利润以及现代经济的其他要素。但是,这样的尝试将会使我们大大偏离本书的主题。无论可能的商业化空间多么开放,我们所描述的现代人的生活世界具有相当大的闭合性。人们可能是非理性的,对其欲求和需要进行控制的行为限制他们的消费者主权,市场可能根本不是聪明的无形之手,并不协调不同兴趣,并不保证以有效的方式使用资源。所以,实际主体也许并不完全符合"理性的经济人"的要求。但是,撇开理论问题不说,有一个事实是无法否认的。随着农业和工业的商业化,随着当下日益增加的服务业的商业化,人们将以这样或那样的方式变为卖方和买方,变为消费者和供应者;通过某种市场方式,所有的人都联系在一起,尤其是与自然联系在一起。这必定对人们思考方式和认识世界方式产生影响。

6. 科学与现代性

概括说来,在现代科学问世之初,它的存在背景是现代公民——首先是新的企业家——拥有的新的生存方式;后者与自然的基本联系是通过商业,或者更准确地说是通过市场制度的媒介作用来实现的。作为市场上的参与者,现代公民给予企业家对世界的一种与生俱来的先在的理解。这种理解认为自然是背景因素,原材料和能源供应来自那里,以某种商品的形式出现。于是,他首先发现了人工制品:它们不可能被视为他的身体在自然之中的延伸部分,而是视为准备出售的东西。在他眼里,自然看来并不是包括他生命的起点和归宿的长河,也不是众神或上帝的使者居住的家园。把他与自然联系起来的不是亲属关系,而是对某些事物(即便它们是生物也是如此)的所有权;他可以控制它们,将它们变为用于在市场上销售的商品。人类与自然之间的关系已经完全疏离。

而且,作为市场参与者的企业家认为,赌博的结果并不取决于祈祷或仪式,而是取决于自己的才智,取决于自己的"计算理性",取决于对策略的最优化选择。在大型商业运作——例如,洲际贸易和大型工业——中,在复杂的工厂系统和大批量生产中,他已经不再可能依赖宗教,甚至不再可能依赖简单常识,他

第十一章 科学与现代性 311

需要新的培根式哲学。所以,受过教育的现代公民发现,自己的新的生存方式与传统思维方式格格不入;经院式自然哲学(philosophia naturalis)如果说并非完全不适合,至少是难以起到指导作用。他的新的生存方式施加了巨大压力,那种压力改变了根据本书第一章中描述的"著名妥协"对自然的传统认识;这种生存方式与他已经构成的新的生活世界越来越合拍。

在这种情况下,我们有理由设想,企业家的生活世界——而不是人类感知和行为的普遍的世界——已经成为现代科学开始攀登的基础。我们拥有现代科学的原因在于,新的生存方式已经确立了它的地平线,已经形成了对它的需要;现代科学源于这种需要,并且在其中获得稳定基础。如果这一设想是正确的,我们会自然而然地期望,科学应该与现代生活世界一起,共有对自然的现代态度的基本特征,共有上面描述的客观性和形式合理性的基本特征。

但是,人们通常并不是以这样方式来考察科学与现代生活之间关系的。海德格尔(1977年)首先重复这一观点,"技术时代的人"的"解蔽"方式"首先关注的是自然,将它作为长期使用的能量储备的主要储存处",然后接着写道:"因此,人进行排序的态度和行为首先表现在作为一门精密科学的现代物理学的崛起过程中。"尽管我们并不明确"因此"表示的原因是什么,我们在此得到的印象是,似乎现代物理学显示,某种东西——即一种排序的态度——已经存在。这一说法可能是正确的。不过,在对现代科学与技术之间的历史顺序吹毛求疵地谈论一番之后,海德格尔继续说:"关于自然的现代物理理论首先并不仅仅为技术铺平了道路,而且为现代技术的本质铺平了道路……现代物理学是托架的使者,我们对这一使者的起源仍然一无所知"(同上,第21—22页。楷体是笔者添加的)。这些断言暗示,现代物理理论源于未知领域,在逻辑和历史上先于现代技术的本质,即先于排序态度。这一断言忽视同时使用"表现"和"使者"所形成的模糊性,直截了当地说,牛顿理论——而不是其他任何理论——为现代技术实践、为对待自然的新态度铺平了道路。

因此,我们必须要问:现代物理学以什么方式预示托架的来临,甚至为它铺平道路的?海德格尔将科学定义为"真实的理论";在他看来,这个问题的答案在于"真实"和"理论"这两个概念之中。根据海德格尔的观点,简而言之——这样说难免过于简单——"真实"被古希腊人视为"自然(physis)";这里的自然(physis)"源于自身,以便提交某种东西"(同上,第159页)。"那么,实在的意思是……本身完善的自行带出行为的在场"(同上,第160页)。古希腊人认为,实在像花朵一样,是某种自行生长而成的东西;它呈现在人们面前,让乐意看它的人观赏。古希腊人并不用实验方式来干涉自然,只是通过关注实在以花朵绽放方式展现出来的东西,回应自然的召唤。或者说,海德格尔认为如此。

但是,现代已经改变了"真实的实在",于是,"从结果的角度看,已被带出的东西作为在活动中被陈述的处境呈现出来"(同上,第161页,楷体是笔者添加的)。"事实上,随着这类活动出现的是真实事物",海德格尔继续写道:"其结果显示,通过它,在场的东西形成一种固定地位,它以这样的地位与其接触。真实于是作为客体呈现出来,与之形成对峙"(同上,第162页)。但是,假如它是简单的客观性,是一种"对峙",有人就会反驳说,这就不可能将现代能动论与古代沉思区分开来。所以,必须强调

第十一章 科学与现代性

的一点是,客体在新的场景中,在新的"探索"、"追问"和"排序"语境中形成对峙。其原因在于,"客观性变为持存物的恒久不变的状态,变为托架所确定的恒久不变的状态"(同上,第173页,楷体是笔者添加的)。

通过行为或者干预,以真实或者现实方式出现的事物被挑起、追问和强制,因而在其存在中被扭曲和冻结,所以,我们沿着这一思路,回到了排序态度。它被硬化和成型,变为一种不变、"固定"、被框住、(在不被自行带出意义上)没有生气的客体。依我所见,在这样的客体中,自生的自我、自行进入鼎盛状态、作为自身解蔽的自创生实体的自我已经不复存在;它被物化,从而被遮蔽了。但是,在此并不涉及什么理论;我们仍然可以认识态度方面的这一变化,直截了当将它视为生存方式中的相应变化所引起的疏离和商业化的结果。

但是,海德格尔及其追随者们认为,科学与生活世界是不协调的,其原因在于科学意味着客观化,意味着"科学实体和观察与生活世界是分离的,与人类文化和历史是分离的"(克里斯,1993年,第68页)。"生活世界之中的每一具体事物都可能被科学研究主旨化;一旦出现这种情形,这样的主旨化随即使该事物脱离生活世界。这一点如今已经成为研究的新起点"(同上,第55页。黑体是笔者添加的)。根据这一方法,现代企业家的生活世界——可能还有一般意义上的生活世界——并不而且无法包含对自然的客观化;唯一例外的情形是,由于某种原因,例如,当工具被破坏时[1],直接性被中断,人们认为世界之中的事

---

[1] 请参见海德格尔提到的榔头。人们通常将它视为人体的一个部分。在榔头被用坏时,人们才意识到它是独立存在的客体。

物——例如,工具——本身就是实体。因此,科学最终可能源于生活世界中偶然出现的破裂,源于形成"理论态度"的破裂,而不是来自生活世界自身的历史变迁。但是,假如现代科学要成为某种像"托架"那样的新的基本的东西,科学的客观化方式难以从日常实践的分离行为中产生,难以从杜威和克里斯提出的问题情景中产生,难以从自力推进的理论中产生。它肯定源于这种历史破裂。

海德格尔对理论的看法是,新理论的实质是"其追问和获得程序的方式,即它采用的方法"(同上,第169页)。"以追问和获得为特征的方法属于所有真实的理论,是一种面对行为"(同上,第170页)。"从宽泛和基本意义上看,reckon 的意思是:正视,即考虑某事物;指望某事物,将其作为期望的对象。这样,将真实的东西客观化是一种面对行为"(同上)。除了海德格尔和现象学论者之外,法兰克福学派也将现代科学视为"计算理性"的代表,认为计算理性已从科学领域蔓延到整个现代生活之中。不过,人们可能会问:科学估算与现代生活世界的经济合理性究竟有多大差别?两者之中哪一个在先?正视自然(和社会)中的客体,正视客体的客体性,这种行为更容易被理解为现代科学和现代日常实践共有的要素,而不是自行带出的科学理论(顺便说一句,科学理论的起源"依然是未知的")强加在日常实践之上的要素。解决问题的科学方式和现代决策是关系密切的同类。

现代技术和现代科学并不是新的生存方式的主要发生器。实际的情形恰恰相反;现代技术和现代科学是由新的生存方式形成的。一个人成为文明社会的现代成员的原因并不是因为经济理论以这种方式对这个人加以描述。与之类似,计算性思考

第十一章 科学与现代性

也不可能由现代科学理论确定,不可能通过充满理论的方式,在实在中获得立足之地。人们发明市场的原因不可能是,他们——借助现代技术——研究自然,将自然作为供自己操控的对象,或者用现代理论的话来说,作为可用数字来表示的东西。实际的情形肯定恰恰相反;更确切地说,计算性思考是现代人的生存方式的一种表现形式,是现代人的生存方式得以出现的条件,是现代"生活世界"得以存在的条件。形成现代生活世界的是将人工制品和人类能力转变为商品、将人类的技术策略转变为营销策略的实际的历史过程。客观化和估算行为必定显示在生存方式——而不是理论——之中出现的这一根本变化;科学和技术已经形成了面对客体的新态度,因为这一态度已经在日常生活中得以改变。客观化和经济合理性先于现代科学与现代技术出现,不仅在时间意义上如此,而且在哲学意义上也是如此。

第十二章 现代科学：实验

我们已经进行了广泛讨论，首先确立了广义认知和人类认知的基础，接着概述了人类的生存方式；在这样的生存方式中，人类认知转变为现代科学的形式。实际上，我们已经完成了一个循环：我们在此可以重复本书第一章中讲述的关于17世纪的著名妥协和现代科学兴起的史话。另一方面，我们得到了更多的成果；我们已从生物学和人类学概述的高度，具体论及支撑培根和笛卡尔的科学哲学的基本层面，即解释这一史话的生存方式层面。一个是对现代生存方式的分析，另一个是对培根和笛卡尔科学基础的分析，这两者结合起来，解释了现代科学必不可少的社会遗传密码的要素。在使科学认知变得可行的过程中，在为现代科学"铺平道路"的过程中，这些要素起到了推动力量和基本先决条件的作用，甚至起到康德所说的某种先验作用；不过，它们不是来自超验主义的心智，而是来自现代生存方式带来的那些变化。简而言之，这些要素是：(1)客体的商业化和客观性，即客体的疏离、世俗性和自主性；(2)自然的神话和自然合理性；(3)人类认知主体的独特性、合理性和空洞性（或者说透明性）；(4)基本准则的合理的决策理论结构。

我们还提出，进化未完的生物的认知出现在四种不同的媒介中：在人的神经系统中、在语言中、在人工制品中、在社会网络中。如果这一提示是正确的,那么,所有这些媒介组合起来,也构成(现代)科学现象;我们必须重新对它们加以考察。不过,我们这次将神经系统暂时搁在一旁,因为我们已经发现,人类的神经系统在生物学意义上是最不完善的器官,它需要外部表观遗传系统(这就是说,其他三种媒介)来完善自身。因此,我们认为,认知科学对人类神经系统的普遍特征的探索不可能为认识现代科学提供足够丰富的基础,其原因在于,这一系统产生功能作用的必不可少的因素来自外部。[1] 就人工制品以及人工制品所涉及认知作用而言,弗朗西斯·培根和现代科学家很久之前就发现了人工制品的认知价值,发现了在科学领域中使用人工制品带来的结果。我们在本章将重新讨论这些问题。就语言而言,我们已从逻辑句法的角度描绘了科学语言,提供了更大范围的语义分析,所以现在可以确定科学语言与人工制品制作之间、科学语言与人类的表观遗传系统之间的可能联系。下一章将对这一点加以讨论。我们并未从普遍的角度对社会系统进行研究,我们仅仅强调了教学行为的重要性,仅仅概括了现代文明社会的性质。这一点将在第十四章中进行探讨;不过,我们的讨论仅仅局限于科学界的构成及反响的角度。在这种情况下,我们拟在最后一章中总结所有这些讨论,回答关于现代科学的合法化的最初问题。

1. 理论与实验

在这四种媒介中,传统科学哲学首先讨论的是单个主体的

---

[1] 请将本书讨论的这一方法与戈尔德曼(1986年)和吉厄(1988年)提出的方法作一比较。

心智,然后是科学语言。正如我们已经看到的,这实际上意味着,传统科学哲学重视的是理论以及理论与证据之间的关系,理论要么被视为心理成就,要么被视为心理成就的语言表达。在现代科学凸显其实验性和职业性之后,这种专注理论的做法一直延续至今。注重理论的倾向既见于培根和笛卡尔的科学哲学、逻辑经验主义和科学实在论对待科学的方式中,又见于海德格尔以及其他欧陆哲学家表达的观点之中。根据海德格尔的说法,正是现代物理学理论为认识现代技术的本质"铺平了道路",使现代科学具有了实验性。以前的方法关注证明问题,这就是说,关注理论与数据之间的关系;本书的下一章将会讨论这一问题。我们在此探讨的问题是,实验的性质和地位、以理论为导向的方法以及研究它的欧陆方法。

人们如今已经清楚地认识到,现代科学与现代技术之间存在密切联系;人们普遍承认,现代技术是以科学为基础的,科学——只要它是实验性的——依赖技术专业知识。因此,哲学家应该回答这个简单的"关键问题":"试图使用精确科学的现代技术具有什么实质"(海德格尔,1977年,第14页)海德格尔作出的应答并非直截了当,清楚明确;正如我们已经看到的,海德格尔认为,其实质在于现代科学理论已经宣称的托架。同理,有人可能会问:既然现代科学可以被人应用,需要技术来达成自身的目标,那么,它的本质是什么?[1] 就现代科学理论的性质而言,我们可以再次见到海德格尔提供的答案。在论证这类回应的过程中,海德格尔及其追随者们的观点异常明确:"现代科学

---

[1] 令人觉得奇怪的是,传统科学哲学从来没有提过这个问题。

采用的描述方式探索和追问自然,将它作为可以计算的力的相干性。实验物理学使用设备来探索自然,因此现代物理学并不是实验物理学。相反的情形是真实的。因为物理学——实际上已经作为一种纯理论——干涉自然,使它作为可以事先计算的力的相干性呈现出来,物理学安排实验的目的正是为了提出这个问题:当自然以这种方式受到干涉时,自然是否展现自身,如何展现自身?"(同上,第21页。楷体是笔者添加的)在这番解释中,有两条思路超越了康德的言外之意。一条具体说明,理论的形式是牛顿式的(可以计算的力的相干性);另一条具体说明,就其真实和特征而言,存在某种不确定性(提出是否展现和如何展现的问题)。后者——即不确定性和模糊性——暗示,实验的目的首先在于确保,在于验证,其次是为了具体说明。在这两种情况下,实验是某种纯粹工具性的东西,完全是为理论服务的,完全受到理论的支配。实验主要是工具,或者甚至完全是工具,是验证并且具体说明理论的一种手段。提出这一断言的并非仅仅海德格尔一人;在科学哲学家中,大多数人均持相同观点。但是,如果这样,需要实验的不是理论的形式,而是不确定性和模糊性;这种形式只是带来困惑,从而使实验性验证和具体说明得以进行。

当实验的目的旨在为理论服务的情况下,实验以特定理论为先决条件,这一点几乎是自明之理。我们已经看到,在一般情况下,如果没有理念、设计或者某种理论,就不可能产生人工制品。显而易见的还有一点:为了被实验装置验证,进而在人工制品中得以实施,理论必须具体化,必须拥有恰当的形式。然而,这两个常见说法并不意味着理论的形式本身产生出验证的需要,并不意味着验证应该是实验性的。即便像笛卡尔认为的那样,即便像上面引文暗示的那样,所有实验仅仅是显示数字的仪器和器皿,以便具体说明和验证直觉领悟的数学排列细节,根据理论描述世界的方式、推知进行实验的需要也是本末倒置的做法。其原因在于,正如对语言的分析所表明的,具体说明更确切地说是一种普遍困局。语言总是需要语言以外的语境来具体说明意义。因此,具体说明并不是科学实验的具体特征。同理,对理论的怀疑论态度与理论的形式也没有什么关系。因此,如果有人愿意理解进行实验的强烈愿望,愿意通过实验来验证理论,他就必须摆脱这些推测性猜想,转而求助更常见的历史环境,求助现代物理理论出现之前的历史环境。在这种情况下,我们将会发现,现代理论需要实验验证的理由在于:第一,现代理论超越常识和日常经验,因而失去了进行直觉领悟的亚里士多德式性质;第二,与所有自然哲学遭遇的境况类似,以无可争辩的灵视或神示形式出现的来自神灵的直接支撑已被排除,所以现代理论已经失去了传统的确定性。

可验证性和特殊性要求仅仅是实验的一个因素,实验的发生独立于理论的形式。如果我们以相反顺序提出同样的问题,也能理解这一点:为了以实验方式得到验证,理论必须获得什么形式?乔纳斯(1966年)沿袭海德格尔的思路,提出了这一正确论断:现代物理学具有分析方式,将自然描述为由相互关联的成因构成的互动网络,因此,现代物理学是可应用的,因而是可用实验方式进行验证的;这两点在理论的数学表达形式上得到集中体现。亚里士多德物理学认为,自然主要是一个根据等级划分的静态系统,每一事物或生物在其中占据固定位置。与之相

第十二章 现代科学：实验

反,现代物理学将自然描绘为一个动态占据支配地位的宇宙。这种新的物理学通过分解方法(metodo reslutivo),将自然划分为最简单的动力因数(力)和元素(质点),从而使人们可以将它们联系起来,加以组合、转移或转变,用分析函数和方程进行表示。实现这一分析化简之后,通过合成方法(metodo compositivo),"数学接着根据它们,重构现象的复杂性,所采用的方式可以超越最初经验的数据,揭示没有观察到的事实,揭示*将要出现的事实或者将被生成的事实*"(乔纳斯,1966年,引文见米查姆和麦基,第341页。楷体是笔者添加的)。因此,理论说明事物是如何由其要素组合而成的;通过"现代科学的理论结构固有的操控方面"(同上),理论还说明这样的要素可能如何创造事物。

当然,这一分析是正确的。不过,它告诉我们为什么可以通过实验,应用和验证现代理论,但是*没有告诉我们为什么它必然如此*。有人认为,组成(或者构成)自然的元素组合起来,形成人们复杂的视觉体验世界;这一看法与自然哲学一样,具有悠久历史,堪比希腊哲学家恩培多克勒提出的四种基本元素说。此外,人们发明了计量单位,认为自然的本质具有数学特征;这一观点在现代物理理论出现之前的漫长岁月中一直流行。实际上,借助分析、力学和数学眼镜来观察世界的做法非常古老;然而,古人进行的实验非常少。同理,早在中世纪末期,以技术方式——采取行动而不是静观的方式——观察自然的态度已经在理论上和实践中得以确立。根据林恩·怀特(1962年)的研究,那时欧洲人显示的技术倾向形成了将世界视为机器、将造物主视为至高无上的工匠的理念。早在科学革命出现前300年,尼古拉斯·奥里斯姆就提出了这些断言。人们早在现代科学问世很久之前就认为,自然是被创造或者杜撰出来的,含有独立存在的实体,后来被留给了次等、自发的或者独立存在的一代人;这一点只有通过改变可操控要素之间的关系,重新安排和组合可操控要素才能实现。早在现代理论出现很久之前,自然自身的创造方式就被视为"准技术生产方式",就被视为"它自己的工匠和制品"(乔纳斯,同上,第343页)。所以,培根当年提出了这一名言:要支配自然就须服从自然(Natura enim non nisi parendo vincitur);它宣称,人通过服从或者模仿自然的"准技术生产方式",可以操控自然。其实,培根只不过总结了当时刚刚确立这一传统而已。实验只是以适当方式,占据了现代理论出现之前早就为它准备就绪的位置。

就每一技术干预——它显然是一种实验——而言,我们总是可以提出这个问题:是谁按照什么方式做事?人类是否像过去和现在的普通人与科学家认为的那样模仿自然?或者说,自然是否如海德格尔所说的那样,通过披上理论的伪装,与人类玩狡猾的游戏?我们已经看到,任何生产性互动,任何制作人工制品的行为都可以从这两个方面加以解释。在这种情况下,尽管——或者因为——历史方面的作用,这一点是可能的:理论的形式操控并且完全遮蔽了人们对世界的看法;无论是四个基本原理,例如,上面提到的四种基本元素,还是具体的物理学理论的概念结构,它们都起到康德所说的先验作用,使实验形成的现代科学中的一切理论"事先"以"可计算形式"呈现出来(这也是海德格尔的观点)。不过,这可能会夸大康德主义的作用。况且,科学进展已经说明,欧几里得几何学和牛顿力学并不像康德认为的那样，是普遍、超验的理念。

这一观点反对将实验仅仅视为理论的奴仆，视为通过其他方式继续进行的理论建构，其主要论点在于这一事实：并非所有的理论都是为了验证，为了进行具体说明，并非所有的理论都以上面所规定的形式的理论为先决条件。许多实验并不是为了验证，并不是为了具体说明理论，这样的例子见于在许多领域中进行的实验，包括19世纪的光谱学、20世纪早期的基本粒子力学以及古代的化学和当代的生物化学。[1] 与经院哲学方法——它在一定程度上是揭示已经获得的知识的方式——不同，现代科学提出了寻找和探索未知事物的方法。所以，在大量实验中，科学家只是努力从自然中挤出某种东西来，揭示某种新的东西，某种出人意料的东西，或者说某种仅仅模糊感知的东西。经常出现的情况是，科学家并不将事先限制答案的任何具体问题强加于自然；实验常常只是旨在探索、推敲、尝试不同的可能性，等候某种东西呈现出来。发现未知事物的强烈愿望是现代的一个重要特征，（除了不确定性和模糊性之外）也是实验方法兴起的原因。正是这种强烈愿望在历史上形成了独立于理论的实验，保持了实验的独立性。实验并不是在科学理论获得牛顿式理论的形式之前出现的；在实验出现之前，历史进展已经将对理论的怀疑与这信念结合起来：操控自然可能是知识的恰当源泉。实验拥有自身的起源和逻辑依据。

对理论与实验之间关系的错误解释，对实验的起源的错误

---

[1] 参见哈金（1983年）、富兰克林（1990年）和赖因贝格尔（1992年）。

解释源于这两个传统观念：人们可以而且必须明确区分理论（theoria）与技艺（techne）、"知识"与技巧、本体论与技术、理论与实验、描述与干预；根据常识，科学与这些组对的前一项相关。这一直觉领悟可以用下面这四个命题加以详细说明：

1. 所有科学知识都是某事物确实如此的知识。科学提供对现实世界或者现象世界的结构的描述；科学以字面或者比喻方式，说明世界的构成因素。

2. 所有技能都有助于了解科学知识（因为技术有助于了解人的本性）。科学家必须知道如何思考、计算、观察，知道如何进行实验，但是，科学家的活动的最终结果是对世界结构进行独立的符号性描述；就此而言，技能只不过是一种可以消耗的手段。

3. 描述是基于感性经验和思考的心理过程，因此，描述是真正具有意义的心理活动。用手工方式制作工具和实验装置的行为是辅助练习，本身并没有认知价值。

4. 理论应该通过观察和实验加以验证；这一要求并不使技能成为知识系统的组成部分；理论涉及的是世界，而不是人们的验证行为，不是人们与世界的互动行为。

正如前面所强调的，当代大多数科学哲学仍然基于这一直觉领悟，这就是说，仍然是"以理论为导向的"。对这一导向的抵抗是由来已久，然而进展相当缓慢，其中包括美国的实用主义者、欧洲的现象论者、I. 哈金、R. 爱克曼、A. 富兰克林、P. 伽利森、D. 伊德、P. 希伦、R. 克里斯、H-J. 赖因贝格尔以及其他人。理论科学家和科学哲学家身陷关于理论问题的争论之中，他们既没有向这一传统的直觉认识提出挑战，也没有对科学在历史发展过程中经历的变化给予应有的关注。其原因在于，科学已经将亚里士多德式静观和阐述逐步抛在身后,已经经历了培根式机械发明和聪明干预,已经进入当代科学的微妙和全面的技术领域。

对技术的分析显示,制作人工制品(实验器材肯定属于人工制品之列)意味着参与复杂的生产活动和演绎活动;在这一过程中,知识与技能、描述与干预等因素互相交织。因此,即便我们后退一步,将实验完全视为验证和具体说明理论的手段,仅仅视为对五官感觉的扩展,认为它只有简单观察的工具性作用,这些看法也相当狭隘。现在,我们应该扩大这一认识,揭示现代科学所在的这种新媒介具有的完全独立自主的地位。

2. 观察

传统上,观察被视为理论(theoria)的组成部分,视为一种见解。观察根本无法与理性竞争,因而不是理论(theoria)最重要的部分。但是,观察——如果得到理性的监督——被视为真实的,总是受人欢迎,至少可以作为引起心智内部运动的刺激动因。此外,观察还被当做证明的要素,至少被视为确定断言的真实性的一条途径。但是,即便起到这样的重要作用,观察仍旧只是一种工具;在主体作出接受或者排斥所面对的断言的决定之后,观察便完全失去了作用。在"没有主体的"认识论中,观察的工具地位是主体的工具地位导致的结果,在看似良好的形而上学基础上得以确立。[1] 在更密切考察科学观察和实验的情况之

---

[1] 参见本书第二章、第三章。

后,这一看法的正确性究竟如何呢?

大体上说(Grosso modo),简单的视觉观察将无所不在的辐射(阳光)用于客体,以便从经过反射、折射、再发射——简言之经过改变——的辐射中,提取信息;科学领域中的任何观察都遵循这种简单的视觉观察的模式。由此可见,观察的构成部分包括:(1)发射源、(2)入射辐射、(3)与入射辐射相互作用的客体、(4)转换辐射以及(5)入射辐射的受体。这里存在两种至关重要的相互作用:一种是在入射辐射与客体之间,另一种在转换辐射与受体之间。它们在这一意义上是分离的,独立的:受体遇到的任何情况都不对初次作用产生影响。

观察的实质是,根据对辐射产生的效果,根据二次作用给主体带来的效果,对客体进行的重构。在肉眼观察中,这种重构是神经系统完成的任务,而受体是神经系统的内在组成部分。由于受体与转换辐射相互作用,而不是与客体相互作用,即与信使相互作用,而不是与信息源相互作用,重构必然是一种阐释。[1]由此可见,我们观察时看到的是重构提供的世界;在生物进化的漫长过程中,重构机制得以形成,并且嵌在我们的躯体之中。从这个意义上说,我们看到自然世界和自然世界之中的客体。尽管这种机制受到生物学方面的制约,受到文化限制的影响,尽管阐释并不像幼稚的实在论者希望的那样直接,肉眼观察起到了它自身的作用——物种的存活。科学家和哲学家们相信,在得到适当思考的帮助时,这种相同的机制也可以满足科学提出的要求,甚至超过为人们在世界中的日常活动服务的水平。

---

1 参见本书第八章。

第十二章 现代科学：实验

不过，现代科学已经远远超出日常观察的范围。人们发现，转换辐射中存在的信息超过了人类肉眼可以捕捉的数量，科学家随即开始并且试图从中提取更多的东西，采用的方法是借助工具——即借助技术手段——来对肉眼进行辅助、延伸、纠正和补充。技术手段即便被用于科学观察时也是人工制品，它们与其他人工制品的区别仅仅表现在目的上的不同。根据上文提供的对观察的描述，它们的基本功能是将人们尚未看到的某种事物显示出来。这就是说，它们的目的并不仅仅是纠正和稳定人类的感官输入，而且还——在这个过程中——显示人类的肉眼即使在最佳状态下也无法发现的某种东西；这样的东西并不是人在生物属性上协调的感官输入的组成部分。

此外，观察——无论是否利用工具——意味着，除了别的活动以外，将对象或者活动带入前景之中，把它挑选出来，使它出现在人们关注、探索的心智中；心智要么关注它，要么更仔细地观察它。在这种注意的过程中，触及五官感觉的部分信息被当做噪声加以忽略，或者作为不重要的东西推入背景之中；换言之，对输入进行了选取。同理，在观察工具中，根据人的感觉器官的结构和能力，从遮蔽状态进入无蔽状态的东西得以选取和改变；根据特定目的，对隐蔽的、处于这一结构和能力之外的某种东西进行解蔽。伊德（1979年）指出，在利用工具进行观察的过程中，既丰富（他使用的是"放大"一词）了人的视野，又缩减了人的视野；这就是说，存在着来自人的干预。

在这个过程中，科学仪器——例如，显微镜或望远镜——捕捉已被客体改变的光线，再次加以改变，使其从过去的状态变为肉眼可见的光阵。培根曾经谈到"刺激"装置：它们"将不可感知的东西简化为可以感知的东西,这就是说,借助可以感知的东西,使并不直接可感知的东西显现出来"(培根,《新工具》,第 xxi-lii 节)。在这个过程中,观察工具并不干预客体,它们——可以这么说——作用于转换辐射,使隐蔽在信使而不是客体之中的东西显现出来。科学仪器将转换辐射之中形成并且固定下来的信息提取出来,同时并不给客体带来任何影响。人们常常可以容易地将实施改变的那一部分仪器与显示信息的那一部分仪器区分开来。此外,在组配用于观察的工具——例如,望远镜——的过程中,人们事先并不知道自己将在输入即转换辐射中发现什么。当伽利略当年将望远镜转向天空时,他真的发现一些东西,例如,木星卫星和金星位相,某些他做梦也没有见过的东西。因此,我们可以有充分信心说,我们仍然面对的是自然的物体,而不是自然的图像。

有一个人们常说的印象是有道理的:尽管具有不可排除的选择性,这类科学仪器也仅仅是媒介物,可能类似于日常情景之中的光线;它们是透明的,或者说,它们与光线类似,具有"透明的本质"。根据这一传统看法,工具只不过提高和延伸人的感觉,工具既不改变感觉,也不改变被观察的客体。因此,爱克曼(1985年)可以说:"工具——例如,眼镜——用来观看东西,但是,一旦通过使用工具看到的东西获得独立存在之后,(除非工具功能失常或者破碎)人们便无须注意它们了"(同上,第 132 页)。[1] 与光线对眼睛的作用类似,不被注意也意味着,在最后结果上——这就是说,在阐释上——不留下痕迹,尽管实际的情况是,在这种条

---

[1] 请回忆一下本书第九章讨论的伊德提出的体现关系。

件下,算作透明的东西可能在历史和文化层面上是确定的。[1]

不过,在当代科学研究中,使用简单仪器的情况非常罕见。在所有要素中都出现了变化,其中有的具有重要意义。第一,辐射源现在常常是非自然的。这一点形成的结果是重要的,其原因在于——如果辐射源并不发射可见光,而是发射电磁光谱的另一个部分,或者说,如果我们使用像偏振这样的非传统辐射——我们需要特定理论所提供的进一步阐释。在人的神经系统中,只有对一般的周围光和某些可见光谱之内的人工光源的自然解释。因此,非传统光源引入大量问题,使观察类似于我们所称的"微观实验"。然而,常见但尚未得到证实的观点是,这一进展并不使这种情况与传统情况有什么根本不同。

第二,光谱的不可见部分和强度以及波长之外的其他特征也要求,适当的人工受体成为仪器的组成部分。如果受体将不可见(已经改变)的辐射所携带的信息转变为以可见效应的"可以理解"形式出现的信息,"使原来信息出现最小损失、最小失真和最小增加",那么,受体和整个意义都是"适当的"(夏佩尔,1982年)。当然,最后信息必须以人可以理解的形式出现,这一要求给仪器和探测器附加了明确限制,将整个科学观察过程与人密切联系起来。对大多数人来说,这一要求也许是理所当然的事情——假如观察不是具体观察者实施的行为,讨论观察就会是没有什么意义的。尽管从认识论角度看,这一要求非常重要,尽管它的意义非常明白,然而它并未引起人们的多少注意。

---

[1] 对伽利略来说。他使用的原始望远镜是透明的,然而对其他沿袭亚里士多德传统的研究者来说却并非如此。

不过,最小损失、最小失真和最小增加这一要求既涉及对理论的应用,又涉及人的技巧,所以它在哲学上更加有趣,在认识论上更为重要,涉及的问题也更广泛。

第三也是最后一点,根据观察者希望看到的东西(例如,采用显微镜方法进行着色或者切开样品),通常必须准备用于观察的物品。处理物品的行为,即处理转换辐射源的行为都会立刻引起关于观察与实验之间差别的问题;对这一问题的讨论我们将放到下面一节中进行。不过,我们在此想到的这种干预通常被视为意义不大,或许与切开石头寻找化石的做法,与割开尸体以便发现解剖结构的做法没有什么根本不同。这一点尚未引起人们改变对观察的相当常见的看法:它借助仪器,仅仅是一种方式,将观察者置于非标准但仍旧自然的地位,从而使观察者以标准方式看到本来无法看到的东西。

正如我们在上面提示的,将不可见的东西变为可见的,将一种现象与其背景加以对比的行为并不仅仅是调整"视觉"的问题,它要求心理和肢体两个方面的技巧。[1] 当人们关注对象并且利用自己的能力以便辨识对象或者活动时,需要的是心理方面的技巧;当人们根据上面描述的明确要求制作仪器时,需要的是肢体方面的技巧。为了满足第二个要求,即最小损失和最小失真,仪器制作者和使用者必须找到方法,以便发现仪器的特征,尽可能弥补损失,消除增加物——即仪器——带来的影响(artifacts),[2] 纠正出现的失真。这意味着,在观察仪器逐步变

---

[1] 请参见哈金,1983年。

[2] 我没有更好的解决方法,在此姑且使用"artetact"的不同拼写形式,即"artifact"来表示不同的意思:前者表示装置,后者表示完全属于装置的效果。关于这一点的进一步讨论,请参见本书第十二章第5节。

得透明,不被注意之前,它们必须被视为技术物品,这里涉及的不仅有理论(理论常常是后来出现的),而且首先是技术方面的熟练能力。

因此,爱克曼试图以这种方式、截然区分技术人工制品和科学人工制品的做法是错误的:"在技术工作和特殊技巧——如,制作饼干或者繁殖马匹——方面,活动可被延伸或者提高。在科学领域中,得以延伸和提升的就是人的感觉器官。"(1985 年,第 127 页)尽管重要的干预事实上涉及的仅仅是辐射,而不是客体本身,借助工具的观察需要制作工具的活动,因而将理论(theoria)与技艺(techne)、见解与技能、观察与工程混合起来。此外,由工具的透明性、观察的真实性、科学的客观性这三者构成的这一理念依赖于观察工具制作者们满足这一要求的方式:获得最小损失、最小增加或者最小失真、清楚、明显的现象。换言之,这个理念开始与某种称为"技术专业技能"或者"技巧"的东西融合,与隐性知识和技能领域融合。但是,这并不意味着,客观性和自然性要求是无法满足的。它仅仅是说,获得对隐蔽在转换辐射之中的现象的清楚、明晰的洞见并不是推理和沉思的问题,而是行为和干预的问题。培根时代过去这么漫长的时间之后,行为和干预应被视为可靠的知识源泉。

3. 宏观实验

现代科学——特别是物理学——是在对抗亚里士多德理论的过程中发展起来的。这种对抗并不仅仅在于赞成对世界的另外一种不同看法,并不仅仅在于赞成一种不同的理论形式,并不仅仅在于赞成一种不同的语言。培根、伽利略和牛顿还认识到，亚里士多德哲学依赖的传统沉思方式的潜能已经枯竭，它应被更主动的实验策略取代。毕竟，肉眼仅仅借助专注的心智可以观察到的东西已经得以解释和吸收。亚里士多德和亚里士多德主义者揭示和系统阐述了其中大部分内容。他们觉得，为了获得关于自然的新认识，人类必须以更勤奋的方式与它互动，其原因如培根所说，"与自然状态的自由相比，处于艺术影响之下的事物的性质更易显示出来"。科学必须变为实验性的；这意味着，必须刺激、质疑、机灵地诱导和挑逗自然，以便使自然显露自身的秘密。此外，应该通过行动和研究——而不是仅仅通过咬文嚼字的争论——来验证科学断言，从而确定真理。培根还说："作为真理的保证，研究工作本身具有很大价值，超过了对舒适生活的贡献。"

科学革命的这一积极成分也凸显了被动观察与主动实验之间的差别。正如前一节所描述的，对被称为实验的东西而言，最重要的一点在于，整个干预被限于辐射，观察的对象在应用辐射的过程中并不被人改变。即使在必须准备样品——这是常常遇到的情况——的情况下，干预以及必然涉及的能量和动量的转移方式也必须使样品的结构保持完整不变。此外，在大多数观察中，能量和动量并不是人们关注的问题；重要的是关于样品在一定程度上静态结构的信息。

另一方面，我们所称的实验通常包括的不仅有用于发现的仪器，而且还有用于干预和追踪对象的动态的设备。能量之流——或者动量的转移——这时是兴趣所在，所提取的信息涉及能量或动量的生成和重新分配。J. C. 马克斯韦尔（1876年）

第十二章 现代科学:实验

概述了这类实验的一般模式。根据他的观点,经典宏观观察由产生三种作用的器材构成。第一,器材或者器材的一个部分是能量(或者动量)源;第二,器材或者器材的组成部分起到能量(或动量)的输送器或分配器的作用;[1]第三,在这样的安排之中,必须有显示信息的器材,即记录和量度转移效果的器材(生成数据的可读部分)。能量和动量从辐射源流出,经过对象,到达记录仪器;仪器监视的是显现出来的宏观动态;在一定程度上,宏观动态是通过人的行为引起和安排的。换言之,引起了一系列宏观——这也意味着容易看到从而容易考察——的能量传输,从构成系统的一组要素到达另外一组要素;借助预先确定的条件和安排,它的轨迹得以跟踪。[2]

对经典力学实验来说,这种图式确实是正确的,而且非常容易进行显示。在经典力学实验中,实验安排的所有部分——尤其是运动物体——容易确定,并且一直是可以辨识的。请想一想玩台球的情形:第一次击球打乱了其他球的排列,它们在桌面上散开。在带有电场和磁场[3]的实验中的情况不那么明显:我们凭借五官感觉看不见它们,它们的动量肯定总是转换为机械效应。热力的情况与之类似。在热力学实验中,我们离开了仪器便什么也观察不到,与观察情形或者力学的情况相比,区分实验安排的工作部分与显示部分的能力显得更为重要。总的说

1　力其实是一个实体与另一个实体之间的能量转移和动量转移。
2　请参见乔纳斯(1966年)和科克尔曼斯(1985年)对实验的描述。另外,请参见克里斯(1993年)使用的"表演"这个比喻说法。有关"可读"部分,请参见希伦(1983年)。
3　尽管马克斯韦尔提出的模式可以最好用电流试验来加以说明。

来,尽管观察与实验之间存在着差异,该模式重复共同的整体结构:辐射源或者能量源、主要互动物体、受体或者探测器。[1]

人们认为,在经典宏观实验中,能量以有规律的方式流动,其中的有的部分被转换,有的部分被储存,有的部分被消耗。所有能量形式都可转换为机械效应,即系统的部分在宏观距离上的移置;这一点可以借助仪器或者通过观察进行记录。通过机械效应,科学家可以区分制约系统作用的规则性或者规律。以这种方式理解的规律——即通过实验发现的规律——描述系统的实际运作和显现运作,所以通常被称为"唯象律"。[2] 在大多数情况下,它们可被推而广之,用于不同系统,可以获得基本规律的地位,例如,牛顿提出的定律或者马克斯韦尔提出的方程。由此可见,它们所起的作用类似于亚里士多德世界观中的本质,这就是说,起到世界的不变、永恒、内在的支架作用。在经典宏观物理学中,"被带入无蔽状态"的不是以静态次序排列的等级分明的事物的本质,而是使实体处于不断变化状态的规则。在马克斯韦尔所描述的人为安排中,几乎一切因素都可以被安排和再安排,但是展示或者揭示出来的规律却不能改变,只能服从。

科克尔曼斯(1985年)考虑到所有这些因素,以我们熟知的康德方式得出了这一结论:"进行实验意味着,事先设想一组条件;根据这些条件,可以在它们必然形成的进程中跟踪特定的运

---

[1] 经典光学中的试验是具体的,它们关注的是途径,即辐射,而不是辐射对象。对这类试验的描述请参见本书第十二章第4节。

[2] 参见卡特莱特(1983年)。

第十二章 现代科学：实验

动整体，从而通过计算预先进行操控"（同上，第156页。楷体是笔者添加的）。[1] 仔细跟踪必然过程、进行控制并且事先计算某事物的能力是以知道规律为先决条件的，这使我们重新回到第十二章第1节所进行的讨论。然而，科克尔曼斯还在"追踪"和"控制"上补充了这一观点：现代自然科学"设想和推断其研究对象"，设想和推断出自相同的来源，这就是说，出自其理论的数学形式。他最后赞同已知的结论，现代自然科学具有数学特点，可以事先对自然进行预测，所以，现代自然科学是试验性的，可以验证的。"事先"设想实验条件，设想和预测实验对象，以实验方式"通过计算预先"进行控制，能够——应归于数学预测——超越过去经验，这些是完全不同的作用。为了分类整理这些混在一起的说法，让我们首先厘清数学在实验中所起的作用。

除了别的因素以外，观察结构与监视能量流之间的差异在于对数学的使用；前者至多需要几何学，而泛函分析是后者必不可少的。为了说明能量转移，就必须进行测量。在测量仪器中，可以显示的数据也必须被划分成可以比较的单位；当与标准单

---

[1] 正如这段引自《纯粹理性批判》（1787年第二版《序言》，第XII-XIII页）的文字所示，对康德理念的借鉴显而易见："伽利略事先确定了球的重量，然后让球顺着斜坡下滑；托里拆利事先计算了重物的重量，使其与确定体积的水相等，然后用空气浮起该重物。在更近的年代，斯塔尔把金属变为花萼，然后又将花萼变为金属，其方法是将某种东西取出，接着又加以恢复。这些例子使自然研究者受到启发。他们认识到，借助理性可以洞见的只有理性依据自身基础形成东西，理性绝不会让自身——可以这么说——停留在自然的牵引带上，而是必须用基于固定法则的判断原则来显示这一方式，操控自然，以便回答理性自身的确定作用提出的问题。"

位进行比较时，可以比较的单位将会提供实数。因此，借助测量仪器看到的数据可被描述为可以计算的单位，例如，空间单位、时间单位、力单位等。通过数字的排列对能量流进行跟踪，然后以数学函数之间关系的形式加以说明。仪器是准确的；如果数字可以说明——即以数学方式显示——数学函数代表的试验对象的特性或状态之间的相似性、差异和关系，科学是精确的。在这方面，科克尔曼斯的描述是正确的；我们确实"事先"对设备的组成部分进行排列，从而以数学方式跟踪能量流。但是，这并不意味着：如果该排列不是验证装置，我们"设想"该能量流；我们"推断"它的规律的作用。就真正的发现而言，数学不过是以试验方式探索事物的手段，这样的事物拥有独立的存在和作用，仪器装置通过显示的数据，让我们了解它们。这里使用的康德术语——例如，"设想"和"推断"——间接表明，科克尔曼斯在此将所有实验都视为验证手段。但是，即使在这种情况下，所推断的代数形式也不可能被提升到制造仪器装置所需的先验主义的先验水平。例如，现代理论力学的基本"空间"是所谓的"相空间"，是人们发明出来的抽象而方便的工具，用以说明相差很大的系统——例如，太阳系与台球桌——的动态。尽管某些神经生理学者现在使用这个概念来描述大脑中出现的作用，但是相空间不大可能是人的大脑中在遗传上固有的、后天被强加在科学中使用的人工制品上的东西。现代物理学理论的汉米尔顿形式或者朗格形式就很难根据这一点进行理解。

这使我们提出这一恰当问题：应该如何解释物理学家在进行经典实验的过程之中的行为？如果我们暂不考虑验证理论的实验，那么，进行实验的整个理念在于对自然进行研究，所用的

第十二章 现代科学：实验

方式是对自然（而不是理论）进行测试，是迫使自然以特定方式运行，从而使在自然、自发的生成中的隐秘特性显现出来。为了做到这一点，实验人员采用某些手段或某些巧妙的干预，设置适当的条件，以便迫使自然的内在工作方式显现出来。实验人员让这种内在工作方式显现出来的办法是通过刻意干预和条件设置，总之通过促成和显示方式来刺激自然。由于这一点，形成的现象——即呈现给人的视觉的东西——可被称为"结果"，它是某种原因形成的变为事实的东西。显而易见的是，认知者是主动的行为主体；从这个意义上讲，科克尔曼斯的描述是正确的。

另一方面，在宏观实验中（在科学领域的所有人工制品中），实验人员带着具体目的——这在其他领域中根本就不是什么目的——进行干预；科学、现代技术与艺术之间的根本差异也正在与此。在技术领域中，人们改造自然，使其为预先知道的特定实用需要服务；在艺术领域中，人们制作人工制品，以便将预先存在的内在体验和想象外化和具体化；在实验科学中，人们干预自然，其目的仅仅为了"预先"知道出人意料和未知的事物，将这样的东西带入公共空间。实验人员做到这一点采用的方式是，使该情景的不相关的要素推入背景之中，去除现象之中的非本质的不重要的方面，抑制任何不可排除的环境噪声。简言之，实验人员对"生态系统"进行净化和简化，现象于是以自发方式显现出来，从而使现象与环境之间的对比变得足够鲜明，可以向他人进行描述和陈述。在实验中，人们产生的感觉与德韶尔所描述相同，它比在技术领域中的感觉更为明显：自己发现或撞上了某种已经在客观世界存在的东西；它处于隐蔽状态，不会自动显现出来让人看到；它不是实验人员的想象力的产物，而是存在于另外一个王国之中的东西。这说明,使用"揭示"一词比使用"推断"一词更有道理;如果考虑到这一原因,情况尤其如此:实验人员必须以稳定和可复制的方式完成这种揭示,从而使他人能够重复自己所做的实验。可复制性要求在科学实验中得以完全满足,确保实验条件和形成的现象的独立性,不受任何具体地点和时间的影响,不受任何具体的实验人员及实验人员的先入之见的影响。在这种情况下,我们必须说:通过让某种已经存在的东西"呈现"出来,该现象被客观地揭示出来;在实验科学中,自然(physis)的"自行引出"并未受到阻碍,恰恰是得到刺激。

尽管任何人工制品制作的两个方面——即生产和演绎——也出现在经典宏观实验中,那些实验通常被理解为对后一过程的最大化,对前一过程的最小化。这种带出显现了自然中以前从未解蔽的隐秘特征,它只有通过带入——通过将预先设定的安排(不过,并不一定是具体理论)强加在自然上的尝试——才能出现。然而,我们不能将经典实验中显示的现象视为纯粹的推断,视为与技术品和艺术品的情形类似的实验人员的简单(tout court)建构。其原因在于,该现象在此之前并未在作为制作者的人的头脑中完全展现出来。即使实验的设计目的在于验证未知理论,构成实验的方式也必须为出人意料的东西预留空间,这就是说,为可能的否定预留空间。

由此可见,我们可以几乎完全沿用海德格尔对他所称的古代技术本质的描述,对现代科学实验作一番考察。(正如我们在第十二章第5节中将要看到的)在科学实验中,人们行事特别小心,确保所研究的是真实的自然现象,即原则上可能在自然中自发出现的现象。尽管如此,在一定程度上"不纯"、复杂的条件下，实验人员可被视为给自己规定这类适度目标的人：消除障碍，让特定的东西自由"进入"自己所控制的条件，这类似于婴儿在助产士的帮助下顺利娩出的情况。助产士的帮助确保已经存在、即将出世的婴儿顺利出生，而这一点是通过温柔的刺激，通过排除阻碍，通过净化环境来实现的。这正是经典实验采用的方式，如今的科学依持这种观点。同理，物理学家常常将经典实验解释为观察过程的延续，换言之，作为旨在让观察者更好地考察现象而实施的谋略。不可避免的干预被视为策略，这样的策略——不是让观察者挪动位置，不是根据环境条件来调整辐射，也不是让受体适应环境条件——以特定的方式改变实验对象，使其内在结构和动态对标准观察者的考察呈开放状态，对直接"观看行为"呈开放状态。

4. 微观实验

在过去很长的时间里，原子理论——就它以经典观察和经典实验为基础这一点而言——被大多数物理学家视为纯粹假定的东西，因为据称支撑原子理论的实验利用伽利森（1987年）所称的"平均数仪器装置"，即"从大事物实验来窥探关于小事物的信息的仪器"（同上，第23页）。例如，在爱因斯坦的理论分析问世之后，显示布朗运动的实验让许多怀疑论者相信，原子确实存在，依然显示分子集合体的统计学波动形成的效应。在19世纪末，这一点出现了变化；事实证明，该变化影响深远，远远超过了人们当初想象的程度。1895年以来，特别是20世纪头25年以来，人们发现了现象，制造了相关设备，从而使实验人员得以记录单个微观——甚至亚原子——实体所形成的宏观的因而可见

213 的效应。借助盖格姆勒计数器、威尔森雾箱、特殊照相乳胶这样的手段,许多微粒子的共同作用引起的效应现在得到单个微粒子导入效应的补充,得以适度放大,变为可见的东西。于是,原子理论不再是假定的,微观世界的存在变为无可争辩的东西。更为重要的是,研究者发现了阴极射线、X射线、放射性、分子光谱这样的现象,世界各地的实验室使用各种设备来观察这类现象,这一切已为实验物理学创造了一个全新世界。

新的实验平台的新颖性具有前所未有的能力,不仅将单个微实体引起的效应带入宏观层面,而且还有许多别的出人意料的特点。在讨论新颖性之前,请让我们先再看一看相同的整体模式。在微观物理学中,几乎每项实验都有一定技术性,都可被描述为所谓的"散射实验"。散射实验的条件包括:(1)发射源,它产生在特定状态下准备的特定种类的微粒子束;(2)目标,它是微粒子束射向的目标,可能就是另外一组散射实验束;(3)检测仪,它探测散射微粒,指示它们的状态。散射实验的目的要么是为了研究目标,要么研究散射束;其模式是相同的。散射实验所用的实验安排几乎完全沿袭观察的安排,[1]唯一的不同之处在于,实验对象通常与辐射的数量级相同,例如,当两个散射实验束互相碰撞时涉及的对象。

新的一点是,当辐射和目标的作用互换时,实验根据目标形成两组。第一组可被称为"半经典的"。在这一组中,构成散射实验束(辐射)的微小物体的运动学在这个意义上在互相作用之前和之后显示出来:仪器装置记录的每一轨迹都可被归为单个

---

[1] 当人们借助电子显微镜这样的现代手段,研究微观样品——例如,晶体或者组织——的结构时,情况事实上就是如此。

第十二章 现代科学：实验

物体，即"微粒"。众所周知，在这种情况下，人们没有得到动力——即能量和动量转移——的精细控制和细节。例如，在威尔森雾箱中，单个微粒的痕迹是清晰可辨的，微粒的轨迹可在水滴直径所规定的数量级的准确度范围内进行描述。动量和能量在微粒每次被水滴形成记录时都会变化，这时得出平均数，只能在海森堡测不准关系所定的准确度之内加以了解。在第二组中，实验——我们可以将其称为"量子实验"——使用相同的散射实验束，即同样的微实体发射源，但是目标却不同，使检测仪显示干扰模式或者"波浪状作用"。这样的安排使人们可以在以单个微粒的运动学为代价的情况下，更准确地了解散射实验束的动量和能量。例如，在戴维森-革末实验中，电子束是被"喷"到准备好的晶体上面的。底片上显示的光阵提供了与电子束相关的波长从而与动量相关的可能的最佳信息，但是并不提供关于单个电子穿过晶体的轨迹的信息。

在这两组实验中，如果根据经典标准判断，缺失了某些信息。我们可以解释一下这个控制论术语：两种仪器装置都是"灰盒"，即介于属于完全未知信息的"黑盒"与完全已知信息构成的"白盒"之间的东西。尽管提供了关于输入和输出的完整数据，人们仅能辨别仪器装置之中实际情况的"部分"内容。在威尔森雾箱中，人们无法控制微粒子与媒介原子之间的多种互相作用。在戴维森-革末实验中，人们知道每个散射电子都穿过晶体，但却不知道从什么位置上穿过；实际上，我们在计算时不得不预先假定，每个电子在穿过时以某种方式，见于晶体的各个部分。这里的新颖性并不在于信息本身的不完整性；如果再次从经典理论的解读看，新颖性而是在它们——用玻尔的话来说——的"互补"性质,在于它们的相互排他性和不兼容性。这种情形带来的结果是,人们进行的描述在很大程度上受到实验安排的性质的约束。

马克斯韦尔——顺便提一句,他认为实验根本无法处理单个电子——对这两种方法进行了区分:历史方法与统计方法。历史方法依赖决定论性质的力学以及力学定律,例如,牛顿的运动定律,还有马克斯韦尔本人提出的支配磁场形态变化的定律。借助这些定律,物理学家可以在理论上跟踪任何一个客体——无论它是粒子还是磁场——的运动,从过去的任何时刻到将来的任何时刻。从理论和实践两个方面来说,人们通过变化状态的过程,可以确定该客体。客体是被个性化的,被其内在性质所标示,客体的在场是持续不断的。这与使用肉眼观察越来的情形没有多大不同。

不过,在新物理学的微观实验中,单个的客体出现并且消失。它们来自任何一个发射源,人以前并不知道其踪迹;它们在检测仪上消失,此后便不再被人发现。这并不是因为实验人员选择这样做,而是人们无法对其进行跟踪。请记住,每一科学装置的目标旨在让特定的事物显现出来,采用的方式可能是创造永恒的可见标记,也可能是像魏茨塞克所说的那样,进行"描述"。装置必须将微活动及其效果转变为宏观的、可见的标记;从本质上看,它包含一种不可逆转的过程,该过程完成实验,但是同时"破坏"研究对象,使其难以见到。客体在检测仪中消失,无法进行跟踪。因此,在观察眼里,它们仅仅存在于实验时间中,存在于两个装置之间的空间中。这使历史方法的应用范围限于这一短暂时段中:客体从发射源到检测仪所用的时间。但

第十二章 现代科学：实验

是，即便在这种时空中，如果我们希望追踪一个客体的"历史"，或者希望获得关于该客体的信息，我们就必须以微妙方式与其产生互动。这就是说，宏观装置必须与该微实体进行互动。由于装置与微实体之间互动是强烈的，该客体的状态被改变了；由于这种互动的特殊双重性质，部分信息总是被丢失了。

于是，人们期望，统计方法将会是唯一可取的方法。人们使用装置导入的变化，在特定状态下——当然，以统计学方式——准备客体。在这种情况下，为了跟踪状态的变化过程，我们需要与装置的一部分进行另一种——可以说是无法控制的——互动，从而最终实施单个的探测。结果，借助宏观装置和宏观操控（人们唯一可以使用的东西），人们能够做的是以上面描述的方式，控制统计系统，即通过对许多（在统计学意义上）以相同方式准备的独立客体进行的相同实验得到的系统。尽管研究者以单个方式记录微粒子，微物理学中的所有实验都具有这种统计学性质。由此可见，从理论上看，研究者只能了解在单个客体和不完整力学状态组上面的被明确规定的统计分布。然而，注意到这一点是重要的：这里的统计学并不是经典统计学，因为在典型的"量子"条件下，即在所谓的"纯态"下，不能将特性归为系统的单个组成部分。于是，微观客体的特性被埋藏在统计数据之中，失去了它自身的历史。

微观实验的所有这些方面——这就是说，它们的非历史性质或者统计学性质、它们的不确定性和双重性、它们的不可逆转性和不完整性——说明了玻尔试图用"量子现象的整体性"这个术语表达的某种东西。根据玻尔的看法，使量子现象成为整体的是这一事实：对它的描述需要实验安排。从理论上看，这种整体性是不可能将态函数归为单个微观客体形成的结果；这种函数在独立于"环境"的条件下,这就是说,独立于实验装置的条件下,包含关于客体的所有可能信息。当然,可以通过躲进——据称也可被量子力学描述的客体构成的——"客观"环境的方式,在形式上避免考虑实验安排,避免考虑与之相连的人类中心论的影响。但是,在这种情况下,鉴于量子力学描述(作为波浪状作用带来的结果)引起非定域性和不可分割性,这种环境应被视为包括整个宇宙。不过,这是无法达到的,回避这种令人觉得不自在的结果的唯一途径是：采纳玻尔提出的对环境的限制,采纳对实验安排的限制。其原因在于,实验安排是被可解读的技术明确定义和界定的,因此它与宇宙的其余部分——观察者自己也在之中——之间划出了清晰和鲜明的界线。

量子现象的整体论性质让任何准确理论解释都回到实验安排的具体说明；互不相容的整体之间存在排他性；所以,我们最好这样理解：希尔伯特空间之中的完整量子力学描述——无论是对单个客体还是对量子系综的描述——不是与实际的微观世界有关,而是与可能实验形成的可能结果的虚拟世界有关。与具体量子系统有关的希尔伯特空间——所有具体客体的所有波函数所属的一种矢量空间——以人们计算或然性的方式,包含与可能的实验安排的种类的关系。从这个意义上说,它可被视为与系统相关的潜力储备。只要增添对实际实验安排的模式描述,就可以获得实际统计数据,这就是说,获得带有各自或然性的可能的测量结果清单。但是,在每一安排中,由于客体互动或者装置互动和不可避免的信息损失,只有某些可能性得以实现,实际描述因而总是不完整的。由此可见,对潜能的一定程度上明确的参考被视为对可能的实验安排进行参考的结果,具有相互排他性的实验装置带有补充性质,量子描述具有统计学特点,这三点将对当代科学人工制品的任何分析与对技术分析联系起来,无论在物理学意义上,还是在哲学意义上均是如此。

也许,借鉴海森堡建议的一个类比,我们可以进一步阐明微物理学领域中的这一新情况。海森堡曾经将原子称为"虚拟管弦乐队",其音乐以分离的光谱显示出来,并且被矩阵描述。那么,请想象一下一位乐手在音乐厅里为钢琴和小提琴协奏曲演奏的情形。这位乐手不可能同时演奏钢琴和小提琴,他只能演奏协奏曲的钢琴部分或者小提琴部分。我们通过观看记录声音的电子乐器,在一个没有窗户的隔音房间里"欣赏"音乐。我们听到的要么是协奏曲的钢琴部分,要么是小提琴部分,在此过程中努力重构演奏者头脑中的完整的协奏曲曲调。换言之,在演奏者头脑里存在着以虚拟方式出现的音乐,它在不同乐器演奏的部分中,在我们看见的电子录像中变为现实的东西。我们有了来源或者客体,我们有了乐器产生的现象,我们有了使自己能够看到该现象的数据或显示;我们试图记下协调一致的演出脚本。

在这个类推之下的无声问题是:在乐器演奏之前,这部音乐作品,这部协奏曲是否真的存在?显而易见的回答应该是:对,它存在,不过采用的是虚拟方式。所以,有人同样会说,科学客体(具体说来微观客体)的特性仅仅以虚拟方式或者在潜在意义上存在;它们作为意象,与不同的、有时互不相容的实验安排形成在一定程度上无法预料的互动;这样的互动使它们得以实现,然后以可读的书写方式,呈献在实验者眼前。在实现实验安排计划的过程中,研究者——采用类似于技术中的做法——将现实形式强加在自然上,同时在现实中形成以前从未实现的自然的某些潜在可能性。有时候,我们可能说,潜能已经实现但是处于隐蔽状态,我们只是让它们显现出来,变为可见的东西。但是,我们也必须为这种可能性留下余地:我们有时候直接从自然潜能的虚拟世界里首次将它们带入到现实之中。微物理学领域中的这一情景的特殊性在于这个事实:我们根本不知道会出现哪一种情况。

在描绘这种新情景的特征的过程中,我们使用了处于非常位置上的"现象"这个术语。到此为止,现象是人们的五官感觉之中的某种东西,现在它是在乐器表演中得以呈献出来、在仪器装置的记录部分上显示的某种东西。博根和伍德沃德(1988年)区分了"现象"与"实验数据",克里斯(1993年)区分了"现象"与"表演展示",赖因贝格尔(1993年)区分了"科学客体"与"技术客体"。真正的客体或自然系统包含多层面的意象或潜在可能性,这里所说的虚拟的音乐作品内包裹在两层之内。它隐藏在科学人工制品显示的现象中,而现象隐藏在数据后面,即隐藏在仪器所指示的东西后面。由此可见,自然客体是某种事物——实体、活动或者过程,它通过参与仪器装置的作用和数据的显示,将自身展现出来;研究者必须从仪器装置的安排中,从仪器的读数所提供的字母或者其他形式的表现之中挖掘的正是这种东西。玻尔强调量子现象的整体性,这就是说,强调量子系统和实验安排的统一性,指出了这一事实:在微物理学中,人们觉得,研究对象总是穿着仪器装置和可读技术编织的技术服装,人们无法剥去这一层衣服。因此,人们的任务离开了神的高度,从人造的事物中重构自然的事物，从实际的事物重构潜在的事物，同时将现实的事物与可能的和臆造的事物区分开来，从被展现出来的事物中发现隐蔽和隐形的事物。

在当代物理学和别的领域中，自然客体是由技术形成的。但是，一旦客体经过了人工改造，变为认为实验安排的不可分割的部分，一旦它消失在仪器装置的之中，仅仅在仪器提供的数据中在场，我们怎么能肯定，展示出来的结果——我们通过这样的结果来理解客体——不过是人的创造，不过是脆弱的人为活动呢？我们对科学实验的信任，以及由此形成的对世界的科学图景的信任，依赖于我们如何回答这个问题。

5. 自然的与人造的

许多撰写科学著述的科学家和论者——例如，爱克曼、伽利森、富兰克林等——相信：尽管涉及大量的人工技巧，在实验科学中，人们面对的并不是幻影；"实验可被复制，毛病可被消除，实验结果受到明确约束"；对仪器装置的建造可将信号与噪声隔离开来，将现象与背景隔离开来；无法控制的背景影响——它们作为系统误差的主要来源——可被阻止，或者说至少被测量和计算，从而可从观察中减除。总而言之，他们相信，任何人为之物都可剔除，它们的痕迹都可抹掉，从而使自然的事物——或者自然（physis）——穿过科学设备的透明本质，放射出全部光彩。他们相信，训练有素的科学家就是小心谨慎的助产士。

但是，哈金的态度却更为谨慎。他描述了在形成稳定和可重复效果或者现象过程中出现的困难，从正面说明了它们的人为性质。例如,哈金在考虑霍尔效应时说:"我认为,霍尔效应在某些种类的仪器装置之外并不存在。它的现代对应物已经成为技术,成为以可靠和常规方式形成的技术。这种效应——至少在纯态下——只能被这样的装置体现出来"(1983年,第226页)。同样说法可以用于超导、激光之类的东西。这样的现象是自然的吗?现代科学是否研究自然世界?哈金的回答似乎是:是的。只要现象变为用于控制的标准技术,科学研究真正的现象。他提醒我们说,科学人工制品通常经过独特的发展过程:一项实验安排开始作为"黑盒",提出的难题多于解决方法;后来,随着读数得以适当解释,其工作方式稳定下来,它被改造为"灰盒";最后,它最终成为"白盒",具有被完全理解、可以预测的作用;于是,它可被展示出来,这就是说,被标准化,甚至被非专家再次作为"白盒"使用。同理,科学客体——例如,粒子束——可以成为研究其他客体的可靠的标准工具。哈金确信,当这种情况出现时,科学家面对的是真实的自然实体。不过,这种将自然的东西与人造的东西区别开来的标准并非无懈可击。

问题存在于"工具"与"客体"之间区分,其原因在于,当两条光束在加速器中发生碰撞时,哪一束是工具,哪一束是客体呢?或者从更普遍的角度看,如果照玻尔所说,量子客体是无法与其人造环境分离开来的,我们是否能清楚地区分工具与客体,是否能有把握地说,工具是自然的,客体可能并非如此呢?量子现象的整体性使实验的来源-目标-检测仪三位一体的经典结构成为暂时的东西,对来源的描述——或者对系统初始状态的描述——依赖于检测仪显示的数据。一旦失去肉眼实施的独立控制,就不可能对工具与客体进行任何有重要意义的区分;二者都

第十二章 现代科学:实验

可能是自然的或者人造的东西。

由此可见,哈金提出的标准有特定的实施限度;超过了该限度,我们可能得像他所说的那样,认为"实验就是对现象的创造、生产、提取和稳定"(1983年,第23页;楷体是笔者添加的)。换言之,科学人工制品类似于技术手段;它们是人的创造,是人的心智的产物。诚然,它们是富于想象力的冒险行为的产物,其主要目的不是生产用于实际需要的东西,而是揭示某种新的东西——某种关于自然的出人意料的未知东西。但是,这些冒险行为的产物是借助经过不断改进、完善、提升的可复制技术来进行探求的。在这种科学主义的技术中,现代科学的客体变为科学它创生(allopoiesis)的组成部分和动力;它们在科学人工制品中起到非常重要的作用,看来正像设备运转状态的一个客观侧面。在这种情况下,客体是否是人类创造之物呢?这个问题的答案取决于我们如何解释诸如"创造"和"生产"这类术语。哈金对此并未加以详述,因而给它们的不同阐释留下了大量余地。[1] 不过,对它创生(allopoiesis)——即人工制品的制作——的分析是一种提示,可能引入某些新的要素,对阐释的自由加以限制。

生产和演绎这两个方面的认知动力出现在任何人工制品——无论是科学的还是技术的——制作中,引起两种变化。请注意,理念——要么以实际问题的技术解决方法的形式出现,要么以科学假说的形式出现——借助人手,进入物质世界;在这个过程中,理念被改变,被实在或者自然性所丰富。与此同时,自然的一部分也被改变,被理念或者人造性丰富。自然的和人

---

[1] 例如,可参见科洛斯,1994年。

造的相互交织,创造和解蔽行为也是如此。在科学领域中,过程是不受任何实际目的约束的,当自然性和人造性两者结合起来,互相适配时,认知动力就终止了。正是由于这个原因,科学人工制品是真实(或自然性)在证明和解蔽这两个意义上仍然产生的场所。正是由于这个原因,互相作用和相互纠正这两种变化是人们信任实验的牢固基础。尽管研究者使用了所有这些人为的办法,自然依然保持自身的在场和独立地位。技术它创生(allopoiesis)与科学它创生(allopoiesis)的唯一不同之处在于:在技术领域中,对理念的认知转变从假说或理想设计开始,形成正确概念或者真实概念,是一种附带产生的结果;在科学领域中,认知转变是整个活动的本质。两者之间的差别至关重要;它使实验从本质上处于开放状态,没有什么使用目的,没有什么使用价值闭合实验人员的视野。在技术领域中,目的是抑制自然,使其为人的需要服务;在科学领域中,征服者的态度是方式,助产士作用是目标。"科学发现,技术发明"这个古老口号应该加以修改,必须解读为:科学发明,所以发现。

即使我们以这里建议的方式理解创造和生产,姑且赞同他提出的实验是现象的创造和生产这一观点,即使我们认可任何实际目的与解蔽目之间差异的重要性,我们仍旧无法保证,创造出来的东西实际上不是人工生产出来的东西,这样的东西被强加在自然之上,作为偶然的、心血来潮的非意图投射。请注意,哈金所说的现象仍旧需要稳定。这样的不确定性形成科学它创生(allopoiesis)或者实验的另一个常常被人忽视的特有性质。它可被称为"寻找装置效果",或者用更接近实验科学家的术语话来说,"寻找系统误差"。它在于发现仪器装置运转状态中的

第十二章 现代科学:实验

特异反应或毛病的不懈努力,以便排除所谓的"垃圾效应",即实验人员的任何不慎行为引起的副作用,防止仪表的任何功能失常状态或者仪器装置产生的任何"模仿作用"。我们无法提供对"装置效果"或者"误差"的更为准确的定义,其原因在于,正如我们很快将要看到的,对它们的发现与某种不可言说的东西——即技巧——相关。但是,我们能够发现并且消除这些——我们姑且说——"名副其实的人造"效应,我们可以利用的几种技术包括:对设备零件进行单独测试;改变设备和构思,这就是说,用另外方式获得同样的结果;[1] 以及其他一些窍门。伽利森的著作(1987年)详细描述了克服这一可能性的努力:仪器装置可能使人们上当,显示的不是真正的自然现象,而是它自身"不可预料的东西"或者系统"欺骗"。该书还说明了描述这种努力的巨大难度,因为与复杂的观察仪器的类似,这在很大程度上取决于实验人员的技巧和实验专业知识。

对于这种相同的努力,富兰克林曾经多次进行过总结。他开出了一份很长的清单,罗列出可供使用的策略:"这些策略包括:(1)实验检查和实验调整——在此过程中实验仪器装置重复已知现象;(2)复制事先知道将要出现的装置效果;(3)干预——实验人员操控所观察的客体;[2] (4)通过不同实验独立证实;(5)排除可能的误差源,对结果进行别样解释(舍洛克·福尔摩斯策略);(6)使用结果本身来证明其有效性;(7)使用关于该现象的经过独立证实的有说服力的理论来解释结果;(8)使用基于经过

---

1   哈金(1983)将它称为"多重方法"。
2   并且检查实验仪器装置运行的规则性。

独立证实的有说服力的理论的仪器装置;(9)使用基于统计数据的论证"(1993年,第262页)。这些方法共有的一条路子是努力使现象不仅稳定,而且在这些方面变化时保持不变:实验场所和时间;实际实验安排的细节——有时甚至包括所选择的技术和材料;进行实验的人。这种不变量是可复制性和可重复性要求的恰当意思,从根本上保证所研究的是真正的现象,而不是虚假的东西。

尽管经典宏观实验与量子微观实验之间存在差异,尽管人工制品的制作事实上总是对生产与演绎、发明与发现的结合,从事微物理学领域以及其他领域研究的实验人员们珍视相同的热情,努力去获得稳定、可复制并且恒定不变的现象,避免任何系统误差或装置效果,发挥助产士而不是征服者的作用。他们的目标不是为了建构仅仅对现在科学争论有用的东西,因为他们知道,这样的东西可能不会长久流传。他们的抱负是创造出这样的人工制品:它们将变为标准、持久、可大规模复制的技术,将来被本领域和其他领域之中的所有人使用。这种热情以及随之出现的实践以令人信服的方式说明,实验并不是以另外一种方式提出理论。人们作出刻苦谨慎、持之以恒的努力,旨在使仪器装置正常工作,旨在揭示真正的自然现象,而不是显示人为之作;人们作出努力,旨在排除设备产生的任何可以想象的人为效果,并且在不可能消除人为效果的情况下减少它们。所有这些努力旨在对将实验还原为理论的纯粹的设想情况进行补偿,旨在对理论的完全主导和全面控制进行补偿。实验人员努力使用特殊的知识和技巧,致力于控制仪器装置(当然,实验人员知道,根本不可能实现绝对控制),了解仪器装置的工作方式,确信没有留下什么毛病(因为实验人员知道问题可能出现的形式),确信所有可能的欺骗性结果的根源已经被阻止或者消除了。依靠以前的经验和实施技能,实验人员可以认为仪器装置是稳定的,安全的,没有瑕疵的,不必明确地或者在理论上了解仪器装置的每一工作细节,不必具有表达自己具有这种信心的理由。训练有素的实验人员知道仪器装置的弱点,并且一直进行监控。实验人员知道如何准备,组装和调试设备,知道如何创造适当的条件,让实验安排及其组成部分正常工作。通过了解这些东西,实验人员也知道,在分析数据和解释实验结果时,装置的每个部分所处的地位,所起的作用。如果处理得当,实验人员的这些知识不仅渗透到实验工作之中,而且渗透到整个理论之中;它是理论的一个有机组成部分,并且构成对理论的证明。

从认知层面看,实验的这一侧面也使前面在讨论科学仪器中提到、在分析技术时强调的默示方面更加突出、更加重要。与制作技术装置的情形类似,从事实验的行为在技术方面受到一组内在的、并非总是可以言表的实验工艺的艺术规范的调控,受到变为标准化、在解释仪器作用和仪器显示——这就是说,在重构现象的——过程中具有重要作用的技术的调控。克里斯对这一方面的描述值得在此引用:"工艺是掌握在人指尖上的知识,是从实践中学到了小诀窍;如果这些诀窍不奏效,你会再试一次。如果遇到小挫折,你就会问自己,怎样才能克服呢?在这种情况下,就会找到方法。每当更新了设备,你会忘记原来的技术,转而学习新的技术。你必须了解它们,因为当你使设备达到其限度时,往往会得到虚假结果。你一直绞尽脑汁,不明白自己漏过了什么东西。每名实验人员偶尔都会犯下可怕的错误,每名实验人员都知道这样的实例：自己的同事在实验过程中得到虚假结果，迫不及待地对外公布，最后以完全失败告终。然而，你必须刨根问底。如果你不这样做，别人就会抢占先机。被别人抢先一步，那是很讨厌的事情"（克里斯，1993年，第110页）。但是，如果你没有失败，你就获得了隐性知识，这样的知识会引导你进行操控和解释。这种知识是属于你个人的，因为它从根本上讲是"亲身体会"。不过，你还是可以在同事重复该实验时候，在年轻人进行实习、接受培训的时候与他们分享。

这种隐性的"亲身体会"的东西让实验人员接触具体事物，接触前面描述的具有它创生（allopoiesis）特点的生产和演绎过程，接触相关的理念或假说的认知动力；它提供不可或缺、至关重要的背景，帮助实验人员解释仪器读数，从而证明理论。这种隐性知识——所用的技巧——是必需的要素，它使实验人员完成让设备正常工作所需的阐释过程，决定何时停止检查，不再提高实验安排，使设备在解释实验结果时处于比较稳定的状态。毫无疑问，整个做法是"不可靠，但是可以修正的"（富兰克林语），对数据和现象的解释也是如此。诚然，总会留下某些阐释弹性。但是，实验技巧——尽管它是直觉的，非言语表述的——在很大程度上缩小了这种弹性，有时甚至将其降低到零点，因而有力地坚持了群体达成的一致看法。我们应该注意到，尽管隐性知识和技巧具有个人特征，由于可复制性——这对形成一致看法变得非常重要——要求的存在，这种知识和技巧可以并且实际上以某种方式，被许多人分享。正如已经谈到的，将人为之物与真正的自然现象区分开来、使这种区分变得可靠的努力需要技巧、技能和相关的直觉，即"指尖上的直觉"。因此，重复实验的目的不仅在于进行独立证明,查核特定实验的不变性,而且在于获得相同的亲身直觉,获得相同的区分感。在另外一组人获得这种直觉之后,即便那一组人进行的实验并不是对以前实验的严格复制,他们的实验结果既可被人认可,也可被人否定。同理,科学是一种探索,人们在这个过程中必须得到引导,实验传统必须代代相传。

此外,我们还应该注意到,实验仪器装置作为人与自然之间互动的媒介,总是具有开放和闭合两个特点:它对出人意料结果和新颖性呈开放状态;由于无法避开的有限性和实际性,它又是闭合的。实验领域与是理论领域的延伸,但其自身也是一个领域;与其说它从理论中发展而来,毋宁说它从"技术时代的人类"的生存方式发展而来。

也许,我们现在可以建议读者重新考虑在本书第十二章第1节中提出的四个命题,接受下面的另外四个命题:

1. 科学不仅涉及已经存在的事物,而且还涉及可能存在的事物。可以存在的事物是通过行为展现出来的,而不是通过沉思展示出来的。

2. 实际知识是科学知识之中一个不可或缺的合理构成部分。科学是本体论,实际上也是技术。

3. 生产和演绎(或者制作)活动不仅与科学有关,而且对科学至关重要。科学家在实施过程中发现科学规律。

4. 发现行为和通过生产来进行的验证行为使实际知识成为科学理论的一个必不可少的组成部分;理论涉及制造。制作仪器装置;利用人工装置揭示现象;通过假说对其加以解释;验证提出的假说;这些活动构成一个单独的特殊过程。

这一新架构在崭新的语境中，在以下要素之间建立联系：理论与实验、假说与证据、证实与证伪、工具论与实在论。我们知道，理论通过渗透，进入实验装置，但是——因为描述性知识、规定性知识和隐性知识之间的连续性——过去往往忘记了这一点：实验装置也通过渗透，进入理论之中。我们知道，理论影响到对实验数据的解释，但是过去忽视了这一点：技巧和指尖直觉也会产生影响。理论与证据之间、假说与数据之间的任何逻辑关系——如果它存在——仅仅是直觉关系的冰山一角，而直觉关系是科学家们形成默认共识的必不可少的条件。什么因素可能获得为理论提供证据的地位呢？它取决于将实际知识与理论融合起来、在某些方面难以形容的复杂过程。这要求我们对理论进行新的审视。

第十三章　现代科学:语言

　　语言学转向已经过去半个多世纪,它在过去的大部分时间里是众多批评意见攻击的对象;但是,许多人依然认为,科学从根本上说可被描述为涉及内部与外部、语言与命题的话语,这就是说,描述为思考与交流。有人认为,沉思和辩论是两种真正的生成真理的活动,是超越观察的思考活动。该假设得到这一事实的支撑:推理和讨论常常给人启迪。但是,这一观点不仅与现代人的经验相悖,而且与现代自然科学的这一基本前提相悖:人们只有通过与对象的物质互动,才能获得关于自然的新知识,才能形成对新知识的合理信心。尽管培根和玻尔的影响巨大,某些科学哲学家直到最近才明白:这种互动出现在各种各样的存在方式和实验方式方面,在认识论层面上是十分重要的;因此,我们必须重新考虑科学语言和科学理论具有的结构和作用。

　　我们在前面一章中试图说明,科学实验中的人工制品制作不仅是旨在验证理论、将理论具体化的工具性活动,而且涉及某种特殊的外在的生理认知动力,旨在形成某种新的东西,从物理角度揭示自然中隐藏或者潜在的事物,而这样的动力可能无需涉及理论。然而,科学实验的最终目标旨在引起和支持平行的符号性人工制品的生产,这种人工制品被称为"理论"。在每项实验中,理论用这样或那样的方式,从内在、心理和语言的活动转向外在、生理和实际占有的空间,然后又回到内在、心理和语言的活动。科学是兼有实验操作和理论说明的活动,其主要目的是生成各种种类、具有各个层面普遍性的解释性文本。

一旦我们不再将理论视为看法,不再将科学语言视为让世界的原始构思重新出现在其中的神的语言,我们就可能愿意正确评价科学事业与人的存在活动之间的引人注意的连续性,正确评价科学语言与自然语言之间引人注意的连续性;这种存在活动构成人的特殊生存方式,自然语言确保这种特殊生存方式得以再生。有一种传统过度简化科学语言的结构,忽视它对自然语言的巨大依赖性;如果摆脱这一传统的影响,我们就可以发现新的维度的重要性,发现科学领域中使用的语言的新层面的重要性。例如,在自然语言中,为了具有完全的具体性,每个词汇、每个句子、每种词性都必须指向两个方向:"向下"指向实际情景,"向上"指向更具普遍性的人类活动语境。[1] 根据这一要求,科学语言必须也被置于这两种非语言结构与它们对应的语言结构之中。首先,它必须要么通过实验或观察活动来完成,要么通过与实际实验行动相关的自然语言的组成部分来完成。尼尔斯·玻尔曾经指出,在科学领域中,人们必须总是能够使用简单语言,解释最抽象的物理理论——例如,量子力学;使用这样的语言,研究者就可以告诉"在地下室里工作的"同事如何制作实际需要的实验设备。他心里可能想到的既非观察语言或"感觉信息",也非"事物语言",而是绘制蓝图和技术操作过程中使用的语言,操作互动的语言,最终被古典物理学概念"提炼"(玻尔语)

---

1 参见第十章。

第十三章 现代科学:语言

的语言。

第二个方向——即"向上"——的必要性尚未得到应有的承认,甚至在所谓的"后-实证主义"科学哲学中也未获得一席之地。在实证主义传统中,根本没有先天的综合判断(更不必说"控制性比喻"了);根据这一传统的说法,自然语言受到偏见和偶像的影响,不准确,大多带有比喻性质;科学语言离自然语言越远,它就能够更好地为自身的目的服务。但是,前面章节进行的分析显示,完全客观的神的语言仅仅是那个时代的一个隐喻而已。在现代科学出现之初,皇家学会会员及其同事们可以使用的语言并不是上帝赋予的通用语言,而是受过教育的英国(依此类推,还有意大利、荷兰、法国、德国等)现代公民,这就是说,利用这种语言,现代科学家受到特定文化的熏陶,进而"在生物学意义上得以完善",以便以现代方式生活下去。它成为一种经过改写的特殊用语,以便再生面对自然和新的人类世界的现代态度。因此,日常语言的控制性比喻与本书第一章中描述的语言类似,对成长过程中的现代科学产生影响。从其发端开始,这些比喻就从"上方"限制了它们的意义,并且根据这一影响,在语义层面上完善了科学语言。在科学哲学领域中,分析传统承认这些"形而上学成分",其目的仅仅在于消除它们。经过相当长时间之后,人们在承认,比喻和类比可能在科学中起到实质性作用。[1]

现代科学语言从"基本"语言发展而来;现代人在基本语言中被社会化,并且保持了与它的密切联系。但是,基本语言不断

---

[1] 有关的早期著作,请参见麦考麦克(1976年)、奥托尼(1979年)。

发展，从而可被改写，以便适应围绕具体目标组织起来的具体科学活动。这样一来，面对"科学的特点是什么？"这个问题，有人在语言的结构之中，而不是在科学事业的其他任何特征中寻找答案。在语言学转向盛行的年代里，常常提到的一个问题是：怎样从语言学角度，将科学理论与其他任何思想体系区分开来？但是，由于两个直接原因，在这一方面一直没有发现进行划分的刚性标准：其一，科学语言与自然语言之间的连续性没有得到正确评价，人们在人为的"重构"的语言结构中寻找答案，结果无功而返。其二，科学完全被缩减为语言活动；非常奇怪的是，这种活动仅仅限于句法和语义角度，将语用学完全排除在外。[1]

在科学不再被人视为获得神的知识的途径时，自然语言应该加以调整的科学的目标一直是引起某些争议的话题。这一目标常常被描述如下："获得真理"、"提供正确认识"、"提供正确解释"、"形成正确的解释性理论"以及其他等。此外，有的表述甚至并不使用"真理"这一个被神化的字眼，例如，有的表述"通过具有预测力量的解释，从而获得对物质世界的认识"（牛顿-史密斯，1981年，第222页），或者"有助于进行预测的理论"。[2] 也许，正如牛顿-史密斯建议的，对目标进行准确描述是重要的，但是，哪怕只提出不准确的操作性陈述，也可很好地满足本书这一章所期望的目的。因此，考虑到实验和理论这两个方面的因素，我们姑且将科学的目标描述为：以文本论述的形式发现现象、描

---

[1] 请参见第二章。

[2] 一般说来，几乎在所有描述中，都没有明确提及科学活动的实验方面的内容，没有提及科学实验的存在语境。

述现象、解释现象;在语言可以给予的限度之内,这样的形式应是一般的,而且同时又是具体的。下面,就让我们看一看,科学语言如何为这个目标服务。

1. 发现与概括性

科学发现未知现象,发现已知现象的未知原因,其方式首先是通过仪器观察和仪器实验。我们已经看到这一点是如何实现的。在过去很长的时间里,发现的意思其实就是"移开遮蔽物",揭开继承而来的思想体系和语言体系构成的面纱,消除阻止人们看到真正实在的某些自然障碍。随着时间的推移,这一点已经变得明晰起来:如果科学不进行"遮蔽",这就是说,如果科学不进行推断,就谈不上什么发现。换言之,发现是通过带入行为实现的带出。由此可见,被揭示出来的新事物肯定不是已经实际存在、藏在遮蔽物下面的东西;它可能是尚未显现出来的某种东西,作为尚未实现的潜能,处于隐蔽状态。在这种情况下,如果要发现,发现者就必须以心理和生理方式进行推断或预测,做好准备,创造条件,让潜在事物变为现实事物。观察和实验需要这种预测的倾向和具体体现。事实证明,科学语言满足这些要求,起到良好载体的作用,帮助人们超越实际的东西;科学语言起到桥梁作用,让人们进入未知领域。借助科学语言,人们超越日常性,超越平常的"感觉信息",超越常识的局限。这并不是要忽视人的想象力的作用,忽视熟练观察者的专注的作用,但是,它们被语言方面的考虑所确认。此外,被置于人的关注之下的事物常常是首先在语言中,然后在现实中揭示出来的可能性。

发现行为在语言之中的发生方式非常简单,广为人知。人类语言的基本特征之一是与具体情景的语义分离,语言有能力从一个情景转移到另外一个情景,从一个特殊事物滑向另外一个特殊事物,表示一个以上固定的具体环境。人的五官感觉并不对微观波动和不可避免的分子噪声作出反应;与之类似,在面对任意性、个人习语和实际事务中持续出现的变化时,语言也能保持稳定。语言通过平衡情景的特殊性,利用互相类似的例子,对事物进行概括。这一特征带来两个结果:一方面,词汇和句子的意义在一定程度上总是不完整的、不准确的;正如我们已经看到的,需要实际语境才能充分确定词汇和句子的意义。另一方面,由于这种分离性,人们可以就完全不在场的对象进行交谈,这就是说,根据任何实际情景进行推断。

于是,科学语言利用这一性质,通过仔细建构全称陈述,以系统、刻意的方式对其加以发展。在这种情况下,自然出现相同的结果。全称陈述——或者科学定律——超越具体情景和特殊例子,同时带有意义冗余和意义缺陷。关于这里所说的缺陷,我们已经加以讨论;它要求出现实际语境。就冗余而言,我们注意到,具体情景对陈述的意义进行补充,作为其独立的非语言成分;具体情景本身并不穷尽陈述的意义,因而也并不充分确定陈述的意义。休谟很久以前进行的分析说明,每个适当的全称陈述总是超越(超过)实际意义和参照。这既有收获,又有损失。其损失有二:其一是所谓的"证据对理论的非充分决定",或者说,物质参照对句子的非充分决定。其二是从有限数量的具体性到共性的每一运动带有的推测性质。收获正是这种运动的可能性,因为它提供机会,让人们进行推测,有时会提出有效预测。

第十三章 现代科学:语言

发现沿着这一方向出现:人们将人类语言固有的概括性推向其最终结果。人们利用语言进行发现,采用的方式是推测,将意义延伸到非经验性事物,探索隐藏在语言之中的富于创意的类比。

语言——无论是自然语言,还是科学语言——就像日光;我们沉浸其中,仿佛漂浮在光子海洋里;我们发现,语言中的信息量取决于我们的意识程度。那么,当我们使用仪器来揭示隐藏在这种光亮之中的事物时,我们应用逻辑推知和类推方法,提取积淀在语言之中的东西。人们常常将数学拔高,认为它作用巨大;与之相反,它基本上使用相同的技术,以经过纯化的形式,探索语言的内在共性,研究语言的外延因素或集合理论因素,找出固有的逻辑趋向,以便揭示语言包含的所有可能性。请回忆一下各类新数量出现的情形吧。负数来自对减法的概括,无理数来自对除法的概括,虚数来自对平方根的概括,诸如此类,不胜枚举。就每一数学结构——尤其就运算——而言,人们总是可以提出这样的问题:如果我将它普遍化,即如果进行推断,或者将其应用于没有见过但是可想象的例子,会出现什么样的情形呢?假如我让矢量具有3个以上分量,让空间具有3个以上维度,情况会怎么样呢?从这个意义上说,数学在本质上是预测性的,从而对科学来说是具有价值的。如果以这种方式使用自然语言,它也是预测性的。这并未解释科学领域中数学的"不合理的有效性"。在17世纪,有的思想家完全接受上帝是至高无上的数学家这一比喻;对他们来说,这个理念是理所当然的事情。对缺乏这一信仰的我们来说,这个理念充满奥秘。同理,这也不是人们在科学领域中使用数学的唯一理由,但是,数学与自然语言的这种连续性确实在一定程度上揭示了数学的神秘性。

由此可见,科学语言以奇妙方式,支持整个科学发现策略;该策略同时既是归纳性的,又是演绎性的。根据这一策略,理论被建构成经过缜密思考的猜想;在对现象领域进行某种带有归纳性质而且常常带有直觉的扫视之后,研究者在没有探索的领域中对理论进行大胆概括。当然,由于很容易进行无效推断,形成逻辑假象或语言假象,所以没有进行发现的捷径。但是,如果熟练使用科学语言,常常可以提供具有价值的引导。智性猜测、波普的推测、科克尔曼斯的设想和预测,科学的这些组成部分正是以人类语言的这一性质为基础的。

2. 描述与复制

科学理论一般被人视为描述,视为特殊种类的表征,被认为与关于某事物相关,或者表示某事物。然而,当提出这个问题时,就会出现争议:科学理论描述或者表示什么？请回忆一下,根据工具论的说法,理论是对现象的描述,而且仅仅是对现象的描述。此外,请记住,科学常被视为旨在解释现象的尝试,采用的方式是小心翼翼地假定现象"后面的"世界,即真实的世界。根据这种实在论的说法,理论是对这种隐秘的无法观察的实在的描述。在这种情况下,必须以某种方式将假定的、无法观察的世界从遮蔽状态带入无蔽状态,必须让它呈现在科学家面前,或者说,呈现在希望理解的人的面前。古代人认为,这一点是通过被称为 theoria 的揭示方式来实现的。theoria 一词有几层隐含意思:其一,外在表象或者外观,事物借此显示自身,揭示自身,让持恰当姿态的人可以理解它;其二,密切关注某事物、关注特定表象,从而借此进行考察的行为。theoria 表示视觉方式,该方式超越日常感觉信息,名副其实地进行揭示,即揭开面纱,让本质显现出来,呈现在心智之中。theoria 是一种力量,让个人的心智与隐秘的实在协调;theoria 也是一种状态,个人的心智通过沉思,认识世界上可以感知的事物或过程具有的永恒不变的隐秘本质。theoria 并不依赖认知主体可能实施的任何种类的外部行为;进行沉思的主体只是观察者,只能改变他观看客体的时间和位置。他最终可能影响客体的某些附带的非本质的方面,但是无法改变客体永恒不变的本质。观察者也可能扩大或者增加其五官感觉的能力和准确性,使用显微镜或望远镜这样的仪器来扩大或者增加其视觉——当然,其条件是:对工具的使用有助于揭示而不是隐蔽事物的本质。一切外部行为都被视为辅助视觉的办法,所有的仪器都被视为透明的,纯粹工具性的,类似于感觉本身。

根据这一传统,语言的作用旨在让人能够获得见解,去表达它让人知道的东西,将它公之于众。这样,语言让实在第二次——更确切地说,第三次——呈现出来:一次在它自身中,一次在获得视觉的心智中,一次在语言中。在这种情况下,在视觉之后出现的语言结构或文本被视为同时描述了两样事物:其一是心智以字面和隐喻方式认识的事物,其二是将自身呈现在智力之眼前面的实在。尽管作为视觉的 theoria 具有个人感悟的神秘色彩,它也被视为可以完全用语言表示的,因而可以客体化的东西。人们认为,利用独立、客体化的用符号表示的语言结构,心智可以外化经过解蔽的本质,外化自然规律。这种结构必须具有一定的特征,从而使视觉能够在语言的影响和控制之下,在另一个人的头脑中重现或得到复制。从古希腊哲学问世以来,人们普遍持有这一观点:只有在视觉得以言说出来之后,人们才能言说真理;用现代术语准确地说,人们才能讨论对现象后面的实在的真实描述或表征。

由此可见,科学文本准确说来是对非遮蔽实在的第二次再陈述,这种表征可以在每个经过训练、具有能力的个人头脑中复制该实在的感悟,从而使人能够任意对该实在进行思考。因此,即使从观察者的角度看,认识论——这样的理论作为对呈现于心智的东西进行描述——同时又带有规定性;它需要在另一个人的心智中复制感悟的方式和力量。但是,为什么感悟需要被复制呢?这个动机开始时显得纯粹是利他主义的:复制能使他人获得相同的启迪体验。但是,它也起到证明作用;当某事物在他人的心智中被复制时,它便独立于最先获得该事物的人,因而变为客观的,或者甚至变为真理的。因此,一个念头或感悟变为真理的第一个先决条件是可以用语言加以表达,可以被他人分享和理解;每一科学理论都必须满足这一条件。

在现代社会诞生之初,科学摆脱了常识或日常直觉的束缚,与之相伴的笛卡尔怀疑论和培根假象学说彻底动摇了该传统:从那之后,无论感悟多么"明确",多么"清晰",人们都难以仅仅依赖它。明显、确定的真理目录上的项目很久之前早已穷尽;在笛卡尔本人发现只有一个绝对明白无疑的正确陈述以来,真理的目录已被大大缩减。明确、清晰的感悟已不再满足需要,从现代科学问世之初起,对理论提出了另外一个要求:进行经验性证实。鉴于感悟已经不再被视为足够可靠的东西,波义耳和他在皇家学会中的同事们提出,应该将个人洞见置于公共空间之中,采用的形式不仅包括可用话语进行详细检查的演讲和书面文本，而且最好还有可被每一受众成员实际复制的实验演示。其原因在于，在这种情况下，解蔽行为不仅出现在心智和语言中，而且还出现在外部的物质结构中。

这一要求由培根提出，得到了现代科学家的广泛接受，不仅对科学理论的结构，而且对广义上的科学语言都产生了不可避免的影响。这一点是显而易见的：为了可以通过实验活动进行验证，理论或者假说必须表现与实际操作的具体关系，而不是仅仅停留在话语层面上。可以这样说，只有本身以某种方式包含实验操作规范的理论才能通过这种操作来加以验证，只有采用——或者说至少符合——实验步骤的理论才能被实验验证。乔纳斯（1966年）有足够理由宣称，现代科学源于主动经验，因而可以通过演示性实验，通过技术应用，转变为对主动经验的交流；因此，现代科学拥有特殊的理论结构。由此可见，理论语言仅仅描述发现的事物，仅仅描述某人心智中出现的理念是不够的；同理，理论语言仅仅在另一个人的心智中复制这种理念也是不够的。语言描述发现的事物的方式必须使作出的描述包含操作说明或者操作规定，其中包括实际进行的实验安排、进行实验的说明。从这个意义上说，理论类似于隐喻；它们并不（至少并不完全或者甚至说并不主要）表示，它们指导科学家进行实践。波义耳和他的同事们在改写自然语言的过程中遇到一些困难，但是最终取得了成功，让自然语言能够帮助理论著述的读者复制现象的物质表现形式。这样，从实验人员的角度看，理论关系也变为技术操作——即行为表征——指南，变为某种可被转换为人工制品制作过程中实用的技术术语。开始看来，这是一个基本无害的结论,但是它也可要求对科学理论的地位进行实质性重新阐述。

它肯定使人们从另外一角度来看到数学所起的作用。我们已经提到,现代"理论态度"将客体化和计算理性结合起来,在数学应用中得以示范,被某些人视为自然展现自身的具体方式,这就是说,形成特定的本体论的具体方式。诚然,物理学家(其中甚至包括海森堡)曾经坚定不移地相信,世界是以数学方式构成的,因此理论的数学形式与该结构对应。诚然,尽管在程度上有所改变,许多科学家仍持这一观点。但是,现代理论(例如,希尔伯特空间)中使用的数学种类出现了彻底变化;人们发现,理论可以用一种以上数学形式进行表示,同一个数学结构可以为探讨实在的迥然不同的部分。于是,理论物理学家更倾向于从工具论的角度来对待数学,这就是说,将数学作为一种方便的工具,人们借助它来进行推理,表述假说,以及——对不起了,玻尔和海森堡——通过科学人工制品,与实在形成互动。

数学机器的最有力的特征是,它不仅可以引导理性超过常识和实际经验的限制,而且可以指导行为,指导人们在世界之中的实际活动。数字提供了比较数量、衡量数量的途径;实验人员利用数字,可以记录实验涉及的过程,从而实现对相关因素的完全控制:实验安排的设计或方案、设备的工作情况、可读组成部分所显示的结果。而且,与不用数字相比,利用数字以更准确、更可靠的方式,使控制得以实现。如果研究者可以利用分形性数学表达方式,其推理活动和实验活动就可处于确定的轨道之上,得到确定的结果;这种方式不会允许研究者偏离方向,在无限制的领域中游荡。此外,理论建构者可以给他人提供设备制造说明，提供设备操作说明；与仅仅使用自然语言来进行说明相比，这种方式更为准确。数字使交流有效、精确，使复制具有可证实性。最后，正如我们已经看到的，数学还开拓新的视野，提供观察问题和设备的新角度，提出新的分析方式，展现新的逻辑可能性。一般说来，它帮助人超越日常语言，超越日常活动。因此，在科学领域中，数学在实验以及理论阐述活动中拥有牢固树立的地位。

我们看到，在现代科学中，实验与理论这两个部分高度融合。我们还看到，从实际观点看，现代实验科学发现自然界中实际或者潜在的东西，采用的方式是发现可以实现、可以复制的实验安排，即科学人工制品。在这样的安排中，人们向自然提出挑战，使它不仅显现它已经具有的东西，而且显现它可能具有的东西。从语言学的角度看，现代科学作为理论说明和实验的统一体，其实是这样的过程：一个始于传统或者个人大脑之中的想法、假定或者理论经过一系列翻译、表述和再表述、阐释和再阐释，最后借助行为语言，进入现实世界。在付诸实施之后，这就是说，在形成实验安排的具体形式之后，它又重新回到转变和阐释构成的阶梯，进入基本原理或者定律的形式，这就是说，进入理论形式。所以说，每一个这样的过程都基于两套预设。一方面，存在着一套理论预设；它们帮助人设计量度程序，使生成的数字具有意义，可被阐释；它们构建阐释技术，分割现象，辨识相关活动。另一方面，还存在一套实验预设，它们隐藏在实验技巧和非言语表述的专业技能之中。研究者必须信任某些技术、某些物质特性、某些仪器的功能作用、某些设备的功能作用；因此，它们是预设的。这两套预设盘根错节，关系非常复杂，现代科学领域中的理论说明依赖制作,其程度不亚于制作对理论说明的依赖。

那么,如果理论在结构上呈现的东西不仅是被描述的客体,而且也是主体的行为,我们必须再次提出这些问题:科学理论描述什么,表示什么?如今,发现与发明、自然与人为、客体与设备之间的界线已经模糊;在这种新形式下,理论究竟说明什么?究竟应该将理论视为本体论范畴的东西,即对独立存在的世界的描述,视为技术范畴的东西,即对人们的行为的描述(或者不如说规定),还是视为兼有这两个方面的特征的东西?无论我们的回答是什么,它都必须考虑这一事实:理论的概念结构与主动经验相适应,现代科学理论的语言包括实践规范,所以理论的建构和阐释过程以符号形式,重复在科学实验它创生(allopoiesis)过程中出现的东西。科学理论的语言以及理论本身是认知动力的重要部分;这样的部分在科学领域中构成具体的人工制品。

如果进一步拓展这一思路,我们可以仿照瓦托夫斯基(1979年)的做法,将理论说明视为在符号层面出现的一种想象的、脱机的或者希望进行的实践。哈金(1983年)表达的这一理念可能与之接近:理论实体通常研究许多理论,但是仍旧独立于任何具体理论,可被视为"工具,这样的工具不是用于思考,而是用于操作"。哈金认为,"我们常常着手制造——并且经常如愿成功制造出——新的装置,这样的装置使用电子的种种广为人知的成因特性,对自然的其他假定性更强的因素进行干涉;在这种情况下,我们完全相信电子的实在性"(同上,第265页)。如果我们暂且不谈"相信实在性"的强烈欲望,从这一番话中,我们可以将电子视为一组经过压缩的说明或规定,它告诉人们如何制造相关的设备,告诉人们如何使用设备,在仪器装置的其他部件中获得其他效应。与之类似,克里斯(1993年)看来将称为"电子"的"理论实体"视为一组重复行为的说明,即作为"话剧"脚本的组成部分。总之,我们可以将理论视为说明组,它们通常隐藏在对世界外观所进行的描述之中,这就是说,可以从技术角度来看待理论。

但是,这样的说明组——这样的"理论"实体——通常可被视为独立于任何具体理论、表示某种"具体"事物的东西;因此,我们可以沿袭传统,从本体论角度阐释理论。如果我们像现代科学迫使我们所做的那样,将这两种思路结合起来,我们就应该从本体技术论的角度来阐释理论。现代科学理论表示的实体存在于人们的心智之外的自然界中,但是,这样的实体体现在人工制品之中,只能在其建构的(显性或隐性)语境中才能加以描述。如果理论不能被解释为制作的语言,不能与人工制品的生产结合起来,它们就不能被视为现代意义上的科学理论。科学它创生(allopoiesis)以及它所包含的认知动力是科学和技术共同分享的基础,是科学的可应用性和现代技术的科学性的源泉。而且它们也是其证明基础,是现代科学理论的真理性的基础。传统实在论和传统工具论都没有充分认识科学的这一新侧面的价值。

为了适应这一新观念,伊德(1991年)创造了"工具实在论"这个术语,主要考虑的是科学工具所体现的科学。但是,如果我们从更广义的角度来理解这个术语,如果我们至少在一定程度上将理论视为对人与自然进行互动的预测和说明,视为提供计划、以便对本来开放的行为——人们借此在实验中,在制作人工制品的过程中与自然互动——领域进行组合的语言结构,那么,理论就必须将操作计划与对互动对象的表述结合起来。在科学理论的结构之中,操作与表述、规定与描述牢固地交织起来;理论越复杂,要将两者分离开来的难度就越大。在这种情况下,理论作为本体技术论的地位可以用各种同样有效方式来加以理解:技术实在论、技术实用论、操作实在论等;这就是说,从任何表达迄今为止未被承认的统一性的角度加以理解。

3. 解释与分层

科学不仅产生可供复制使用的描述和规定,而且还产生进行解释的描述和规定。在科学哲学家的圈子中,进行解释的描述广受争议,但是,这个问题总是围绕着某种"假说演绎模式",即围绕着这一要求:描述应该使人能够根据某些一般原理,对现象进行逻辑演绎。解释性演绎体系的范例——例如,欧几里得的《几何原本》、罗素和怀特黑德的《数学原理》——提出了已经确立了牢固地位的标准。根据这样的标准,不符合严格科学语言的组成要件的演绎模式——例如,实验语言或者比喻语言——被视为不必要的,纯粹起到工具的作用。但是,在新的情景中,客体与设备、自然的与人为的、发现与发明不再处于可被完全分开的状态;考虑到这一点,人们倾向于——而且可能被迫——重新考虑关于科学语言中演绎结构的观念,考虑关于"演绎"这一理念本身的传统看法。因此,我们也应重新考虑关于解释的传统看法。

当理论与观察和 L_t 与 L_o 之间的区分被相对化之后,朝着这一方面迈进的初步工作已经展开,随之引入了分层,其形式包括奎因所称的"中心"和"边沿"、拉卡托斯所称的"硬核"和"保护带"。与此同时,研究者承认观察和理论性次语言与科学理论的语义整体性之间的"翻译不确定性"(奎因语)。后来,卡特莱特和哈金提出,应该合理看待这一问题;他们认为,包含基本原理的理论"核心"具有认识论地位,"理论实体"和"现象定律"也具有认识论地位,这一理念使整个问题更为复杂。最后,有人承认模式和隐喻在科学研究中所起的作用,承认科学语言与自然语言之间的连续性,这一点应该促使大家改变态度,认为科学语言不仅是平滑的演绎系统,而且也是分层程度很高、逻辑上不同质的结构;这样的结构延伸到两个最终层面之间,即手工操作层面和对人们的生存方式进行编码的总体控制的引语层面。

在我们进一步探讨这一提示之前,应该提出几个一般性评述。对语言结构进行分层意味着,存在着不同的意义和次语言;语言体系在逻辑上不同质,这意味着,这些层面并不是以严格的逻辑方式互相联系起来的。这两个形容词都表明,存在着各种各样的逻辑和语义空白或者临界线,它们将不同层面分离和区分开来。此外,它们也间接表明,每个层面并不是与其他层面隔离的,但是在生成意义、协调意义的变化的过程中,可能具有相对的自主性。除了别的以外,空白和临界线中断严格的演绎步骤,阻止语义变化——即意义变体——从一个层面中浮现出来之后立刻进入系统的每个角落。不同质性——或者说这些逻辑和语义空白的存在——必然还意味着,在从一个层面转向另一层面的过程中,特定数量的阐释——而不是直接演绎——会伴随着推论出现。尽管如此,理论的全面语义统一性或者闭合性

(参见以下论述)确保空白和临界线不使层面之间的界线变得明晰,概念和表述可以在一个以上层面中出现,拥有与不同层面相关的意义。

从传统上看,研究者曾经认为,科学语言由两种次语言构成:理论语言和观察语言。尽管这一最早的区分经不起批判性审视,然而这种潜在区分以其他形式得以维持,分层得以保留下来。而且,在语言学转向出现之后不久,人们清楚地看到,当时建议的"经过重构的"语言过于贫乏,不能使科学领域中使用的实际语言的价值充分发挥出来。于是,提出了一种更宽泛的新"重构"。我们不妨将它表述如下:

操作层。我们已经看到,语言的这些要素的意义以模糊和分离的方式接近实践;它们包括两个矢量,一个指向实际的非语言情景,另一个指向语言使用的更全面的语境。具体的非语言情景和特定人类活动的语境是意义依赖的最终基础。在现代科学中,第一个层面,即最靠近非语言范围的层面,是实验语言,它既不是"感觉信息",也不是"事物"语言。正是在这个层面上,科学语言与涉及和关注世上事物的日常语言融为一体,与思维和话语的语言融为一体;思维和话语的语言与"中等大小的成衣样品"(奥斯丁语)的体验领域相关,术语和句子的意义在此受到非言语表述刺激的最直接"规定"。但是,它也包含两种特有的词汇,与日常语言有所不同:(1)表示蓝图、实验安排和描述实验安排的词汇;(2)对数据进行形象化陈述或数字陈述的词汇。对前一组符号和术语的阐释依赖潜在的操控和运作语言,依赖潜在的建构和实施语言,即技术语言。这一组语言被生产或者复制实验人工制品的实验人员和技术人员共享。正如我们已经看到的,它依赖技术语言的描述性和规定性要素,但是也——这一点非常重要——依赖默示的层面。[1] 在这个层面上,表达出来的语言消失在身体及其动作的没有表达出来的无声王国之中。后一组符号和术语这时为实验人员和理论家所共享,是工具展示、数据处理以及各种数据陈述所使用的语言;它们包括定性和定量的数据、图表和数学数据、模拟和数字化数据。对实验的"解读"部分提供的这组数据或记载的阐释依赖第一组提供的背景;没有什么直接数据,只有实验安排形成的数据。因此,请允许我再次重复,它们形成的统一性与实验专业技能的隐性方面和手工技巧融合起来,所涉及的除了推理能力和语言理解之外,还有技术直觉或者"操作手感"。由于这个原因,这种次语言不可能被简单地归结为"感觉信息"或"事物"语言。

在科学刊物中,常常出现数据查询以及对数据的描述和广泛讨论。但是,这个层面上的大多数内容被视为理所当然的东西,在实验室内部和实验室之间的口头交流中得到培养。然而,证实科学语言的这个部分使操作与设备结合起来,为实验科学家提供基础,使他们得以正确地解释设备的工作方式。它使实验结果变成可以理解的有意义的东西,使实验人员注意并且解释在实验安排的某个部分上出现的给人启迪的变化或者出人意料的情况,使他们承认这些变化和情况的意义。在操作技巧逐步变为与设备的身体互动的过程中,这一层面对操作技巧加以构造,但是,它也影响对实验对象的阐释和重构。其原因在于,在这种次语言的引导下,感觉敏锐的实验人员参与许多阐释循

---

[1] 参见第九章。

环,涉及设备的工作方式,涉及与实验安排的制作和改进过程密切相关的实验结果。这样的阐释循环不断延续,直到出现特定的结晶点或者阐释统一性。这时,实验安排达到了稳定的工作状态,形成了语言与设备之间的和谐状态。

在这种情况下,人们曾经所称的"现象"——即在人工制品中显现出来的东西——可以在这种语言的指导下,稳定地进行复制。这个层面使任何一个理解这种制作和显示语言的人可以重复从现象中得到的东西。这意味着,研究者使用这种次语言,就设备的建构方式、工作方式,就从技术角度阐释设备形成的数据的方式,提出令人满意的一般性(即独立于任何具体的特殊条件的)说明,从而使其他人能够在不同的局部环境中,复制出相同的现象。对现象的复制可以在没有深刻的理论性认识的情况下实现,实验设备常被当做"黑箱"来加以使用,我们完全有理由将这种次语言视为科学语言中相对独立的部分。

由此可见,当我们讨论解释或表示特定数据的理论时,当我们讨论为理论提供证据的数据时,我们必须明白,所指的东西涉及作为整体的这个层面。关于数据是"理论渗透的"这个问题,出现了大量讨论;但是,我们必须看到,如果数据脱离了整个实验语境,数据是无法理解的,数据是被技术渗透的。在这种情况下,这种"技术性"次语言提供的描述(或者规定)的真实性是实用,这就是说,如果描述是复制它创生(allopoiesis)的有效指导,是真实的,那么,在这个层面之后出现的任何东西的真实性必须具有这种实用的可操作的特征。

现象层。数据阐释、实验设备的读数和工作方式、对实验安排形成和提供的东西进行描述,这三个因素将我们带到另一个符号表征层面，带到一个层次更高、范围更广的层面；这个层面超越第一个层面的语义。该层面的组成部分包括：对现象的概念、图示或者数学描述，对所谓的"现象定律"和现象（也通常称为"因果"）模型的表述。在这种次语言中，研究者描述的不是现象、现象的一个侧面或者轮廓出现的条件（这一点通过操作性次语言实现），而是现象本身。这种次语言描述的是这样的过程和实体：它们在实验设备的工作方式中显示出来，构成某种可以通过实验设备的运转状态、通过所显示的数据进行重构的东西。将这一层面与第一个层面区分开来的是这一点：所提供的描述并不局限于任何具体的实验条件，并不局限于任何具体的人工制品种类，而是适用于一系列不同的实验条件和人工制品。正如博根和伍德沃德（1988年）所描述的，"数据是具体的实验环境特有的，一般情况下不可能在具体环境之外出现……对比之下，现象并不是具体实验环境特有的。我们希望现象具有稳定、可被重复的特点，这样的特征可以通过不同的步骤进行探测，可能产生截然不同的数据种类"（同上，第317页）。同理，描述也是如此。现象可以在各种不同设计的实验安排中加以复制，所以在这个层面上，概念化在概括性方面得以提升一步。因此，对现象的描述、现象定律和现象模型在一定程度上是分离的，与操作次语言之间形成一定程度上的独立关系。这类概括性结论或者抽象化结论的例子出现在不同的实验安排和显示数据之中，包括：卡诺的蒸汽机工作模型、金属受热膨胀定律、波义耳定律的理想气体定律、法拉第的电磁感应定律、维恩的黑体辐射定律、对光偏振或者光干扰的矢量描述、玻尔的原子模型等。

研究者依然进行这个层面的描述，旨在陈述事实；这类描述的任务并不是通常意义上的解释。它们的地位与数据属于同一种类。不过,该层面在一定程度上具有更大的概括性,可能包含所谓的"因果模型"和"低级现象理论",它们有助于理解实验安排的运转状态,理解实验中反映出来的自然现象的作用。因此,它可能引起某些解释成分。尽管现象定律和现象模型并不从理论角度进行解释,它们却具有某种解释力量,起到高级理论与实验结果之间的媒介的作用。它们以不同于传统科学哲学的"对应规则"或"桥接原理"的方式,将语言的第一个经验兼技术层面与口语所称"理论"的第三个层面联结起来。它们起到这一作用的方式是提供在一定程度上经过领悟的实在;这种实在经过人为的媒介作用,由实验安排促成,然后被泛化、"平衡",在某种程度上得以简化。它们是从实验场景中抽象而来的东西;在这种情况下,没有接受相关训练的人难以想象它们怎样才能通过技术手段得以实现。尽管如此,它们仍然提供应用高级理论的具有抽象性、概念性的数学设备的"实在"。其原因在于,在真实的科学生活中,理论首先表示现象、现象定律和现象模型,然后通过它们,表示沉浸在实验实践之中的实验数据。它们——而不是感觉信息或者原子化证据——是理论必须解释的备受争议的"事实"。

卡特莱特(1983年)以大体相同的方式,引入了她所称的"有准备的描述";在这样的描述中,"提供现象的方式将现象带入理论的范畴之内。""有准备的描述"是对"无准备的描述"的抽象,我们记录对所研究的系统的全部认识(同上,第133页)。此外,卡特莱特认为,"有准备的描述"对不同的例示进行概括,借此"准备实在",以便满足高级理论的结构性需要,所以说,有准备的描述无法真正表现物体。对现象结构的任何描述也是如此。不过,在我们所说的操作层和现象层与她所说的有准备的描述和无准备的描述之间,并不存在完全平行关系,因为卡特莱特往往已将"因果论述"(也常被称为"因果解释"),将它们可能包含的"理论实体"放在无准备描述之中。再则,卡特莱特看来间接表明,"有准备的描述"为在研究者心智中已经形成的特定理论铺平道路;然而我们认为,现象层面是独立于任何理论的,这就是说,现象层面上的描述最终为一种理论"铺平道路",而不是为特定理论铺平道路。"一种理论"与"特定理论"之间的差别具有重要意义,其原因在于,如果现象定律及现象模型、"理论"实体和因果论述无法与理论分离开来,那么,整个现象描述也无法与理论分离开来。这既不是卡特莱特希望看到的情况,也不是实际发生的情况。这就是说,尽管可能出现歧义,源于这一层面的中间地位,它具有相对独立于理论的特征,它在实际物质实现方面的具有不变特征,这两点可被牢固地确立下来。其原因在于,同一现象描述可以在一个以上理论中扮演角色,可以表示一个以上现象实例。因此,更为稳妥的做法认为,现象定律、因果论述、因果模型以及实体全都属于处于具体实践与解释理论之间的同一个相对独立的层面。

就现象描述以及它最终引起的解释的真理性而言,我们可以像卡特莱特那样有把握地说,描述的真伪取决于它是否对应于这样的东西:它们显现出来,作为实验的人工制品体现的物质效应。当然,这种对应的完整意义依赖于"下一"层面的实用真理,取决于与"上一"层面——理论层面——相关的真理的意义。

理论层。与其他任何变化多端的词汇一样,"理论"这个术语的确切意义让人难以作出判断。有些人认为,任何全称陈述都是理论;有的人认为,只有结构紧密、在一定意义上闭合的全称陈述组才可称为理论。有的人将理论视为对特定现象的解释,甚至仅仅对特定现象的一般性描述;有的人要求,理论必须包含并且解释一组或者一类现象。例如,克里斯(1993年)认为,理论与我们这里所说的现象描述非常接近;在他看来,理论形成模型,通常是数学模型,人们用它来描述在不同实验条件下出现的现象外观的有规律的状态。对现象的理论描述"与超越实验的任何表现形式的科学实体无关……理论提供语言,以便供研究者描述、辨识或者确定现象的外观"。这样的语言描述"现象的特征性外观从实验中浮现出来的方式;通过这样的过程,现象在实验室中被人准备、识别和测量。理论解释现象,采用的方式是展示——可以这么说——现象能够'具有实质性内容'的可能方式"(1993年,第87页。楷体是笔者添加的。)此外,最后的一点是,"理论通过为现象显现的表演提供脚本或者谱曲的方式,对现象进行描述。理论描述不变量;通过标准化的技术和实践,这种不变量可与表演的要素和操作对应起来"(同上,第124页)。

然而,即使在当代实验科学领域中,理论所起的作用也不止这些;毕竟,科学家依然认为,科学是通过演绎方式进行的解释。大多数科学家和哲学家——其中包括本书作者——依然认为,解释性科学理论是一种包含带有等级划分的系统性论述,其性质使人们可以根据更普遍的原理、定律和原则,演绎现象,所采用的并非必然是严格的逻辑方式。根据这个观点,理论的任务仍旧是将现象放在范围更广的理论框架之中,把现象纳入一组基本原理之下,而这样的基本原理尽可能覆盖大量不同种类的现象。附带说一点,这样的原理和定律可能形成一组公理,现象在逻辑上以定理的形式接着出现,不过,这并不是必然要求。尽管几乎没有哪一种理论符合这种"理想"情形,我们依然坚持认为,某种与之类似的东西是解释的核心部分。为了符合现实的情况,"演绎"这个动词应被赋予更宽泛、弹性更大的意义,但是这一新的意义不应过于宽泛,所拥有的弹性也不应过大,绝不能过于偏离,例如,不能根据牛顿的运动定律,演绎出普勒定律或者自由落体定律;不能根据马克斯韦尔的电磁场方程,演绎包括可见光在内的整个电磁辐射现象。

其实,有人希望根据一个方程,演绎现象层面描述的万事万物,有人希望根据一种简单的基本物质或者力场,解释万事万物;这类大一统梦想依然存在,不容忽视。然而,这一梦想尚未成真,有人对实现它的可能性持怀疑态度。[1] 其原因在于,正如海森堡(1948年)所说,即使在物理学这个最成功的例子中,人类已经取得的成就严格说来也"仅仅"是一组"闭合理论"。这样的理论类似于经典力学、经典电动力学、狭义相对论、量子力学,它们围绕着某些基本定律,在一定程度以演绎方式形成系统的构成,但是互相之间——除了形式方面之外——并不是可以还原的。这样的理论得以高度证明,利用为数不多的基本概念和方程,涵盖大范围的现象,但是它们给任何直接的语义公理化和

---

[1] 旨在获得大一统的最新尝试出现在基本粒子物理学领域中,出现在将它与宇宙论联系起来的尝试中;这些尝试引起了许多关注,但是如果仔细分析——我们在此无法就这一点加以详述——就会发现,这样的尝试漏洞百出,需要知道许多形式方面的技巧,所以人们无法看清这样做意义何在。

统一化带来很大难度。这一事实意味着,在理论的这两种能力之间,存在着互相交换的情况:一种是理论解释具体现象的能力,另一种是理论提供即便以适度公理结构形式出现的统一概括的能力。它说明,存在着一种上限,一种最佳化层面,在实践中被证明互相冲突的这两个要求可能得到满足。

闭合理论的基本特征之一——顺便说一句,闭合理论是远离研究的前缘的理论——是其稳定性和健全性。海森堡是这样进行定义的:它们具有密实的内在一致性,可以成功地应用于不同的有限实验实在——或许更确切地说,实验实践——的范围,所以不能通过微小变化来加以改进或者完善。哈金将它们与相关的"用具"——而不是与实在范围——结合起来,以令人信服的方式,解释了它们的稳定性。哈金(皮克林,1992 年,第 30 页)说:"我提出的观点是,在自身发展成熟的过程中,实验室科学形成了一个系统,由互相调整的理论种类、仪器装置种类和分析种类构成。它们成为海森堡所说的牛顿力学,即'一种闭合的系统',它从根本上讲是不可反驳的。它们在这个意义上是自证的:仪器装置与理论配合,与数据分析方式配合,而对理论的任何验证都是与仪器装置相互冲突的。反之,判定仪器装置工作的标准,判定分析正确与否的标准恰恰是与理论的适配度。"这类闭合系统的理论部分——即闭合理论或者闭合理论的候选对象——是构成我们所说的第三理论层面的范例。当然,在这个层面中,我们不能仅仅包括远离当下研究的前沿、已经具有牢固地位的理论;我们必须接受大胆推测,接受一些低层次概括性结论和解释。其原因在于,要把某事物称为理论,具有根本性的一点是,它覆盖范围较宽的现象。这一类现象究竟应该涉及多大范围？我们可以通过排列与"闭合理论"例子类似的例子，将它标示出来。

相信科学的目标仍然是建构包罗万象、统一的宏大理论的人必须面对的事实是，实际情况非常复杂，而不是这种明确、理想而单纯的情形：一方面拥有公理化的符号形式系统，另一方面还拥有同形性结构，拥有阐释这些符号的"模型"。与之相反，我们拥有的，其一是高度发展的——有时非常复杂的——实验安排，其二是闭合理论的同样高度发展的、抽象的——常常非常复杂的概念性（在某些幸运情况下用数学来表达的）——仪器装置。这两者以某种方式互相适配，但是这种适配很难通过直接的逻辑演绎来实现。它的实现通常需要对高层次理论的概念进行一系列阐释和直觉解释，形成数量和术语，以供实验人员在设计、实施和解释实验的过程中加以使用。这种将实验活动与理论说明"匹配"起来的过程是两种各具特点的活动（而且是两种"语言游戏"）；我们可以这么说，它们涉及猜想、调整、近似化、简化、纯化等行为。因此，卡特莱特理所当然地指出，现象定律的内容并不包含（我想要补充一点，这里所说的是严格逻辑意义上的"包含"）在它们应该得以派生，并且对其进行阐释的基本定律之中（同上，第107页）。

在描述这一过程时，我们必须再次使用模型，不过采用的方式既与形式语义学中的大不相同，也与描述现象层时使用的大不相同。C.刘（1997年）是这样描述理论模式与现象模式之间的差别的："理论模型是抽象的非语言实体，与其他的某些常见理论系统类似；它拥有完全可以描述的内在结构或者机制，这样的结构或机制解释系统的可以观察的运作状态，被视为一种近似对应,可用来实现某些目的。"在从另一个意义看,"模型也可表示——自然或者建构的——真实客体,是与另一客体成比例的摹本或者相似物……"(同上,第 155 页)。在整个过程中,基本环节是这里所说的适配,它不仅出现在现象定律的分析性(数学)形式与基本定律的分析性(数学)形式之间,而且更重要的是,它还出现在现象模型与理论模型之间;前者制约物质现象的复制,后者指导对理论的数学形式的应用。[1] 正如这两个概括描述中所用的"相似物"一词所示,模型一方面对许多技术控制进行简化、近似化和系统化,另一方面对许多形式作用和概念作用进行简化、近似化和系统化。在此过程中,模型将理论演绎和解释变为对实践的模拟性制约。由此可见,这种匹配并不仅仅是应用逻辑技巧形成的结果,而且——甚至主要——是科学它创生(allopoiesis)所涉及的认知动力形成的结果;(尽管将会形成某些演绎序列)这种动力使用的不是逻辑演绎方式,而是一般定律或理论原理与实验人员的技巧之间的阐释连续性。当代科学的本质不是在于抽象概念结构本身,而是在于这个循环:对概念使用的语言进行阐释,将其转换为行为语言,将"理论"转换为实际知识;反之亦然。

由此可见,如果说任何种类的建模必然处于理论与实验人员的实际条件之间,那么,无论涉及什么种类的推知,它都时常被该序列组成部分之间的"仿佛"关系所解释。实验仪器装置和它显示的现象给人的感觉是,仿佛存在现象模式所描述的实体

---

[1] 哈金提到了 15 种要素,它们紧密配合,分为三个种类:理念或思想、物体或机器、标记或数据(皮克林,1992 年)。

和作用；对理论而言，它的形式被应用于现象，仿佛它包括数学模型描述的客体和关系。理论描述并且解释"仿佛存在的"想象的实在，而这样的实在组合实验活动中的行为。基本原理被应用于这种实在，"仿佛"它与理论模型类似。这意味着对理论进行组合的、带有演绎和逻辑特点的隐喻解读。这样，我们就转向终极层面。

元理论层。如果成熟科学的理论被闭合——至少在某种程度上闭合——并且与以类似方式闭合的实践发生联系，那么，就不可能存在逻辑经验论所思考的那种科学统一性。在这种情况下，科学是否仍然可被视为提供关于世界的协调一致观点的独特活动呢？科学究竟是一组抵抗任何统一的独特活动，还是像哈金所说的那样，是"杂色科学"呢？如果是后一种情况，世界观的一致性来自科学，还是来自其他领域呢？其原因在于，必然存在某种一致性。人类与其他生物之间的连续性要求，在人类历史的每个具体阶段中，人们都拥有关于世界状态、关于面对世界的方式的期望和设想；总是必然存在对世界的或多或少一致的解释，这就是说，必然存在关于世界的理性思考活动，人们借此从事相关活动；必然存在概念和语言结构，这样的结构将开放性生物的本来不明确的行为组合起来。如果这种统一性不是由科学本身提供的，那么，它就必然被某种别的事物——某种更全面的事物——所确保。科学语言与自然语言这两者处于连续状态；无论这种一致性是否使用科学建立起来，我们都可以认为，科学语言必须与控制日常语言、作为一致性的终极保证的全面概念结构和语言结构保持一致。而且，实际情况正是如此。

正如人们已经注意到的，这样的要求并不是可以轻易辨识的，其原因在于，它在本质上必然带有隐喻性质；它必须包括人类行为的整个系统，必须使其具有一致性。此外，我们难以辨识的还有这一事实：全面结构隐喻表现出准演绎的等级划分次序。在等级划分中，除了非常一般的隐喻之外，还有这样一些隐喻：它们更具体、与科学的联系更密切，在整个系统中处于这里所说的准演绎和谐状态。我们可以将这类隐喻视为与17世纪支撑神学和自然哲学（philosophia naturalis）共存的隐喻类似的东西。在本书第一章中，我们已经说明，一般构架的变化是如何在基本假定的变化中反映出来的。从那之后，那些基本假定一直对科学起着支配作用。人们在字面和隐喻两个层面上，接受了现代之初出现的这类宏大隐喻：伟大创造者、至高智性或者至高工匠按照至高设计创造世界；至高设计由若干甚至唯一的基本原理构成，其他一切原理和定律按照完美的逻辑顺序，产生于这一基本原理。实际上，这些隐喻悄声无息地滋养了大多数科学哲学，滋养了科学的统一性纲领；直至今日，这一点看来依然如此。根据这一隐喻，研究者对自然作用进行排列，确定它们相互之间的关系，这类似于前提、逻辑指称规则和结论得以排列和相互确定的方式。这一点维系了本体决定论理念；迄今为止，人们尚未完全放弃该理念。伟大的数学家用数学语言写下了自然之书；这一隐喻支撑了对所有科学进行数学化这一做法。而且，在长达千年的岁月中，在所有宏大隐喻中，这一隐喻的影响最为深远，给人们的心灵带来温暖：人是根据上帝的样子创造出来的。今天，它依然给一些科学家灵感，鼓励他们探寻宇宙的神圣蓝图。这些隐喻为古典物理学提供的统一性并不体现在逻辑或句法层面，而是体现在语义层面：正是隐喻——而不是将它们还原为单一理论的做法——构成了古典闭合理论的宏大统一性。将所有理论置于总体隐喻框架的做法保证了这一统一性,这种统一性不仅制约科学这样的理性活动,而且还制约着整个生存方式。

由此可见,理论概括——这就是说,对原理或定律的结构良好的普遍陈述——必须符合具有不同概括性的结构隐喻的背景;它们必须与它协调一致,并且与它无声地融为一体。实际情况说明,在保持思想体系的统一性过程中,这种融合非常有效,超过了在形成形式公理过程中所起的作用。费耶阿本德二分法——无论是非常确定的逻辑结构,还是互不相容理论都具有混乱特征的集合体——是一种人为的二元对立。它排除了逻辑方式之外的任何其他方式,认为只有在逻辑方式中才能获得和谐和连贯性。它忽视隐喻的作用,而隐喻不仅防止人类祖先在信念体系中的混乱状态,而且起到强大的主导原则的作用;常常需要暴力对抗和有力的解放运动才能改变那样的状态。

在承认第四个即终极层面的存在和作用之后,我们对解释可以提出什么见解呢?现代科学史告诉显示,人们作出不懈努力,旨在将这两个方面结合起来:其一,历史时间的宏大隐喻得以容纳和吸收,并且根据它们来调整较低层次的原理、概念的意义、数学算式以及表征。其二,相同的原理、概念等与人类具体的实际经验、观察经验或者实验经验得以保持一致。在科学领域中,理论说明一直在具体实践与具有统一性的宏大隐喻这两个最终层面之间运动,其目的旨在弥合它们之间的巨大鸿沟。科学理论需要弥合的鸿沟跨度巨大,一方面是以隐喻形式陈述的最普遍的原理,另一方面是对具体实验结果的计算。解释正是这种双重适配。解释就是将不同现象融合起来,将它们带回家,这就是说,置于同一个屋顶之下。[1] 现象从日常实践或科学实践中浮现出来,形成生存方式的实践受到全面控制性隐喻的调节。两者之间的适配仅在一定程度上是通过建立逻辑联系来实现的,所以没有什么演算法可以实现这种适配;两者之间占主导地位的联系也具有相当大的隐喻性质。在不同层面的阐释循环常常使——演绎或者归纳——逻辑算法相形见绌,常常需要某种类似于"指尖直觉"的东西,即理论性专业知识或者"理论直觉"。正是这种直觉——而不是形式推论——最终完成解释,将一系列具体实践归入更普遍的概念之下,以便形成一切意义的终极背景。

由此可见,科学语言是一个系统,它经过分层,在演绎层面上不同质但是却协调一致;不同层面在该系统中相互交织,形成统一性。在这种经过分层的异质系统中,不存在什么使关于真理的言说具有意义、适合所有场合的真理概念;真理的理念随着层面的变化而变化。在最接近实践的第一层和第四层中,它具有实用意义;就第二层与第一层之间的关系而言,就第三层与第二层的关系而言,它主要表现为对应解读;在逻辑一致性或者隐喻一致性的意义上,就第三层之内以及与第四层面之间的关系而言,它表现为融贯性。解释将特殊现象置于这个整体之中,解释的真理性因此包括所有这些种类的真理。

---

[1] 例如,吕埃格尔和夏普(1996年)是这样定义解释的:"如果数量较小的假设可被用来计算大量不同情景之中的某些数量,理论具有高度的解释性;该理论使人们得以将所有这些不同情景划分为类似的东西。"(第95页)

4. 理论、决定与实在

如果科学解释的真理性并不是简单问题,理论与实在之间的关系具有什么性质呢?究竟是什么东西决定人们在相互竞争的理论之间进行取舍?我们已经看到,在科学领域中,概念和语言系统具有分层的等次结构,依赖两大支柱:实验实践和历史生存方式。它维系着每一个认知系统的普遍特征——双向参照。[1] 认知具有双重任务:它同时构成行为,并且描述实施这些行为的外部条件。这一任务的实现方式是建构具有不同层面的等次结构概念或语言系统;这些层面具有不同的能力,可以进行描述(或者表示)和结构(或者解释):较低的层面更具操作性和表征性,较高的层面更具解释性和调节性。底层负责人工制品制作、观察和数据处理,表示具体实验安排和观察安排捕捉到的外部实在。在这一点上,我们看到实质行动世界(Wirkwelt)。在这种情况下,这种实在是以现象描述的方式,从语言角度进行理解的;在复制所描述现象的过程中,这样的描述也起到扼要指导的作用。现象层面将实验实践与数据领域结合起来,将我们带入理论领域。理论将现象统一起来,将它们置于协调一致的系统之中,该系统最终与结构性隐喻中所表达的最普遍的总体概念结构保持和谐。事实上,宏大隐喻构成对人的具体生存方式的实际看法,双向参照利用宏大隐喻来闭合其循环。在此,它与科学的客体——这就是说,自然——再次相遇。复杂的科学

---

[1] 请参见本书第五章。

概念系统以实在为基础,并且两次受到实在的控制:一次是在底层,通过实验实践来实现;另一次在顶层,一组总体的结构性隐喻在遗传意义上复制特定生存方式,复制与自然的特定存在性互动。整个系统是一个巨型大的拱形物,将人们——即主体——与外部世界中客体之间的两个接触点联结起来;这两个点一个是人们的实验实践和生存方式,另一个是与自然之间的两组不同互动。由此可见,无论实在在技术和语言方面遇到什么样的媒介作用,科学解释都(仅仅是使范围更大的概念图式——即理论——适合这两者之间的空间,即对基于实验实践的现象的描述,基于生存方式的元理论语言)保持对实在的确切理解。理论并不以任何简单、直接的方式,与世界"挂钩";它们也不是与外部世界分割开来的纯粹人为建构。对于理论与实在的关系,我们的讨论暂时到此为止。

对理论选择的后实证主义分析形成了三个结果,它们使某些人得出了这一结论:科学理论仅仅是社会建构。三个结果都受到过度简单化这种古老疾病的侵害。三个结果分别是:所谓的"数据的理论渗透性"、"数据对理论的不完全决定性"、任何理论具有的整体性。任何观察带有的"理论渗透性"——即生产(或者设想)与演绎(或者发现)之间的动力——已被广泛讨论,[1]在此无需赘述。我们只需再次强调,数据不仅被理论渗透,而且也被技术渗透。但是,以上思考可能给人新的启迪,帮助我们认识证据是否被理论决定、如何被理论决定的这一问题。

现在得到普遍认可的一个观点是,如果经验证据本质上被

---

1 请参见本书第八章、第九章、第十二章。

理解为经验数据,它支撑的理论带有不完全决定性;这就是说,人们总是可以让一个以上理论来适应数据。在最简单的版本中,不完全决定性利用了一种相似关系:使理论适合证据的做法类似于使几何曲线适合一组画在纸上的分离的点。不完全决定性的标准论点假设,点——即数据——并不带有独立(独立于理论)的意义;这样的意义也许暗示——或者至少限制——可能的曲线系统。相同的独立性对这样的理论有效:根据这一观点,它只与数据相关。因此,与这一相似关系类似,在这一论证中,理论和数据看来是空洞的,是与科学语言的其他层面分离开来的。其结果是,根据我们已经描述的这一复杂系统,这个论点看来既是无关紧要的,又是人为的。说它无关紧要的原因在于,如果不完全决定意味着,无论理论与什么因素——实在、数据(或者现象、模型)相关,如果不完全决定意味着,事物都不将对其自身的明确理解强加于人,并不迫使人们形成一种并且仅仅一种解释,(在碰巧有了理论的情况)并不构成绝对正确或绝对错误的理论,有谁能够表示反对呢?从现代科学的语言系统的底部到顶端,我们一直从事的活动是阐释,而不是被动反思或者被动传输。在自然科学中,我们面对的东西并不是完全透明的(我们并不拥有对它的自然的、与生俱来的阐释);这样的东西并不像欧几里得几何公理那样,使我们觉得是明确无误的(clare at distincte),并不成为研究和理解它的唯一方式。无论是在该系统的结点,还是在层面之间的界线上,都不存在这样的规则系统:它等候我们,以独一无二的预先确定方式控制我们。这在整体上是一种偶然演绎,然而主要是直觉归纳、推断、猜想、阐释和再阐释。

但是，根据我们进行的分析，理论并非完全被经验证据或现象描述所决定，这就是说，被"自下而上的"因素所决定。在对可能理论的范围进行"自上而下"限制的过程中，至少还有另外一个因素产生作用：继承而来的宏大隐喻。由于形而上学方面的理由，爱因斯坦拒绝接受对量子力学的传统解释。此外，在科学语言这样的复杂系统中，除了逻辑一致性和简单性等因素之外，还存在大量内在决定因素。首先，证据"点"或数据"点"是在复杂的过程中形成的，这样的过程不可避免地会使它们带有特定数量的意义。在写在纸上的这些证据"点"或数据"点"后面，存在一条由或多或少被人接受的阐释组成的链条；这样的阐释并非总是以语言形式表达出来，它们将数据与以前的经验、以前的结果和实验者的技巧和实验直觉联系起来。于是，数据带有实验技能的影响。其次，可能曲线的范围受到其他概念、原理以及与这里所说的理论没有直接关系的理论的限制；这一组因素增添理论必须覆盖的新"点"。由于这样的"点"沉浸在预先存在的实验意义、理论意义和条件构成的情景之中，它们之间的空间并不是空白的。因此，理论选择沉浸在实验和理论说明之中，有可能完全被内在因素所决定。

最后一点是理论的整体性。由于理论内部的概念之间具有牢固的联系，许多研究者往往得出结论说，理论——尤其是闭合理论——是不可比的。例如，哈金认为，实验科学的完整性和稳定性在于创造了互不可比的子系统，每个这样的子系统由理论和仪器构成。两种理论——牛顿力学与爱因斯坦力学——没有共同性，其原因与其说在于系统内部保持的意义变体，毋宁说在于其中一种对特定种类的仪器提供的测量系统是适用的，而另一种对其他不可比的仪器种类以及它们所形成的现象是适用的。由此可见,如果"不可比"一词具有传统的库恩式意义(而且我们有理由认为,哈金心里想到的是其他的意义),我们至少可以说,这是一种言过其实的说法。某些仪器——例如"现成"仪器——和某些现象出现在一个以上理论-实验复合体中,一种理论可能拥有多种仪器设备;不仅如此,不同仪器设备也并不必然意味着,存在使理论被视为没有共同性所必需的巨大意义差异。科学语言的第一、二两层与自然语言非常接近,而且与任何具体理论保持了足够大的独立性,所以,不可能出现交流失败的情况。此外,研究者并非总是采用不同的仪器设备。在经过诸多探索但是通常被人错误解释的经典力学和相对论力学的例子中,狭义相对论并无自身特有的仪器设备;这种理论旨在桥接和调和两种看似没有共同性的理论——经典力学和经典电动力学。狭义相对论成功地将这两种闭合理论桥接起来,这一事实说明,两者毕竟不像原来人们想象的那么格格不入。

海森堡肯定不会认为,一种理论的闭合性必然意味着,它与其他闭合理论之间没有共同性。与玻尔的看法类似,海森堡也认为,一种闭合的早期理论甚至是后来出现的另外一种理论的先决条件。其原因在于,人们征服新领域所采用的方式是首先使用原来的工具,这就是说,当时可供人们使用的工具,然后根据需要,对所用工具进行改进。玻尔提出了经典力学与量子力学之间的"对应原理",这使在新条件下运用经典概念变为合理之举,显示出该原理自身的巨大启发价值。从历史角度看,闭合理论是根据非偶然方式排序的:经典力学是进入电磁领域和热力学领域的非常重要的基础;后两种理论分别是研究狭义相对论和量子力学的非常重要的基础;量子力学是研究量子场论的非常重要的基础。因此,闭合理论可被视为在基因上互相联系的东西;较早出现的理论构成某种不可或缺的背景知识,它使人得以对后来出现的理论进行阐释。科学的进步并不是用一种独立发展起来的理论取代另外一种理论;它通常是对基于以前理论的结构进行一定程度的重大改造。人们可能从已经拥有的理论开始,然后在使用过程中对其进行修正,改变必须更新的部分,保留可以使用的部分。如果这一观点站得住脚,闭合理论就不可能像库恩(1962年)和费耶阿本德(1975年)所说的那样,是没有共同性的东西。早期的闭合理论仍然是科学培养过程的组成部分,依然在人们心智的背景之中;它们从"意识边缘"形成影响,给予后来出现的理论启迪,并且在这些理论的意义中发挥作用。物理学家很容易抛弃一种闭合理论及其实现,转向另外一种理论,并不想要改变世界。

这三个论证通常用来赞同科学知识是社会建构这一主张,因而它们自身是人为建构,并不与真实的科学生活形成对应关系。不过,可能出现的问题是,决定因素的备用储存是否可被穷尽?我们是否可以排除社会因素可能出现其中这一可能性?这个问题的答案取决于如何理解"社会"一词的意思;带着这个问题,我们转向下面一章的讨论。

第十四章　现代科学:社会综合

传统认识论的主流包含一个基本要素,该要素见于它的所有变体:对认知主体进行纯化,使其达到完全透明或者自我超越的程度。但是,自然主义科学理论试图提醒我们:从本质上看,主体在许多方面是不透明性,其中包括生物、神经、技术、语言和社会等。其基本意思是,作为主体的人过早出生,赤身裸体,在生物学意义上是进化未完的、不合适的。人发现,自己首先是被置于外部"社会子宫"内,接着联系被切断,进入世界之中。在这个过程中,人选择体外程序,并且将其内化。这类程序模糊不清,但是在大多数情况下是有效验的,使人得以认识自己在世上的生存之道,即采取一定的生存方式。这种程序和及其控制的生存方式在人所处的环境中分割出空间,或者说,为个体分割出一个培根所说的兽穴。在外部密集的自然和社会互动场之中,我们每个人都由一个点——一种独特性——所代表;我们的存在重组互动形成的力线在这个位置上终止。该程序存在于外部的人工制品之中,存在于他人生成的文字和手势之中;由于这个原因,我们所处的世界在社会层面上是形成结构,在个人层面上得以吸收。我们从他人那里得到、以自己的方式吸收的东西影响我们的性质;从这个意义上看,人的一切在遗传层面上都是社会的。我们对自然环境、社会环境和行为方式的先在的理解是在社会层面上建构起来的；根据这样的行为方式，我们在阐释和思考过程中，探索世界上尚未解蔽、尚未阐释的方面。[1] 其结果是，与人类的其他任何一种活动的情况类似，在科学领域中，人们在开始探索时必然带着社会妊娠过程中形成的沉重负担。与人类的其他任何一种努力的情况类似，在科学领域中，"实在"在社会继承、个人选择的互动和阐释过程中被"过滤"。夏平直截了当地说，世界以经过改变的形式出现在人的生态位之中，它本身"并不具有未经媒介作用的强制性力量"(1982年，第163页)。

然而，完美镜子这种理想状态是一种夸大说法，现代科学将它搁置一旁，已经形成了自身的期望，让自然自行显现出来，让认知主体脱离最终结果。培根和笛卡尔哲学的认识论传统和科学自身将社会负担视为对认知有害的东西，并且提出了这一问题：人如何将自己从原始程序中解放出来，走出洞穴，超越生态位，获得真实的认识？这个问题长期存在；在人确知认知主体获得完全解放的希望渺茫时，这个问题被重新表述：人是否可能补偿、排除或者中和社会继承、被个人增添为负担的东西？人是否能够抵消培根哲学的偶像，使它们不再侵犯科学的最终结果？是否能够将社会负担和个人经验从结果中剥离出来？也许，这一点可以通过另外一种社会过程来实现。社会负担的某些因素无法通过人工制品制作和逻辑分析——即通过所谓的"科学方法"——来加以补偿；也许，作为明显集体活动的科学所涉及独

---

[1] "社会"一词表示许多意义，这里所说的"社会"并没有什么特殊意义；它仅仅表示，我们碰巧所在的社会向我们表达的某种东西。但是，它是一个有用的起点。对"社会"这个术语的不同使用模糊不清，已经形成很大混淆，所以我们将力图做到尽量准确。

特的社会动力能够消除这些因素。

就科学共同体可能带有的特殊性质而言,人们已经接受了两种研究方式:一种是通常所称的"科学社会学"(实际意思是"科学共同体的社会学",英文缩写为 SSC),另一种是"科学知识社会学"(下文简称为 SSK)。人们的普遍看法是,这两种研究方式互相冲突,前者认为科学知识——即科学产出——独立于社会作用和社会语境;后者断言,科学知识本质上是科学共同体的社会产品。然而,从另外一个角度看,这两种方式可被视为互补的。其原因在于,科学共同体的社会学研究科学群体的社会结构和动态,研究其制度性和规范性安排,不考虑它们可能给群体活动形成的结果带来的影响;另一方面,科学知识社会学大概研究的是这些结构、安排和动态可能给结果带来的影响。由此可见,在试图说明科学知识主要——倘若并非完全——是社会建构的过程中,SSK 否定科学共同体与人类的其他社群之间的任何不同之处;与之类似,在试图说明科学的社会轮廓的过程中,SSC 与科学知识的整体自主性发生联系。这两种情形都是偶然事实。

1. 个人知识和个人知识的输入

SSK 方式和自然主义科学论的出发点是相同,两者都认为,单个的认知主体与不可靠的个人判断之间存在着必然性。让我们回忆一下,认知被局限于活着的生物体;就此而言,知识必然带有个人特征,至少说,在这个意义上带有个人特征:它的公共表现依赖生物体的实际在场。就其本身而言,如果离开了神经综合,既不可能出现技术综合,也不可能出现语言综合。即便强调客观知识的"第三世界"的自主性的波普(1972年)也认为,在第三世界与人类的第二世界之间,必然存在永恒互动。人的神经系统能够对一切人工制品——特别是图书馆——和一切经过编码的知识进行阐释;如果没有人的神经系统,所有人工制品和经过编码的知识都会失去意义。意义是关系,而不是特征。

另一方面,如果人的神经系统在生物结构上不具备内在程序,不足以复制可行的生存方式,如果人的神经系统必须从外界获得这种程序,那么,个人现在拥有的大多数东西都源于公共领域。在这种情况下,由于人际之间的程序是通过社会方式传递的,从原则上看,人有可能超越其个体性,有可能获得在终极意义上的超个人知识。由此可见,每一认知过程的努力其实存在于个人体内;尽管如此,为什么不应将注意力集中在来自外部的程序上,努力将它分离出来,以便将丰富多彩的相关输入分类整理,置于神经系统之中,而不是拘于对内在空间的内省,拘于对孤立输入的语言分析?[1] 假如对开放生物来说,输入既不可能被阻止,也不可能被客观地过滤,从而维持幼稚的天真,假如极端相对论——或者甚至说唯我论——因此不可避免存在,我们依然可以进行尝试,详细说明从外部影响人的认知的因素、构架或者语境结构,评估每一成分的具体分量,弄清它们之中哪一种因素必须被视为不可或缺的,哪一种因素——如果说不能被排

---

[1] 奎因(1968年)提出的"汹涌的输入"是由"混杂频率"构成的,但是,重要的正是混杂性本身。与他所持的观点类似,我们必须考虑其完整结构。

第十四章 现代科学：社会综合

除——必须被视为可以抵消的。这就是任何一种自然主义科学论应该做的事情。所以，让我们作一概括回顾，从这些输入的最一般内容着手，以其最具体的内容作为结束。

种属框架。人类认知的先决条件的种属框架或组合是这些事实形成的结果：认知是生物本身的存在特性；认知是人类这个物种特有的与环境的选择互动的构成部分；认知隶属于人类这个物种的自创生方式。知识本身是人类的一个合理的目标，但是，知识并不是人类认知基本语境的组成部分。更确切地说，认知是与客体的实用的存在性联系的组成要件，对生命起到工具作用。我们已经看到，在这个语境中，受体分离并且特化，感觉器官和神经系统进化发展，形成了受体与效应器之间的基本对比，前者总是与代理一起产生作用，后者总是与代理表示的东西一起产生作用。[1] 于是，感知变为阐释，这就是说，变为对意义和重要性的投射，变为对于存在相关的那一部分世界的选择性适应。感知既不是被动铭印，也不是解蔽。阐释是普遍存在的。它出现在人体的各个层面上，出现在细胞、神经系统、器官和整个人体之中。它也出现在人工制品的制造和语言理解之中，出现在人与人工制品成品和文字的关系中。实际与世界互动的是单个的人，在世界中存活的是单个的人，所以，阐释总是由单个的人来完成的。因此，每个人都拥有用来解释世界的原始的基本程序；该程序后来可能通过个人的经历加以改变，但是绝对不会缺失，不会被迥然不同的程序取代。

这种（生物和社会方面的）遗传程序首先包含组成人的生物

---

[1] 请参见本书第六章和第八章。

特征、覆盖整个物种的种属要素。但是，在这种情况下，由于人在生物学意义上是进化未完的，需要体外延伸和完善，所以必须在该程序的生物部分上，增添用于形成人工制品和使用语言的种属密码。于是，种属性生物要素与其他要素以不可分割方式混在一起，专门调节技术和语言的媒介作用。生物密码、技术密码和语言密码组成最初阐释，它们形成人类这个物种特有的一般框架（或限制性网络），人的认知就在其内部。但是，我们还看到，体外延伸使人类能够在不同生存方式中存活。这意味着，最初阐释——就其仅仅包含覆盖整个物种的一般要素而言——是不完善的，因而是不可行的。认知和生命本身都无法以它为基础。由此可见，该框架是相当抽象的，绝对不适合的。

存在框架。这就是说，如果种属程序和它形成的认知困境不采取具体形式，它们是不起作用的。这里的具体一词的意思是，得到具体人工制品和特定语言的辅助，其方式使开放的人获得完全闭合。具体的基本阐释是历史发展的结果，取得具体的历史形态；认知是具体的历史形态的一个不可或缺的部分；得自遗传特征的具体程序——即具体的基本阐释——源于人类不同的生存方式。根据这一观点，我们已经提出，科学现象不是与人类这个物种的普遍困境相联系，而是与城镇居民的特定生存方式相联系；城镇居民与自然之间的选择性互动受到具体技术和语言的协调，受到国家和市场的社会惯例的协调。同样的情形也适用于人类认知的其他形式；它们必须——实际上也确实——符合人们选择的历史生存方式所确立的框架。借助这些补充条件，这两种框架——种属框架和存在框架——实际上合二为一，这就是说，变为可能出现的最普遍的条件，变为生命本

第十四章 现代科学：社会综合

身的条件。

正是在这种联系中，正是在人的认知与历史存在生存方式之间的联系中，人对自然的任何态度——其中包括现代科学所持的态度——获得唯一的恰当的有理证明。其原因在于，根据自然主义的观点，认知是生命世界的一种自然现象，这个世界能够提供的唯一有理证明是存活证明。能够存活的是带有认知组成部分的具体生存方式。如果这种说法成立，有人就会期望，这种联系以及它包含的媒介作用是科学社会学应该讨论的主要认知因素。然而，尽管科学社会学关注科学与技术、工业、经济和政府之间关系的细节，实际情况是，仍然缺乏对基本媒介作用的深入分析。假如情况不是如此，人们很早之前本应明白，通过社会方式继承的程序是复制现代存在方式的条件，其中包含合理性的基本元素；这些要素构成现代科学得以存在的基础。[1]

"生存方式"这个普遍概念和"现代生存方式"这个概念表示生命存活不可或缺的一切结构要素，但是它们有时包括差异性很大的例示，所以在一定程度上依然是抽象的。因此，我们不妨往下移动，讨论另外一个具体层面，即局部文化的层面。

文化输入。我们可以将"生存方式"这个概念与生物物种概念加以比较；两者都带有确定和维持自创生所需的具体的选择性互动的特征。随着地域和时间的变化，一个物种的总体结构可能形成局部变体；与之类似，人类的生存方式的局部变体——例如，农业文明的不同形式——呈现出特定外观，我们将这样的外观称为局部文化。这个术语表示具体的人工制品和理念，包

1　请参看本书第十一章。

括价值观、规范和习俗；它们由前辈形成，传递给下一代人，得以内化，作为具有具体局部形式的文化计划或者程序(时髦的说法是软件)。我们可以这样说，不同的局部形式包含文化"基因"，这样的基因确保人的相同种类的生存方式得以复制。于是，我们可以用讨论物种这个概念的方式，就这样的问题进行辩论："古埃及文化、美索不达米亚文化、印度文化、中国文化、哥伦布到达之间的美洲文化是否是相同的核心互动组的不同外观？它们之间的差异是否具有更深层次的原因？"但是，我们在此无需进行这样的辩论，因为就现代文化和现代科技而言，显而易见的是，至少在这个程度上存在着共同的认知结构：法国科学家与英国科学家，希腊科学家与俄国科学家，中国科学家与日本科学家能够顺利交流。

到此为止，假如我们采取一般的自然主义的态度，我们应该清楚看到的一点是，具体生存方式的维持生命的基本组件体现在局部文化之中，构成与人类认知相关的框架。当然，对具体生存方式在局部文化中采取的特殊形式的相关性，有人可能持怀疑态度。在这种情况下，我们在此引入关于科学知识的社会建构的核心问题：建构本身必然是局部的，但是，建构形成的结果到底带有多大的局部性呢？

社会纽带。科学社会学应该涉及作为认知主体的潜在重要输入的社会关系，因此，在构成局部文化的要素中，我们可以——社会学家应该——关注人际联系和群体之间的联系。这使我们看到，本来意义不明确的"社会"这一术语具有更具体的共同意义。文化这个概念包含社会渠道，从而蕴涵历时维度；传统借助社会渠道得以传递，得以呈现。与之相比，社会这个概念——就其在这个语境之中的意义而言——旨在表示社群成员之间的共时性联系。

共时性社会联系应被理解为依附和依赖关系,它涉及兴趣和责任。[1] 这种联系范围很宽,从单一情感影响(它已经可能使人进入对另一个人带有承诺的状态)一直到奴隶制。说到底,每一依赖状态都可能引起一个人(或者一个群体)与另外一个人(或者群体)之间的非对称权力关系,这种关系可能是私下的、制度的,或者政治的。这使共时性社会关系具有自身的特征,既不同于个人进行的公开活动,也不同于非正式交流。在科学活动中,交流常常以被哲学家们深入分析的科学话语的具体形式出现。当我们讨论科学时,我们必须认为,社会关系所指的是某种更引人瞩目的东西,所指的是利益和承担的义务。那么,我们将在下文中回答的问题是:这些利益和义务是否影响科学研究形成的结果?

职业环境。如果我们进一步考察现实的科学生活,或者说考察人类的其他任何活动,我们将会发现,存在着从事某种职业——即,渗透着特定价值观和规范的具体工作环境——所承担的具体义务。这样的规范、价值观和利益确保职业成功,保证职业共同体的凝聚力。它们可能是"技术性的";在科学领域中,它包含实验——即操作设备和观察读数——和理论阐述,即使

---

1 "兴趣"是另外一个模糊概念。如果它是关注或者追求的东西,它就没有解释力。如果我们在考虑"现实兴趣"——例如,财富、名誉和权力——时,将"认知兴趣"包括在内,"兴趣"一词的意义甚至变得更加模棱两可。这就是说,与好奇心或者怀疑类似,获得知识的这种单一兴趣并不说明任何问题。

用概念、文字和符号。也许,它们可能是社会性的,如与资助者、同事和其他人员的从属关系。通过社会化过程和专业培训,这两种价值观和规范加以内化,然后——常常以默示方式——在整个职业生涯中得以维持。我们已经看到,技术因素是如何介入理念的发展过程的:理念形成之后在人工制品中得以实施,最后在科学文本中获得不受干扰的休息。社会因素的情况如何呢?

研究科学知识社会学家讨论"研究机会",探讨科学家在力求使自己的兴趣获得职业确认的过程中所调动的"局部资源",其中有的人提出了一个看似清楚的断言:这些偶然因素决定结果。显而易见的是,研究计划的形态依赖局部可能性,依赖可供使用的设备,依赖技术熟练的研究人员,依赖专业知识水准,依赖经济资助以及诸如此类的东西。按照某些科学知识社会学家的观点,科学研究的结果也依赖这些东西。那么,这里出现的问题是,即便情况如此,这是否就是整个问题的结束呢?

看来并非如此,因为研究科学共同体的社会学的默顿传统发现,构成科学共同体的价值观和规范与其他群体的价值观和规范不同。追随该传统的论者认为,由于存在这类职业规范和技术规范,科学研究的结果在局部的偶然方面具有自主性。这两种观点之间的对比说明,我们已经触及问题的核心:如果一种社会结构在形成科学研究结果的过程中产生作用,那么,一个职业共同体的社会结构和活力就会是第一候选对象。

个人结构。不过,在我们深入讨论这个问题之前,考虑到完整性,请让我们在此再次提到不可或缺的个人:在个人身上,所有输入或者知识生产的决定因素获得其可行的但必然独特的形

第十四章 现代科学：社会综合

式；通过个人，输入可能进入或者不进入研究的结果。在个人身上，共同的因素——即种属因素、存在因素、文化因素、社会因素和专业因素——与独特、单一的个人性格混合起来；群体规范和价值观与源于个人的能力、经历和地位的个人动机、愿望和兴趣交织起来。此外，只有个人才与自然客体——可能实际介入的最终外部因素——形成必然出现在局部的具体接触。所以，一切都在这一点上聚集起来。于是，我们所提问题的最终形式是，这种出现在个人身上的混合是否能够分离开来？是否可以将认知层面上相关、超越个人的部分与不相关的独特部分分离开来，是否可以将后者清除出去？[1]

客体影响。在科学知识社会学中，存在一种完全集中于"社会"输入的倾向，所以我们有必要提出这一提示：根据前面章节中详细说明的观点，对人类认知来说，有三个先决条件是绝对必不可少的：第一，存在神经系统。它作为人体的一个部分，成功地维持自身的存在。第二，存在经过内化的原始程序。它用于神经系统运作，用于对世界的初始阐释。第三，存在与外部自然客体的选择性物质互动。代理媒介、感觉器官和人工制品对神经系统产生中介作用，客体对神经系统的作用总是间接的。尽管如此，这种作用仍旧是实在的、不可或缺的；当感知由效应器的作用完成时，情况尤其如此。由此可见，自然事实、外部环境、"现实世界"——即便是经过媒介作用——进入科学话语，其途径是与个人形成因果性物质互动。假如排除客体的影响，对组

---

[1] 培根学说的精神尚未离开我们，但是，某些偶像看来是不可排除的。

成科学知识的决定因素自然主义的考察就会绝对是不完整的。

根据前面所作的分析,组成输入的所有这些要素既无法消除,也无法被内在之眼全部挑选出来。整个问题归结为如何进行这一评估:它们——即便存在——之中的哪些要素可在一定程度上从外部滤除,从而使结果不受它们的影响?为了有利于评估的进行,为了总结我们迄今为止已经学习的东西,我们可以建立一幅地形图,借此了解上面所列的因素是如何影响认知结构,影响语言结果的。如果我们对前面一章描述的语言的分层结构作一简要综述,我们就会看到,这种影响不可能呈均匀分布。请回忆一下前面所说的四种次语言,概括任何科学理论的推论网络是由以下层面构成的:操作层(L_1)、现象层(L_2)、理论层(L_3)、元理论层(L_4)。在本章列举的每一种输入(环境或因素)都可能对任何层面形成潜在影响,尤其是对它们之间的边缘部分形成潜在影响,不过其强度和重要性并不完全相等。

我们可以假设,一个客体的影响从 L_1 进入,在一定程度上不均衡地传播开来,到达 L_2,接着继续深入,一直扩展,歧义越来越大。另一方面,从自然主义的观点看,种属兼存在构架是进行认知绝对不可或缺的东西,它大概从"上"影响系统,从 L_4 开始,以逐步减弱的强度进行渗透,到达 L_3 和 L_2。这两种层面输入组合提供夹心结构的顶层和底层,科学理论位于这两层之间。它们也为所有采取现代生存方式的人构成一致的背景。其他因素——如文化的局部成分、社会联系、职业联系和个人性格——产生尚待确定的不同影响。

根据这一传统,我们还可将现象与理论之间的联系——即 L_2 与 L_3 之间的联系——视为认识论层面上最敏感的结点,这个节点从开始就让哲学吃尽苦头。尽管我们可将关于阐释充分性或真实性的认识论问题置于这一结构的任何一个点上,然而正是在这个结点上,这个疑问在一定程度上以人为但并非任意的方式存在:现象(或者说现象的要素、作为现象基础的数据)是如何获得假说的证据支撑地位的?尽管实在、活动和语言在该结构上互相渗透,这里看来是有理证明和科学解释这个关键环节出现的场所。当然,假说嵌在结构的某个部分中,被视为假说的证据的东西取决于整个结构中的什么部分被留在背景之中,所以,这个结点是无法与结构的其余部分分割开来的。但是,在科学领域中,除了其他因素之外,我们毕竟是依靠证据来判断理论的。

由于没有规则系统以明确方式将理论与证据——或者说在一般情况下,将认知结构的要素与决定因素——联系起来,这个过程最终是对个人进行一定程度上的偶然判断。大量文献讨论了所谓的"阐释灵活性"[1],将其作为以下因素的结果:观察和实验的"理论渗透性",即较高语言层面对较低语言层面的影响;数据对理论的"不完全决定性",或者较低层面对较高层面的"不完全决定性";科学生产的地域或环境,诸如此类,不胜枚举。我们的分析不仅进行确认,而且为此类有限灵活性提供生物学基础和人类学基础。[2] 因此,我们不必求助于证据。这说明了两

---

[1] 我们在此仅仅提及被人广为引用的论者:迪昂、汉森、奎因和库恩。科学知识社会学家撰写了大量论文和著作,借助精心准备的个案研究,以便证实这个结论。例如,请参见平奇(1986年)对太阳中微子爆发的研究,柯林斯(1975年)对引力波的研究,皮克林(1984年)对夸克的研究,拉图尔和伍尔加(1979年)对生长激素的研究。

[2] 参见前一章。

点:其一,基本的认知情景是阐释性的,而不是逻辑推知性的;其二,就存活而言,与相同环境相关的认知结构的独特性既非必要,也不可取。[1] 对人而言,这种多样性具有很高的指示性和重要性。人在生物学意义上是进化未完的,与自然的接触一方面是开放的,但不是偶然的,另一方面又是决定的,但不是刚性的。

从这一点看,这就是说,从每一个人判断的偶然性看,可能形成两种对立的推理方式:第一种使作为局部"调协"的结果的科学研究成果具有偶然性,第二种使与某些决定因素相关的科学研究成果具有自主性。让我们看一看,哪一种占据上风?

2. 科学知识社会学中的强势计划

由此可见,研究的出发点在于:关键结点——理论与证据之间的结点、L_2 与 L_3 之间的结点——在人的大脑中交叉,人根据证据,决定是否接受假说。所有的因素和环境形成组合,汇集在这一点上,以便形成决定。即使科学它创生(allopoiesis)密集的推论语言网络大大降低阐释灵活性,但是仍然留下了某些自由度,没有什么东西确保个人作出的判断,个人的一切决定都是容易犯错的猜测。

同样的情况也出现在这样的场合中:当科学家面对的不是客体本身,而是同行形成的科学研究结果时,科学家不得不作出类似的决定。在这种情况下,科学家必须作出赞同或者反对该结果的决定;与形成该结果的科学家的做法类似,这至少在原则

---

[1] 参见第六章。

第十四章 现代科学：社会综合

上经过相同的认知过程。前一种决定语境由科学家与客体之间的关系构成，在后一种情况下，语境在一定程度上有所不同，它在某些方面暗示了结果形成者与结果解读者之间的关系，这就是说，社会关系。这给拉图尔（1987年）提供了综合SSK的机会，其方式是用前者——即与客体的关系——取代后者。

就关于他人提出的观点而言，一般的看法认为，一个认知主体——即结果形成者——将自己取得的结果以论据的形式，陈述给另外一个认知主体，即结果解读者，让后者判断命题的合理性、真实性和解释力。结果形成者期望结果解读者接受论据，希望自己获得的结果在解读者的研究中得到使用，从而得以长久存在。如果这样的期望实现，形成的结果会再次出现后者撰写的论文中；在这种情况下，根据拉图尔的说法，已经迈出了第一步，要么对断言进行黑箱化，要么将虚构（这就是说，结果形成者获得的不确定的偶然结果）变为得到认可的事实。从传统上看，这个过程被理解为对假说的人际证明，理解为对假说的真实性的成功证明，理解为对假说的相互主观性的确定。然而，拉图尔改变了说法，将它视为结果形成者作出的尝试，其目的旨在获得别人的承认和支持，这就是说，获得支持者。而且，拉图尔还将它视为实现结果形成者实现其愿望的一个步骤：自己的结果被复制，自己工作得到美誉。

正如拉图尔（1987年）所述，[1] SSK的推理过程如下：在接触断言时，受话人——即解读者——可能采取三种态度：忽视、

---

[1] 依我所见，他的陈述具有综合性质，是从布卢尔和巴恩斯开始的长期发展过程的结果，代表了关于这个问题的大量文献。

拒绝或者接受。采取第一种态度——即忽视——带来的结果是，没有建立个人联系；采取第二种态度——即拒绝——的结果是，断言被否决。在这两种情况下，断言被受话人忽视或者否决，命题会很快从科学生活中消失。如果接受断言，但是不采取进一步行动，也就是说不加以复制，也会带来同样的结果。由此可见，结果形成者自己的兴趣不仅在于让结果被人接受，而且还要将结果应用于别人的研究工作之中。只有这样，科学研究的结果才能与研究者的名字一起名垂青史。这意味着，在每一项科学结果后面都存在个人利益。

这个方法不乏合理性，给拉图尔提供了变换花样、偷梁换柱的绝好机会。他认为，科学领域研究的论证策略的本质涉及两个方面：其一，结果形成提出劝诱；其二，受话人作出表示赞同或者反对的决定。从传统角度看，论证被视为推知网络之中的陈述（包括以读数和图像工具显示形式出现的证据）之间的关系；在拉图尔的体系中，它可被视为表示联盟或者表示反对的社会关系。而且，在这种关系中，结果形成者是由所提出的陈述来代表的，其关系是通过这些陈述来确定的；在这种情况下，陈述本身可能带有个人特质，变为"非人参与者"。经过这种扭曲之后，整个过程可被以简单、统一的方式，描述为与人类参与者和非人参与者建立联盟的过程。通过调动与技术综合（拉图尔，同上，第二章）和语言综合（拉图尔，同上，第一章）中的非人"角色"所有联系，结果形成者试图得到其他的人类个体的赞同，与其他的人类个体建立联系。如果结果形成者顺利实现自己的愿望，其他人就会作出承诺，重复结果形成者最先取得成果，承认结果形成者的学术地位，即确立与他的联系。

第十四章 现代科学:社会综合

接着,拉图尔通过对情景进行进一步纯化和图式化,稍稍偏离了社会联系。他忽略结果形成者和接受者的动机,将注意力集中在陈述、接受和重复断言的行为本身。按照他的说法,这些行为改变原来提出的断言,至少以试探方式,在局部上将虚构变为事实。从一般的用法看,事实的意思是,在根据常识判断是真实的;虚构意思是,根据常识判断是虚假的。那么,从常识看,如果陈述被视为真实的,它就会在接受者的陈述组中出现,被视为"闭合、明显、确定和经过组合的前提"(拉图尔);反之,它就不会出现在接受者的陈述组中。根据所谓的"公平"原则或者"对称"原则,[1] 拉图尔不理会真理性和虚假性,不理会动机。他认为,句子和其他非人来源进入这一过程,它们并未附加任何内在性质。具有价值的仅仅是这一事实:它们是否被人接受,是否成倍增加。于是,我们可以追踪陈述的运动轨迹,它从结果形成者所撰论文的语境,进入接受者所撰论文的语境,从具有虚构(拉图尔语)或者猜测(波普语)地位的状态转向逐步被人视为"闭合、明显、确定和经过组合的"状态。当然,这里的前提是,后人撰写的文章不断复制原来的结果。将此过程这样表述的做法——即描述断言的"发展轨迹"的做法——充满对所调动的其他非人参与者的联系的发展细节,被拉图尔称为"技术描述"。

如果一个断言被人接受和复制,它就会出现的新的语境之中。它在语境中遇到的其他句子本身不可能使所结合的断言变

---

[1] 按照布卢尔(1976年)提出的观点,在 SSK 中,强力计划"在面对真理与谬误、理性和非理性、成功与失败时,应该不偏不倚。这些二元对立的双方都需要加以解释",而且"在解释方式上也是对称的。比如说,相同种类的原因应该解释正确信念和错误信念"(第 4—5 页)。

为正确的或错误的，插入——即复制——本身不可能使它成为闭合、明显、确定、经过组合的。由此看来，在新的语境中，一项陈述——传统上被称为"证据"——可能最终"支撑"一项被称为"假设"的陈述。或者说，一个断言可能使用另外一个断言，将其作为前提，其条件是从后一个断言可以推知前一个断言。但是，肯定总是存在某个人，这个人进行"思考"和"推论"，这个人因而在个人层面上与该陈述发生联系，而且通过该陈述，与提出陈述的人发生联系。由此可见，一个断言从一个语境转到另外一个语境的运动必然伴随人际关系的扩展；技术描述总是得到"社会描述"的补充，进行补充的方式是勾画出各自的社会发展轨迹。"我们可以从两个方面，分析柴油发动机史话，其一是考察这种发动机结构，它与不同的使用者相联系，并且不断变化；其二是考察与这种发动机相联系的不同变化的使用者种类"（拉图尔，1987年，第138页）。

根据拉图尔提出的具有统一性的研究方法，技术描述与社会描述完全融合起来："技术描述中出现的每一变化都旨在克服社会描述中出现的不足之处，反之亦然……一方面，存在着对一种描述持支持态度或者反对态度的人，他们互相之间漠不关心；或者说，尽管他们相互之间漠不关心，心存敌意，但是可能被人说服，从而改变主意。另一方面，存在着形形色色的人为因素，有的人敌视，有的人冷淡，有的人已经顺从，有的人尽管敌视或无用，但是可能被人说服，改弦易辙"（同上，第140页）。这种"针对自然的社会策略"的延伸得以完成，其目的旨在刻意"混淆"技术描述与社会描述之间的"界线"，使拉图尔的魔法得以实施，从而使科学超过"稍微社会化"的限度，变得"非常"社会化

(同上,第62页)。

这种言辞花样形成了与逻辑经验主义言辞几乎直接相似的情况。我们在拉图尔的观点中看到,"作为活动的科学"被"形成过程中的科学"取代,"作为知识体系的科学"被"现成的科学"取代,"证明语境"被"黑箱化"取代。我们看到前提或者事实变成了"黑箱",其真理性仍被假定。我们看到,归纳性推知或者演绎推知变为"资源的调动"或者"储备技术细节",展开论据的过程变为"构架"或者"狡猾手段",重复实验的行为变为"较量",得到认可的论证变为一种"联盟"以及其他等。逻辑经验主义拒不承认作为活动的科学,完全忽视使用语句的科学家的作用,仅仅使用表示逻辑关系的言辞。另一方面,科学认知社会学利用其新语汇,闭眼不看知识体系的(逻辑或阐释)推知结构,忽视与科学研究客体的互动,完全盯着人际联系的言辞。

言辞是强有力的工具,它稍加用力,就会将人推到远离自己希望站立的位置。在拉图尔进行的一个解释中,他提出的第一原则告诉我们:"陈述的命运——这就是说,关于它是事实还是虚构的判定——取决于后来出现的一系列争论的结果"(同上,第27页)。我们迟早将会发现,自己身处科学辩论或争论的迷雾之中。争论意味着不同立场之间的激烈斗争,两者交锋的结果确定断言的命运。在辩论中,人们"加入派系","结成联盟",确定"较弱或者较强的联系",以便打破"力量平衡"。在辩论中,人们通常使用"被鄙视的"言辞,"因为这样的言辞调动外部联系来支持论证,其中包括激情、风格、情感、兴趣、律师使用的谋略,诸如此类,不胜枚举……"按照拉图尔的说法,这并未将科学排除在外。"原来的言辞与新言辞(科学言辞,科学语言)之间差异并不在于,前者利用后者拒绝使用的外部联系;两者之间的差异在于,前者仅仅使用其中的一些,后者却大量使用"(同上,第61页)。

在这种情况下,我们自然以"拜占庭政治计划"为终结:获得越来越多的支持者,防止他们发出不和谐的声音,鼓励反对的阵营。"无论采用什么战术,总的战略容易理解:按照自己的需要,利用以前的文献,以便尽量使文献发挥有益作用,支持自己将要提出的断言。这里的规则非常简单:削弱对手,让你无法削弱的对手进入瘫痪状态,在支持者遭到攻击时伸出援手,与给你提供不可或缺工具的人保持稳当的交流,迫使自己的敌人互相攻击;如果你不能确保成功,要显得谦卑,保持低调"(同上,第37页)。显而易见,拉图尔喜欢隐喻,认真对待隐喻,大量使用隐喻。其中最引人注目的一个隐喻是将辩论视为歌剧或者表演(同上,第53页)。但是,"拜占庭政治"最适合拉图尔的言辞。

在政治领域中,每个人想实现这样的目标:确立自己的最高权威地位,让尽量多的人听从自己的调遣,让尽量多的人相信自己的意见,不假思索地接受自己的想法。谋得更大权威地位的主要途径是劝诱;通过劝诱,可以找到支持者,获得政治支持,确保选举得票。在劝诱中,利用许多资源,其中包括简单的言辞、物质演示、权力运用。其结果是,更高权威的意志得到尊重,理念得到重复,付诸实施。在拉图尔的手中,科学中的人为"作用"和非人"作用"平分秋色,科学沦为纯粹的政治。

他还提出了其他说法。在结果形成者确立了对非人资源或者因素——即,文本和实验室——的控制之后,他自然会受到利益的驱使,复制自己的理念,使其在数量上实现最大化,从而扩大自己对人的控制,并且通过招募他人的方式,影响自己提出的断言的命运。他倾向于采用控制他人行为的办法,对他人"施压",迫使他人采用自己提出的理念。[1] 于是,我们最终会在这里看到在起作用的社会因素,这一点在拉图尔的如下表述中尤为明显:"除了文章和实验室之外,如果你还拥有许多其他资源,你就可能取得成功。"(同上,第104页)但是,还有什么更自然的场合让这些东西发挥作用呢? 不过,拉图尔在技术描述与社会描述之间,在陈述的发展轨迹与人际关系的发展轨迹之间,在逻辑与政治之间见风使舵,拒绝涉及"资本主义、无产阶级、两性斗争、人类解放斗争、西方文化、邪恶的跨国公司、军事当局、职业游说者的欺诈性利益、科学家内部为了声誉和回报的族群"以及类似要素的——他所称的"传统的"——社会群体。结果,对人的控制不是通过科学共同体的权力结构来实现的;令人惊讶的是,这是通过已经使用的非人资源——即陈述——来实现的。他在该书的同一页上说:"我们看到,文献通过引入越来越多的来源,技术性越来越强。具体来说,我们看到,随着科学文章作者集中的人群越来越大,持不同意见者被迫进入孤立状态。尽管这开始时使听起来是反直觉的,文献的技术性和专业性越强,文献的'政治性'就越强。其原因在于,联系人的巨大数量必然驱赶读者,强迫他们接受断言,将其视为事实"(同上,第62页。

---

[1] "我们看到……创建黑箱需要两样东西:第一,必须招募其他的人,让他们相信它,接受它,在时空中传播它;第二,必须控制被招募的人,使他们借用和扩散的东西在一定程度上保持不变"(同上,第121页)。

楷体是笔者添加的)。

当一个断言与所有资源一起被陈述出来,其命运被人跟踪,数字再次冒了出来。于是,我们知道,当其他科学家相信该断言,即接受并且将它结合在他们的研究工作中,断言变成了事实。从那时起,断言开始了新的生命历程,随着越来越多的论文或者科学家使用它(这其实并不重要),断言变为更具体的事实。"最初陈述的力量并不在于其自身,而是源于使用该陈述的论文"(同上,第42页)。在这种情况下,究竟应将该断言视为虚构,还是视为事实呢?究竟是将它作为开放性猜测,还是作为闭合的"黑箱"呢?这是"参与者"之间某种政治争斗的结果。在这样的争斗中,赢家是在选票数量上占优势的人,这就是说,在出版前后确立的联系人的数量。重要的只有统计数据,其原因在于,正是联系人的数量——而不是论证显示的力量——招募越来越多的支持者,同时使持不同意见者灰心丧气,将他们孤立起来,迫使他们放弃自己的观点。尽管这说起来令人难以相信,但是,累积起来的数字使科学争论得以解决,对自然的描述得以建构。"传统的社会作用"被搁置一旁,但是并非必然被排除;它们仍旧带有"一定的社会性",需要时可能被启用。在拉图尔的描绘中,人们不可能阻止它们"参与"拜占庭政治。但是,与许多SSK中的其他个案研究类似,拉图尔面前困难重重,难以说明它们如何在因果关系上决定最终结果,因此,他明智地选择干巴巴的数据。实际上,这就是该计划旨在显示的东西:"独特、局部、异质、语境、多面"(拉图尔和伍尔加,1979年,第152页),简言之,科学生产的偶然性质。

然而,社会并不是第一个受害对象。在那之前,自然客体以及整个大自然已经变为参与者,以其行为的"物化目录"[1]为特征。这样的参与者对抗力量的考验,仅仅是支持者网络之中的节点而已。首先,作为虚构的陈述没有什么意义,它是不带意图的。虚构只有在变为事实时,才会转化为关于某事物的陈述。只有"当一组文字在话语中使用"之后,该话语才"在现实世界中创造所指"。"因此,真正的现实客体是通过陈述创造出来的……"(伍尔加,1981年,第384页。楷体是笔者添加的)。按照拉图尔的说法,根据SSK的强势计划,自然总是姗姗来迟,来得太晚了。"只要它们(科学语言中有了定论的争论)存在,自然将会直截了当地作为这些争论的最终结果出现"(拉图尔,1987年,第98页。楷体是原作者添加),或者以政治争斗的最终结果的面目出现。

在这种情况下,人们迷失了方向,倍感失望。在提出这么多SSK的激进宣言之后,在讨论大量个案研究之后,在发表了连篇累牍的著述之后,在人们面前死去的不仅是自然,甚至还包括社会。自然因素和社会因素在每位科学家身上产生作用;不过事实或者知识并不是自然与社会之间相互作用形成的结果,而是断言的多种表象的随机过程。剩下的只有某些陈述的随机增加的过程,它们经过引证和参考,要么处于一种盲目的布朗运动状态,要么处于自私基因的危险复制过程。在这种情况下,即使这一合理的实用主义断言也显得苍白无力,没有内容:"陈述的命运……取决于后来出现的一系列辩论。"拉图尔受到互换和隐喻的影响,最后提出的是作为参与者的人——或与人类似的参

---

[1] 详情参见拉图尔,1987年,第92页。

与者——之间的偶然出现的政治游戏。有什么东西可能比这一点距离真实的科学生活更远呢？呼唤和隐喻使整个游戏具有更大的娱乐性，但是，我们希望做的是玩文字游戏，还是理解被称为"科学"的现象呢？

3. 公共知识与积淀

个人是不可或缺的，因为只有个人才获得理念，形成理念，让理念经过人手，进入人工制品，在那里获得它们的其他存在方式。个人是不可或缺的，因为只有个人才能重新审视在实在中得以丰富的理念，要么使理念符合语言系统，要么使语言系统符合理念。然而，个人被封闭在自己的阐释框架之内，意识到自己的独特性、易谬性和主观性，即便在完全相信理念的现实性的情况也是如此。如果这样，个人就不可能提供完全的证明有理，不可结束认知过程。在个人层面上，既不存在理念真实性的独特外部规定性，也不存在理念真实性的内在保证。无论是现实、逻辑还是实验它创生（allopoiesis），都无法完全决定科学家个人提出的论述或者作出的判断。拉图尔的观点没有错："你可能从内心里珍视自己正确的确定性，但是，这种确定性仅仅局限在你的心里；如果没有别人的帮助，你肯定无法进一步证实自己感觉到的确定性。"（1987年，第41页）

主体不可能期望凭借自己的力量，完全超越自己的独特性，更不用说超越自身的人类特征了；没有什么方法可以保证个人形成的知识的确定性。因此，个人可能会努力获得合情合理的保证：在技术综合和语言综合的过程中，个人的局部特性最终会

第十四章 现代科学:社会综合

与断言脱离,从而获得真理。这个给他们保证的唯一行为主体尚未被人提及,他就是另外一个人。当所有的其他可能性——内部、外部、技术和语言控制——全被穷尽的时候,当不可避免的阐释灵活性依然存在时,也许可以获得相当程度的信心,其条件是,另外一个人在另外一个场所重复该方法,并且获得相同的结果。在这种情况下,原来的结果形成者获得一些在自己孤独状态下缺失的确定性。

从这个常见的观点,让我们再次考察虚构变为事实的发展轨迹,考察结果形成者向公众陈述结果时开始的发展轨迹。首先,我们也许会问:为什么拉图尔在分析其后出现的活动的过程中,将注意力集中于持不同见解的人?为什么许多SSK社会学家强调科学活动中争议在场的情况?这个问题一个答案也许是,争议支持不完全决定性这一命题,或者直截了当地反映我们这个竞争社会的状况。但是,另一个答案也许更具有说服力。在科学领域中,整个劝诱策略依据对复制和信誉的兴趣,这就是说,对被人阅读、信奉和承认的兴趣。它基于结果形成者心里的这一假定:自己形成的结果将会被人以怀疑态度对待,以批判态度理解。波普认为,科学的标志就是批判态度;在默顿看来,科学的基本规范就是"有组织的怀疑论"。[1] 通过强调争论,科学知识社会学家心照不宣地承认这一点,但是轻描淡写地一笔略

---

[1] 还有一个遗留问题。默顿所说的规范具有典型性:普遍性要求,提供给科学界的信息必须在独立于信息源的个人特征的情况加以评价;社群性要求,科学信息属于科学这个职业,而不是属于发现信息的人;无利害性要求行为主体寻求科学知识,不要考虑个人得失;这里所说的有组织的怀疑论要求,绝对不能不加深究地相信结果。

过。遭到忽视——或者说没有组织——的怀疑论是现代科学最重要的特征。这个特征具有历史基础和历史解释。[1]拉图尔将注意力集中于可能出现的异议者,因为他意识到,在调动资源和支持者的过程中,结果形成者预测,对自己陈述的通常和一般反应将会是判断性的。而且,如果结果形成者的动机是要得到某种保障,研究工作可以恰当完成,而且具有某种认知价值,他应该引起对自己所做工作的合理的批判性评价。罗伯特·博伊尔曾经借助与法庭审判的相似性,说明了科学领域中的怀疑论和在社会意义上有组织的怀疑论。在司法程序中,"参与者"必须要么通过直接陈述,要么借助人证和物证,在法庭内重构犯罪现场。在这种情况下,不同的证词得以比较,从而就能排除了个人偏见。有时候,即便进行了演示,也要求陪审团必须抛弃一切个人阐释,仅仅将证据列入考虑范围。

但是,拉图尔试图淡化科学的这个方面。当一项科学研究结果以出版物形式进入公共空间时,接受者可能决定:(1)不理会它;(2)阅读并且不假思索地把它视为正确或者错误的东西;(3)重复它提出的推论,即重复理念在理论或者实验中经过的整个过程,然后再决定是否接受。拉图尔试图利用的第一个"事实"是,大量科学论文根本无人问津,或者很少有人阅读。根据拉图尔作出的大致估计,"放弃率"高达90%。第二个事实是,随着科学的发展,论证需要越来越大的推论网络,其中包括非常复杂的实验,这使重复论者所需费用越发高昂。因此,"重新展现"的情况十分罕见;根据拉图尔的估计,这种情况仅占1%。

---

1 参见本书第一章和第十一章。

第十四章 现代科学：社会综合

所以，拉图尔提出，唯一有意义的选择应是非科学的"随波逐流"的做法，接受言辞，以理所当然的态度接受提出的结果。但是，存在着异议者，存在着争论，这使拉图尔提出的说法难以立足。其原因在于，即使大致估计的那1％所具有的力量也不可小觑，它有可能关系到整个劝诱策略的成败。

在拉图尔也承认的科学说服策略中，第一步是要预测反证，将自己放在读者的立场上。论文作者试图阻止反证，采取的方式是改写断言或修正步骤，使其不那么容易被人攻击，不那么独特，从而更易被持不同观点的人接受。在撰写论文的过程中，作者内心经过一场辩论，作者在此试图扮演异议者的角色。此外，在将文章送交出版之前，作者常常让同事阅读稿件，征求他们的批评意见。因此，即使在与公众见面之前，论文已经脱去许多——不过并非全部——个人"所爱的东西"。尽管论文仍旧具有局部性，但是至少在一定程度上已经成为人际之间共同努力的产物。在论证被接受之前，作者的论点属于虚构之物，这就是说，充满作者个人好恶的东西。通过使论文变为可以接受的东西，通过认真对待别人提出的批评意见，每个作者都尽量使自己的文章客观、全面、尽量摆脱环境的限制。在形成科学成果的过程中，持续进行着非个人化、非局部化和非语境化，[1]作者的这种做法常常是该过程的第一个阶段。

现在，让我们看一看论文接受者的情况。接受者首先面对

---

1 到此为止，我在非常宽泛的意义上使用"context"这个术语。从现在起，当讨论"非语境化"时，我特指上面所说的局部文化、社会和专业语境。

的两难困境是："我读不读这篇文章？这篇文章对我的研究是否重要？"读者的同事提供的论文摘要和建议有助于回答这两个非常实际的问题。如果这篇文章读了之后被认为是无关紧要的，它很快就会被人忘记。但是，如果它具有重要意义，接下来的问题是："文章所说的结果是否可靠？我是否可以将它用于自己的研究？"这时，读者开始以批判的态度看待文章，主要原因不是在于有组织的怀疑论的常规，而是在于读者自己的兴趣。正如拉图尔看到的，支持者网络——或者更常见的情况是论证链——的力量取决于最弱的环节。如果接受者打算重复另外一个科学家提出的断言，所借鉴的断言本身的力量将会决定接受者提出的推论链的强弱。所以，最好检查所借鉴的断言的力量，即在采用之前对它进行有理证明。实验的有效性也取决于所借鉴的断言在新的语境中具有的重要性和地位。从节约时间、精力和金钱的角度考虑，接受者可能不会重复整个过程，而是决定相信自己的专业直觉，相信论文作者的信誉，相信自己的机构。如果断言非常重要，那么，唯一的选择就是整体重复。否则，接受者就会承担风险：自己作出的结果可能与借鉴的断言一起毁掉。在科学领域中，错误毕竟会被发现，例如，最近出现的例子包括室温超导性。因此，接受者都应该保持批评和审慎态度，在断言被认为重要时重新进行推论。

如果断言或推论在字面上或在重新推论之后被接受，如果它被借用于接受者的研究之中，它已经改变了语境，经历一个重要的适应性测试。尽管将它纳入新语境的决定是个人根据自己对文本和判断标准的独特解释作出的，这里的客观事实是，断言或者推论被认为适合新的语境，适合新的研究者。可能对它的

第十四章 现代科学:社会综合

形式稍作改变和调整,但是,某些东西肯定保持不变,这种不变的东西显示它在语境变化情况下的恒定性。尽管在阐释论证和复制论证的过程中,必然存在接受者的个人特性,当论证被转移到新的语境之中后,它也不可能变为别的东西。因此,论证在他人论文中重新出现,这至少说明它可能具有的不变性,说明它是独立于人的个性、场所和环境的。柯林斯(1985年)试图说明,其实重复没有什么关系,因为重复绝对不可能完全相同。柯林斯的说法完全没有看到问题的关键。摹本不能完全一样;否则,人们所说的把握和不变性就会毫无意义。

那么,这是对断言的非语境化过程的第二步;用SSK的术语来说,非语境化是"硬化"、"固化"(诺尔-塞蒂纳,1981年)或者"标准化"(劳斯,1987年)。在每一个这样的步骤中,在新的语境里对断言或者推论进行复制的过程中,可能涉及改变,即某种"抽象、节略、程式化"(拉图尔)。但是,相同的某种东西已经出现在如此众多、如此多样的语境中;在每个新的表述中,这一事实提高它的语境依赖性、场所不变性和主体间性的程度。在每个点上,都会出现接受和重复的选择,新的表述会排除或者抵消某些局部偶然性。

在这种情况下,我们必须赞同拉图尔的说法,重复的数量是重要的,但是我们考虑的理由却完全不同。我们认为,重复说明断言改变语境的能力,因而是独立于语境的,至少在某种程度上如此。顺着相同的思路,时间变得更为重要。尽管对批判态度表现出了兴趣,接受和重复断言的决定仍然可能受到当代社会的局部支持者的影响。我们必须和拉图尔一样承认这一点:依然活着的作者可能在劝说中使用其他方式,对潜在接受者形成某种控制;作者可能利用自己的声誉,利用机构或者政治力量等东西。但是,在作者逝世之后,所有这一切便不复存在。当然,新的一代可能接受某些传统教育,但是,正如库恩(1962年)所指出的,他们同时也摆脱同时代的某些影响,可以自由地放弃所继承的范式中的某些成分,甚至放弃整个范式。断言并不以机械和偶然方式幸存下去,只有在它对新的一代人产生吸引力的情况下,才有可能名垂青史。

库恩触及了年轻科学工作者的社会化过程这一重要问题,科学的这一方面通常被人忽视。然而,他却忽略这一事实:在科学教育中,人们教给年轻科学工作者的不仅是发展之中科技的目前进步水平,而且还有对进步水平的怀疑态度和批判态度。这一事实是永恒选择过程之中的一个重要但常常被人遗忘的要素;在这一过程中,已经制度化的知识不断得到评价和证明。SSK以拐弯抹角的方式假设,与研究对象类似,未来的认知主体具有很高的可塑性,他们可被科学界改造,成为行业领袖。然而,在自由的现代社会中,尤其在科学社会中,批判态度是教育的一个重要组成部分;这一事实限制可能出现的社会影响和心理影响的范围。因此,如果人们等待足够长的时间,发展轨迹将形成与相应的闭合实践联系的一种闭合理论,形成若干代人的共同成就,这样的成就没有名字、人际关系或者局部语境这类东西的痕迹。不再有谁会引用牛顿的《自然哲学的数学原理》;当人们将经典力学称为牛顿力学时,牛顿的名字仅仅起到标记作用,因为根本见不到他的个性和他所生活的环境的任何痕迹。

由此可见,社会综合通过将断言和推论非语境化的方式,对不变量进行综合;因此它在某种意义上闭合了科学的前景。自

第十四章 现代科学:社会综合

称科学的东西肯定要被语言阐述和人工制品变为公开的东西,然后通过批判性接受或者排斥,被变为不受个人特性影响的东西。相同的要求存在于语言、实验和群体这三种媒介之中。在语言中,相对论要求所有自称具自然规律地位的表达都必须在所有推论体系中具有相同形式;换言之,在面对从一个局部语境到另外一个语境的变化种类时,它们必须保持不变。在科学它创生(allopoiesis)中,相同的需求也规定,实验和观察必须在其他局部环境中被他人重复。与 SSK 声称的情况相反,所谓的"形式"方法或"技术"方法(语言综合和技术综合)确实闭合科学争论,其条件是它们被不同的人在不同的时间和不同的地点加以使用。科学研究的结果、事实和理论是社会建构,但是,建构到时会摆脱个人、局部、异质、偶然、心理和社会等方面的印迹。随着时间的推移,它们变为积淀而成的东西。

如果有人说,通过这一积淀过程,闭合理论在神的真理意义上变为正确的东西,这一观点将肯定是错误的。如果有人说,对生存方式与我们不同的文化来说,闭合理论具有一种无法抗拒的吸引力,这一观点也是错误的。然而,我们可以有把握地断言,闭合理论会变为非个人化的、非局部化、非语境化的。当断言和推论以我们描述的方式,成为不变的东西,我们可以说,它们具有真理性,这种真理被剥去了神的灵氛。其原因在于,科学给人们提供的知识是主体之间的、非语境化的,而且在这个意义上是客观的,从批判角度加以评价的,因而是理性的、真实的。此外,如果不变量被所有这三种综合方式共同形成,那么,大自然是不可能迟到的,它总是一直存在。否则,它创生(allopoiesis)就不可能出现,语言就会漂浮不定,复制就不能实行。在科学领域中,自然在这个意义上依然得到尊重:指导互动和干预的兴趣旨在揭示真正属于自然的东西。诚然,自然总是穿着人类为她设计的服装出现,但是,这种服装的设计目的是要揭示而不是隐藏自然的本来形式。

科学知识的真实性不是而且也不可能是绝对的,这就是说,不可能具有神的性质。然而,它的相关性以相当宽泛的方式表现出来的;它与某种缓慢变化的东西有关,与现代生存方式有关。其原因在于,正是生存方式以最强势、最根本的方式,以存在方式,规定主体与客体之间互动的构架和种类。在这样宣称科学知识的真实性时,我们必须还补充一点,它不涉及生存方式内部的任何东西,不涉及任何具体的文化、任何具体的社群、任何具体的决策语境、任何具体的利益。

我们沿用的三种综合——即技术综合或实验综合、语言综合或逻辑综合、社会综合或对话综合——构成并且控制科学,使其具有合理性。然而,这种合理性不是笛卡尔哲学意义上的有理证明,因为对科学知识的终极有理证明在于科学在维持和发展人的生存方式过程中所起的作用;科学正是在这种生存方式中形成的。如果现代的本质是解放(解放的意义是,与可能束缚人的一切事物形成距离),是对可能性和优选的超脱的理性评价,那么,科学在其批评态度上仅仅是这种本质的特殊体现。科学作为人的生存方式本质的体现,与这种生存方式一样,具有相同的合理性。另一方面,只要生存方式得以保持,它就是合理的;同理,科学的情况也是如此。

后 记

第十五章　科学与现代性的终结

我们经过这样漫长、迂回的旅程,现在达到了何处?科学究竟是什么?科学的主体和客体是什么?科学在我们的生活世界中占据什么地位?科学怎样才能被证明是正确的?科学是依然可靠和理性的活动,还是带有偶然性的社会建构?科学是否仅仅是一种表现,它是我们的生存方式的动力之一,还是带有本质性的决定因素?前面的章节通过提出以下观点,勾勒出了一些答案的轮廓。首先,科学革命的基本假定——即具有历史特征的认知主体(通过净化和排除实现)的自我超越的理念——是不可能实现的,对认识科学的产生方式和科学的认识论合法性来说,也是没有必要的。其次,我们提出,对主体的经典自然主义——这就是说,从普遍的、生物的和人类学方面——的论述让人们看到,人是一种进化未完的不完善的生物,所以这样的论述是不充分的。我们还提出了,某种"历史化的康德主义"(马克斯·瓦托夫斯基语)将历史自然化,可能是回答这些问题的最适当方式。这意味着,就科学的出现而言,人们对世界所持的历史的先在的理解和态度既是不可避免的,又是不可或缺的。历史性意味着,人的认知成就,其中包括哲学和科学,可能无法追求涵盖整个物种真理,更遑论追求超越物种的真理,追求神的真理。培根学说的净化、笛卡尔哲学的怀疑、卡尔纳普提出的抽象,这些东西都无法使人的认知获得纯粹理性与实在、语言与世界、知识与科学的同一性。古人认为,人拥有特殊地位,可以从中看到神的蓝图,并且使之在科学理论中反映出来;这种幻想可以得到宗教的支持,但是不能得到哲学的支持,尤其不能得到科学的支持。从初级感知到复杂表现,作为主体的人参与不稳定的、随着历史变化的阐释活动,而不是对世界进行神灵赐福式描绘。

接着,我们探索了进行这种阐释冒险活动的背景,探讨了它的历史性。在科学的帮助下,人们发现,任何形式的日常认知——无论它是人类的,还是非人类的——都与生命相关,因为它是活着的生物的自创生的构成要件,并且隶属于活着的生物的自创生活动。然而,人类在生物学意义上是进化未完的,因此可以实现多种生存方式;这就是说,借助于技术和语言,人类能够以多种方式完善自身。具有自创生方式的生物是结构方面的一种实验;与之类似,生命环境之中的每一种认知——其中包括人类认知——都是一种设想和建构。与其他生物认知类似,人类认知不是对认知客体的被动呈现,而是对认知客体的主动阐释。此外,成为人类生存方式中的生物意味着,在生物遗传和社会遗传两个方面,人被赋予继承而来的对世界的设想或"先在的理解",被赋予在历史意义上给定的阐释。这种阐释被"投射"到世界上,以便使它获得意义,这种阐释显示与世界之间的自创生联系,并且通过这种联系的历史变化得以修改。因此,与其他生物的情况类似,人类认知不可能具有涵盖整个物种的普遍性。人类认知与人的具体生存方式相关,但是并非在任何更强势的意义上相关。

第十五章 科学与现代性的终结

因此,身为现代科学的具体认知主体,一个受过教育的现代欧洲公民——以英国绅士为代表[1]——不仅被给予培根学说的偶像,而且被给予现代文明社会的态度和理性的基本要素。我们所说的这位绅士体现的现代性不是那个时代的艺术时尚或哲学潮流,不是像启蒙运动这类历史时期所倡导的风格或理念,也不是绝对精神旅途之中的最后一站。现代性主要是欧洲公民(citoyen)的生存方式。如果这样,赋予他的东西,即现代合理性既不是人类与神灵分享的东西,也不是宇宙理性的实例,而是现代性的社会遗传密码。现代合理性不是理性动物(animal rationale)的自然属性;它是历史的人具有的历史能力。

如果合理性被最低需要所界定,即作为实现目的的手段的充分性,事实上,存活论是这种最低合理性的论证,现存物种的所有种类的认知都必须被视为合理的。正是因为这个原因,我们觉得,生命世界之中的所有形式的适应在一定程度上都是同样适当的;它们都拥有与目的一致的手段。这一点与人类世界之中的不同的文化适应形式相同。人类的所有信仰,从万物有灵论、图腾崇拜、多神论民间宗教到古代文明的制度化宗教,都起到再生各自的生存方式的遗传物质的作用。当它们发挥作用时,这样的信仰都是合理的,帮助人类这个物种存活下去。另一方面,根据相同的论据,这样的信仰现在已不存在,所以它们不再可能被视为具有(最低)合理性。显然,这种"最低合理性"论述无法充分说明现代合理性,无法解释它所取得的成功。

---

[1] 参见夏平(1994年)、米查姆和麦基(1972年)引用的奥尔特加-加塞特的观点。

这是因为"最低合理性"在现代已经取得了所谓的"形式合理性"的形式,这种形式是具体的,然而根本算不上"最低"。在决策论中,它的形式得到恰当描述,具有可能性树状结构、固定偏好、可计算最优化。基本说来,它是市场各方使用的那种合理性。它包含现代态度的最基本组成部分——在某些古代文明中,这些东西并非完全陌生。它们是:对疏离的、客体化和商品化的世界所持的超脱观点;具有方法意义的考察;思考或估算的逻辑一致性。现代态度已经(这就是说,在现代科学出现之前)将自然视为被人类行为惯例所甄别的东西,其可能性(也许我们应该说可见性)是晦涩难解的,而不是被人视为自己熟悉的东西。现代态度将自然视为需要被理性破解——即解释——的谜团。由此可见,这种具体的现代合理性形式的雏形见于古希腊哲学和欧洲中世纪哲学,经过逐步衍变,形成思辨、经济、技术和科学等方面的分支。这里提到的最后一个分支出现的时间最晚。当人们从解决问题的角度,对科学合理性进行概括说明——例如,L.劳丹和其他一些研究者就进行了这样的工作——时,人们解释它与决策的密切关系,从而表明了两者的共同起源。

而且,我们还看到早期的现代哲学的思辨合理性是如何为现代科学提供基础的,看到经济合理性是如何形成这一新态度,如何为创造对科学的需求的。鉴于现代科学来自这一起源,它自然会在创造了合理世界的至高智性或者神圣设计师中,找到其形而上学基础,并且对这样的人在这个世界中进行定位:人的设计仿照了上帝,人享有特殊地位,被给予领悟神的这种最初设计的能力。自从科学革命开始以来,这一宏大的元叙事稳定地

第十五章 科学与现代性的终结

发挥作用；如果说它不作为逻辑演绎的一个来源，那么至少作为一组主要的隐喻原则，界定了科学将要形成的理论类型。虽然笛卡尔哲学提出质疑，休谟提出了怀疑论，正是在这个稳固的——教条主义的——基础上，科学的大厦被建立起来。另一方面，虽然哲学家们相继提出了知识、客观理性、理想语言之类的理想，这一经济要求通过培根提出的实验和应用理论，已经驱使科学和技术结合起来。它在实验和数学方面的建树源于这样的土壤。从发展初期开始，科学在意识形态和实践性这两个方面都被嵌入在现代生存方式之中。

然而人们觉得，神灵不但从自然界，而且从人类事务中淡出（并且借此变为纯粹先验之物）；这一感觉促成的形而上学的兴起和衰落消除了这一概念基础。突然之间，人们发现自己在茫茫宇宙中处于孑然存在的地位。在已经遭到动摇的基础上，人们提供了一些替代物；但是，没过多久，人们又会提出对现代理性的性质和力量——以及由此出现的对现代科学的地位和正当性——疑问。这就是我们现在所处的位置。与此同时，现实已经说明，人们可能提出的对科学的最佳有理证明过去在于——而且如今依然在于——它与现代文明的生存方式的成功融合，特别是与我们时代的其他基本困境形成的融洽关系：现代国家、市场经济和以科学为基础的技术。科学已经变为由这些困境组成的四维控制构架。部分是受到整体控制的，科学至少在两个方面被这一构架控制：其一，构架中其他要素共有的基本的合理性形式；其二，提供操作力量和共有形式图式的整体结构性隐喻。

这种嵌入性意味着，为科学提供理由或者证明科学有理的方式并不仅仅只有一种。实际上，存在着若干种。第一并且具有终极意义的一种是从古代逐步发展至今的城市和商业的生存方式。第二种是生物学基础，即适当发育、编为有机体指令程序的单个神经系统。第三种是实例见于语言和信念系统的协调一致的社会遗传程序。第四种是通过技术及其同类——实验——的方式，与自然之间的物质互动。第五种是在社会上维系下来的批判态度或者系统性怀疑论。当然，就现代信念系统而言，正如费耶阿本德所说，现在"什么都行"，人们提供的系统中没有哪个更有道理。科学拥有的优势大于阿赞德人的魔法；科学适合人类的生存方式，适合其他的基础，而阿赞德人的魔法却并非如此。

而且，在这一构架内部，现代科学拥有三种具体的辅助方式，以便对其产品进行有理证明：技术方式、语言方式和社会方式。第一种方式取代了对理论的经典经验证明或者感性证明，我们应该从实验产出和演绎——即从科学它创生（allopoiesis）——的角度加以理解。这种证明方式保留与客体的物质接触，从而保留客体对研究结果的影响。语言证明通过句法层面和语言的融贯性，确保科学理论所处的整体结构的中等层次将这两个层次联系起来：一个是结构性隐喻的顶层，另一个是与客体产生物质关系的底层。于是，在语言层面上获得与存在方式的隶属关系，获得通过存在方式以及与客体的物质互动形成的隶属关系。最后，社会证明——通过历史积淀——清除剩下的局部特征、个人特征和语境特性，形成稳定、客观（但并非类似客体）的闭合理论。所有这三种方式都是不可或缺的，其中的任何单独的一种都是不足的、非决定性的。它们共同作用，提供强有力的基础，

第十五章 科学与现代性的终结

让人们相信科学的可靠性和真理性。

有理证明形成真理。我们在此已经看到,对真理概念的所有传统阐释——即对应性、融贯性和一致性——都是适用的,但是它们出现在语言结构的不同层面上。随着我们从产生实际影响的底层转向结构性隐喻的顶层,真理的意义从涉指性和操作性,转向连贯性,转向一致性,从现实意义和字面意义转向工具意义和隐喻意义。不存在单一的包罗一切的真理概念。如果有人仍旧坚持将所有这些不同的真理概念,将对理论地位的所有这些不同阐释置于一个范畴之下,那么——鉴于维持与自然的基本互动是终极构架——其最佳候选对象可能是操作实在论。它应该包含依安·哈金对"干预"的青睐、罗姆·哈雷提出的"操控效力"、唐·伊德所说的"工具实在论"以及其他类似表达方式。操作实在论试图抓住一种理论在科学它创生(allopeisis)的形成或演绎过程中的本质,并且承认说,科学不仅与现在存在的事物相关,而且与将来可能出现的事物相关。它尊重客体的独立性,但是也考虑到了这一点:理论和实验安排是人为建构。因此,对人们在世界之中的行为进行成功指导的概念或术语确实表示我们的实质行动世界(Wirkwelt)之中的实体。实质行动世界是否是我们并不知道、"独立于我们的终极实在"呢?不过,确定的一点是,这一世界之中的实体不仅是人们的建构或者生产之物,而且也是人们的发现或演绎之物。

在科学所在的如此复杂的场景中,更富有成效的做法是讨论专业标准和产生正确行为的基本兴趣,而不是讨论超念真理。常常见到的情形是,如果一项科学研究以优秀成果的方式出现,遵循该专业可能实施的最高实验标准或者理论标准,人们往往持相信态度;这样的成果禁得起数代专业人士的批判。在科学领域中,优秀的专业研究成果缩小阐释弹性,有时候将阐释弹性降低至零。根据共有的背景知识和发展中之科技的目前进步水平,优秀成果最终使人看到大家都视为明晰分辨的(clare et distincte)单项选择。"缩小"的意思是阻止不同的阐释策略的实施,封锁来自不同方向的攻击,对问题的理解方式形成这样的结果:从人们所在的不同"洞穴"看,该现象以及对现象的解释看来是同样可以接受的,它们的意义尽可能明了。

个人心智或大脑带有适合现代生存方式的指令程序,容易犯错,存在短暂;所有证明、对真值的所有评价以及专业标准在此聚集起来,得到互补,和谐并存。尽管有历史积淀,"科学方法"说到底并不为永恒的、绝对保险的神的知识提供保证,仅仅为适合这种特殊生存方式的知识提供保证。在现代构架中,科学知识是对外部世界的工具性表征,是客观的和理性的,是非局部的和非个人的,而且首先是可靠的。然而,现代构架并不是科学超越的东西。因此,科学的可靠性不再依赖上帝这个完美无缺者的存在者,不再依赖人类拥有的享有特权的地位。我们已将现代科学的起航点远远抛在身后。

其原因在于,几乎不可否认的一点是,科学革命以来,已经发生了巨大变化,有的人甚至历数了17世纪以来在科学和技术领域出现的若干次其他革命。在这种情况下,我们是否仍然讨论同一种现象?我们是否仍然可将自己和科学视为现代的?自从现代之初以来,最引人瞩目的过程是商业生活方式的不断扩展,它在这个星球所覆盖的地域不断增加,越来越多的人工制品和服务正在实现商业化。此外,在受到这一过程影响的每一项

第十五章 科学与现代性的终结

人类活动中,随着商业化出现的首先是技术化,然后是科学化。今天,我们不难想象,商业生存方式迟早将会支配地球的每个角落,将会出现唯一一种全球性生存方式,每一项人类活动都就沿着这个方向出现改变。

科学本身是否经历相同的变化?有足够的证据显示,工业化和商业化已经影响了科学。在科学的浪漫主义阶段中,出现了爱因斯坦、玻尔或海森堡这样鼓舞人心的伟人;在那个解读中,默顿借鉴他们的精神,形成他的规范。如今,这一阶段已经留在我们身后。20世纪中叶以来,我们已经看到科学活动的指数式增长,其参数包括科学工作者的数量、科学出版物的数量、投入金钱的数量等。我们还看到科学研究的产业化和科学机构的官僚化。常常见到的情形是,科学不是致力于贡献关于世界的纯粹知识,而是被用来为社会制度和经济制度提出的目标服务;科学被控制在私有或者国有机构组成的网络之中。科学已经不再是名声显赫、思想开明、人格独立的绅士式精英从事的事业,已经变为赚钱谋生的专业人员和熟练技工的职业。带有浪漫主义色彩的默顿式规范已被专业兴趣取代,文艺复兴式多才多艺已被狭窄的专门化取代。科学机构已经变为规模庞大、专业管理的企业,劳务市场已经组建起来,竞争压力已经变得非常巨大,科学论文的生产也是如此。

此外,科学提供的宏大隐喻和世界观也出现了变化。爱因斯坦曾经设想,至高智性类似于拉普拉斯所说的不玩骰子的天才。神的计划曾被奉为完美无缺,独一无二的;它允许行家里手根据数学蓝图,计算现象世界的每一细节——至少从原则上说如此。世界曾被视为一个有规律的可以预测的系统,它以复杂但可演绎的方式组合起来,并且结构良好。因为它已被创造出来,所以是完美无缺的;它保持创造之初赋予它的符合规律的结构。科学的逻辑刚性对应于世界的刚性;或者说反之亦然,世界在结构上具有同质、一致、呈线性的因果关系,而且是确定的,这对应于科学理论的数学形式:逻辑同质性、公理性、序列性和唯一性。我们所在的世界仍然是舒服的;在这里,人们的感觉与在家里一样,一切都是熟悉的,可以通过若干基本原理或者规律,方便地加以勘察,从动态上看是稳定的。天上的神灵和地上的统治者的异想天开的念头被人排除,抛在身后,对自然的野蛮力量的无助依赖也被人排除,抛在身后。

然而,生物进化和量子力学理论暗示的新世界却截然不同。这个世界的基本要素并不以确定的方式产生作用;物种受到"盲目"变体的制约,基本实体的运动有时候就像"粒子",类似于无序的台球,有时候就像"波浪",穿过墙壁,蔓延到整个地方,然后突然"崩溃",变为一个无法预料的点。基因变异,被选为基因库的组成部分,而不是作为个体。不存在可以独特计算的动力,只有统计分布。这是一个杂乱、危险的世界,更像摆着轮盘赌的赌场,不像放着台球桌的小酒馆。理论并不描绘从动态上看一直存在的客观世界,而是偶然存在的可能世界。世界的任何成分有时可能带有不确定的未来,可以在可能性的范围之内作出"选择"。"选择"的结果取决于偶然性和局部环境。但是,一旦骰子抛下,自由在短时间内完全消失,活动的进程暂时固定,直到出现下一个十字路口或者三岔路口。在这种情况下,世界不是完美无缺,独一无二的,而是开放的,多种变化的;它没有变为它必然存在的方式,而是变为某些整体确定的可能性随机实现的结

第十五章 科学与现代性的终结

果。新的世界不是刻板、有序、具有严格逻辑性的经典学院科学的"钢铁"世界,而是工业实验室里易受外界影响、杂乱的"橡胶"世界。

不久以前,弗雷格面对这一可能性时深感恐惧:世界可能处于不断流动之中,因为在那种情况下,人们就不可能认识世界,一切就会沦入混乱状态。然而,当代科学家已经学会了如何面对处于流动状态的世界,面对随机的世界,面对非线性动力的世界,而且并没有沦入混乱状态。为此付出的代价是,世界的新图示缺乏统一性。没有渗透整个世界、在等级划分上同质的局部结构;在逻辑上同质的东西只不过是碎片,是不可约的闭合理论。可以想象的是,这些理论可能覆盖整体,类似于覆盖鱼体的鱼鳞;但是,它们源于无共同性但是互相补充的角度,也许仅仅是各不相同、无法统一的描绘。

在现代之初,思维与存在,世界基本结构的逻辑和感知曾被视为相互联系的,相互适应的,甚至属于相同的种类。随着世界观的变化,人们的思考也发生了变化。现代合理性的一个分支即科学合理性以前是刻板的,现在也出现了很大变化。首先,研究者大体上放弃了这样的做法:对本质性较弱的理论进行大规模公理化,用逻辑方式将其还原为基本性更强的理论。此外,从传统上看,合理性假定阐述,无法加以阐述的东西,例如,技巧和专业直觉,不可能被视为理性的。然而,我们现在知道,理性的理论态度在现代科学领域中构成,无法被还原为超脱的形式逻辑练习;科学思考需要隐喻、类比、启发式模型、直觉指导下的粗略估计、阐释技巧、系统思考、概率思维等。

所有这些变化的意义何在?情况是否像科学知识社会学的

激进计划所希望的那样,碎片化、竞争和大批量生产可能已经软化了科学合理性,从而使它化为纯粹的政治调协?是否像布尔迪厄的科学"经济模型"[1]显示的那样,科学是商业化和商品化的最后受害品?在那之后,除了"理性经济人"的合理性——这种合理性基于概率决策论,将其视为最高成就,基于作为资本的专业科学信誉——之外,不会剩下任何其他形式的合理性?如果作为一种活动的科学只不过提供贴着"知识"标签的商品,或者用稍好一点儿的话来说,提供被称作"自然"的"可靠信息",情况将会怎么样呢?毕竟,科学信息实际上被放在书刊架上供人使用,它很可能被人视为与股票市场行情相似的东西,或者视为与买卖、创办或关闭一家企业等行为相关的任何其他的商业信息。一切用于交易的东西都是可以讨价还价的,科学信息也许也是可以讨价还价的。科学信息所涉及的对象——即自然——作为"参与者",作为被人需求的财产,作为法律程序和交易之中的一个项目,作为一组潜在有用的数据,或许也进入这种讨价还价的过程。

科学尚未达到那样的程度。尽管科学研究的结果被放在书刊架上,它们既无交换价值,也无直接使用价值。人们可以免费得到科学研究的结果,任何人只要进入图书馆,拿起一本科学刊物,就可随心所欲地使用它;就此而言,没有市场或者货币来确定科学研究结果的交换价值。当然,有人知道一份科学论文的成本,但是,潜在的使用者既不必了解这一点,也不关心这一点。就使用价值而言,在进入真正的市场之前,科学研究结果首先必

---

[1] 参见布尔迪厄(1975年),拉图尔和伍尔加(1979年)。

第十五章 科学与现代性的终结

须取得某种技术上可以应用的形式，然后被转化为具有被顾客承认的具体使用价值的具体商品。即便拉图尔和伍尔加（1979年）也不得不承认，科学研究结果被充分商品化之时就是科学毁灭之日。

迄今为止，至少说学院科学的一部分保留了三个基本的非商业价值：免费索取研究结果、排斥讨价还价的批判态度、对客体的尊重。免费索取（或者默顿所说的公共性维度）是至关重要的，它使科学研究结果可以被具有自主性的读者使用，这样的潜在反对者可以用批判的眼光来审视它。如果批判态度在数代人中得以维持，它就会保证研究结果的客观性，进而保证研究结果具有一定的可靠性。最后，科学依然不会将自然作为来源，作为有用的商品，而是作为挑战心智的难题，不会将它作为讨价还价过程中无足轻重的参与者，而是作为人类充当临时管家的值得尊重的家园。

科学不是神灵赐予的礼物，不是至高智性的象征，不是对理性的宇宙设计的享有特权的探索。如今，即便在意识形态方面，科学已经变为在实践中一直存在的东西——人类从事的一种孤独的探险。从世界的黑暗深处，新的可能性大量涌现，科学将它们发掘出来，以便供人使用。但是，科学总是告诫我们，人类自己带有局限性，人类认为可以随意支配的这个丰富世界是有限的。科学默默地忠告我们，人类的生存方式毫不留情地榨取资源，干涉生态系统，所以不可能无限期地延续下去。科学甚至告诉我们，应该如何与我们所在的星球建立可以持续的关系，如何与自然和谐共存。实现这一点的条件是：我们能在自己内部发现和谐。科学给我们提供大量信息，但却没有提供多少智慧。

尽管科学依然可以教我们如何欣赏自己生活的世界，它却没有告诉我们如何去过有意义的生活。

对许多代人来说，科学是一种希望，他们在科学中看到理性的范式，甚至认为可以将科学当做人类社会和历史的最高统治者，这样就可以过上美好的生活，建成真正的共同社会，实现正义和平等。如今，这一希望在哲学和社会学意义上已被"去掉神话色彩"。如今，以完成任务为导向的研究占据了支配地位，控制了出版物；如果这种情况不给科学带来灭顶之灾，日益加剧的竞争导致的批量炮制科学论文状况也可能使免费获得科学成果的行为徒劳无益，使有组织的怀疑论失去作用。如果科学屈服于产业化和商业化，如果科学理性沉湎于解决日常问题，类似于决策行为，科学提供的少得可怜的智慧甚至也可能遭到压制，科学提供的警示甚至也可能被人忽视。在这种情况下，在这个星球上占据统治地位将会是喊出这个口号的空洞主体性：只要市场需要，无论什么都行。这就会是现代性取得的最后胜利，根本谈不上什么后现代抉择。

无论永不休止的历史长河的下一段是什么样子，科学都会分担它曾经赖以生长、现在仍然是其组成部分的人类生存方式的命运。如果说我们的时代见证了以晚期现代（它常常被误认为后现代）形式出现的现代性的鼎盛，它也见证了以晚期工业化形式出现的现代科学的鼎盛。如果说将会出现后现代生存方式——我们尚未见到这一方式的任何迹象——话，那么，也会出现后现代科学。科学已经不再完全具有宇宙性，已经变得更具地球特征了；它少了几分本体论意义，多了一些技术意味，少了几分对时空中的永恒功能的语言表达，多了一些抽象的代数学形式,如此等等,不一而足。科学显示了变化的能力;科学与人类的一切类似,也是昙花一现的东西。尽管如此,我们也许能够保护科学,使它免受商业化的侵害,让科学和哲学结合起来。在科学和哲学的帮助之下,我们可以采用经过深思熟虑、加以控制的办法,改变自己的生存方式。这样做的可能性究竟有多大?我不得而知。

参 考 文 献

Ackerman, Robert J. (1985), *Data, Instruments, and Theory: A Dialectical Approach to Understanding Science*. Princeton: Princeton University Press.

Ayala, Francisco J. and Theodosius Dobzhansky (1974), *Studies in the Philosophy of Biology*. London: Macmillan.

Ayer, Alfred. J., ed. (1959), *Logical Positivism*. New York: Free Press.

Bernal, John D. (1939), *The Social Function of Science*. Cambridge MA: MIT Press.

Bloor, David (1976), *Knowledge and Social Imagery*. London: Routledge & Kegan Paul.

Bogen, James (1974), "Wittgenstein and Skepticism", *Philosophical Review* 83: 364–373.

Bogen, James and James Woodward (1988), "Saving the Phenomena", *The Philosophical Review* 97.3: 303–352.

Bourdieu, Pierre (1975), *Social Science Information* 14.6: 19–47.

Bruce, Bain, ed. (1983), *The Sociogenesis of Language and Human Conduct*. New York: Plenum Press.

Cameron, Rondo (1989), *A Concise Economic History of the World: From Palaeolithic Times to the Present*. New York: Oxford University Press.

Campbell, Donald T. (1974), "Evolutionary Epistemology", in: Schilpp, Paul A., ed., *The Philosophy of Karl Popper*. The Library of Living Philosophers, vol. 14, I & II. La Salle Ill: Open Court, vol. 14-I, 413–463.

Carnap, Rudolf (1928), *Der Logische Aufbau Der Welt*; (*The Logical Structure of the World*. Berkeley: University of California Press, 1967).

Cartwright, Nancy (1983), *How the Laws of Physics Lie*. Oxford: Oxford University Press.

Churchland, Patricia Smith (1986), *Neurophilosophy*. Cambridge MA: MIT Press.

Collins, Harry M. (1975), "The Seven Sexes: A Study in the Sociology of a Phenomenon, or the Replication of Experiments in Physics", *Sociology* 9: 205–224.

Collins, Harry M. (1985), *Changing Order: Replication and Induction in Scientific Practice*. London: Sage.

Conway, Gertrude D. (1989), *Wittgenstein on Foundations*. Atlantic Highlands NJ: Humanities Press International.

Crease, Robert (1993), *The Play of Nature*. Bloomington: Indiana University Press.

Danto, Arthur C. (1965), "Basic Actions", *American Philosphical Quarterly* 2: 141–148.

Dawkins, Richard (1976), *The Selfish Gene*. Oxford: Oxford University Press.

Dessauer, Friedrich (1927), *Philosophie der Technik; Das Problem der Realisierung*. Bonn: Friedrich Cohen.

Devitt, Michael (1984), *Realism and Truth*. Oxford: Basil Blackwell.

Dewey, John (1938), *Logic: The Theory of Inquiry*. New York: Henry Holt and Co.

Dreyfus, Hubert L. (1972), *What Computers Can't Do? A Critique of Artificial Reason*. New York: Harper and Row.

Dummett, Michael (1978), *Truth and Other Enigmas*. Cambridge MA: Harvard University Press.

Durbin, Paul T., ed. (1988), *Technology and Contemporary Life*. Dordrecht: D. Reidel.
Dyke, Charles E. (1981), *Philosophy of Economics*. Englewood Cliffs: Prentice-Hall.
Ellul, Jacques (1954), *The Technological Order*. Detroit: Wayne State University Press, 1963.
Feyerabend, Paul (1975), *Against Method*. London: New Left Books.
Fishbein, Harold D. (1976), *Evolution, Development, and Children's Learning*. Pacific Palisades: Goodyear Publishing Co.
Foucault, Michel (1966), *Les Mots et les Choses; Un Archeologie des Sciences Humaines*. Paris (*The Order of Things; An Archaeology of Human Sciences*. London, 1970).
Foucault, Michel (1969), *L'Archeologie du Savoir*. Paris (*The Archaeology of Knowledge*. London, 1972).
Franklin, Allan (1986), *The Neglect of Experiment*. Cambridge: Cambridge University Press.
Franklin, Allan (1990), *Experiment, Right or Wrong*. Cambridge: Cambridge University Press.
Franklin, Allan (1993), "Discovery, Pursuit, and Justification", *Perspectives on Science* 1: 252–284.
Galilei, Galileo (1898), *Le Opere di G. Galilei*. Firenze.
Galison, Peter. (1987), *How Experiments End*. Chicago: Chicago University Press.
Geertz, Clifford (1973), *The Interpretation of Cultures*. New York: Basic Books.
Gehlen, Arnold (1950), *Man: His Nature and Place in the World*. New York: Columbia University Press, 1988.
Gehlen, Arnold (1980), *Man in the Age of Technology*. New York: Columbia University Press.
Gibson, James J. (1979), *The Ecological Approach to Visual Perception*. Boston: Howard Miflin, 1986.
Giere, Ronald N. (1988), *Explaining Science; A Cognitive Approach*. Chicago: University of Chicago Press.
Giere, Ronald N., ed. (1992), *Cognitive Models of Science*. Minneapolis: University of Minnesota Press.
Goldman, Alvin I. (1986), *Epistemology and Cognition*. Cambridge MA: Harvard University Press.
Goodwin, Brian C. (1976), *Analytical Physiology of Cells and Developing Organisms*. London: Academic Press.
Gras, N. S. B.(1922), *An Introduction to Economic History*. New York: A. M. Kelley, 1969.
Grene, Marjorie (1974), *The Understanding of Nature*. Boston Studies in the Philosophy of Science, vol. 23, Dordrecht: D. Reidel.
Hacking, Ian (1983), *Representing and Intervening*. Cambridge: Cambridge University Press.
Hall, Alfred R. (1954), *The Scientific Revolution 1500–1800*. London: Longmans.
Harnad, S. R.; H. D. Steklis, and J. Lancaster, eds. (1976), *Annals of the New York Academy of Sciences*, vol. 280.
Harré, Rom (1986), *Varieties of Realism*. Oxford: Basil Blackwell.
Heelan, Patrick (1983), *Space Perception and the Philosophy of Science*. Berkeley: University of California Press.
Heidegger, Martin (1954), *The Question Concerning Technology and Other Essays*. New York: Garland, 1977.
Heisenberg, Werner (1948), "Der Begriff 'Abgeschlossene Theorie' in der modernen Naturwissenschaft", *Dialectica* 2: 331–336.
Heisenberg, Werner (1958), *The Physicist's Conception of Nature*. Wesport Con: Greenwood Press, 1970.
Hellman, Geoffry (1983), "Realist Principles", *Philosophy of Science* 50: 227–249.
Hooker, Clifford A. (1974), "Systematic Realism", *Synthese* 26: 409–497.
Hooker, Clifford A. (1987), *A Realistic Theory of Science*. Albany: State University of New York Press.
Hooykaas, Reijer (1972), *Religion and the Rise of Modern Science*. Edinburgh: Scottish Academic Press.
Hull, David L. (1988), *Science as a Process*. Chicago: University of Chicago Press.
Ihde, Don (1978), *Technics and Praxis: A Philosophy of Technology*. Boston Studies in the Philosophy of Science, vol. 24, Dordrecht: D. Reidel.
Ihde, Don (1990), *Technology and the Lifeworld*. Bloomington: Indiana University Press.
Ihde, Don (1991), *Instrumental Realism*. Bloomington: Indiana University Press.

Jeffrey, Richard C. (1985), "Probability and the Art of Judgment", in: Peter Achinstein and Owen Hannaway, eds., *Observation, Experiment, and Hypothesis in Modern Physical Science*. Cambridge MA: MIT Press.

Jonas, Hans (1966), *The Phenomenon of Life*. New York: Harper and Row.

Knorr-Cetina, Karin D. (1981), *The Manufacture of Knowledge*. Oxford: Pergamon.

Kockelmans, Joseph J. (1985), *Heidegger and Science*. Lanham: University Press of America.

Kojeve, Alexandre (1964), "L'origine Chretienne de la science moderne", in: *Melange A. Koyré II: l'aventure de l'esprit*. Paris: Hermann, 239–306.

Kolb, David (1986), *The Critique of Pure Modernity: Hegel, Heidegger and After*. Chicago: University of Chicago Press.

Kroes, Peter (1994), "Science, Technology and Experiments; the Natural Versus the Artificial", *PSA* 1994 vol. 2, East Lansing: Philosophy of Science Association, 431–440.

Kuhn, Thomas S. (1962), *The Structure of Scientific Revolutions*. Chicago: University of Chicago Press.

Lakoff, George and Mark Johnson (1980), *Metaphors We Live By*. Chicago: University of Chicago Press.

Latour, Bruno and Steve Woolgar (1979), *Laboratory Life*. London: Sage.

Latour, Bruno (1987), *Science in Action*. Cambridge MA: Harvard University Press.

Laudan, Rachel, ed. (1984), *The Nature of Technological Knowledge. Are Models of Scientific Change Relevant?* Dordrecht: D. Reidel.

Lawick-Goodall, Jane van (1974), *In the Shadow of Man*. London: Collins.

Layton, Edwin T. Jr. (1974), "Technology as Knowledge", *Technology and Culture* 15.1: 31–41.

Lelas, Srđan (1983), "The Role of Artefacts in Human Cognition", *Proceedings of the 7th International Wittgenstein Symposium, 22nd to 28th August 1983, Kirchberg/Wechsel*. Wien: Holder-Pichler-Tempsky, 89–96.

Lelas, Srđan (1988), "A Plea for an Interactionist Epistemology", in: Hronsky Imre, Martha Feher and Balàsz Dajka, eds., *Scientific Knowledge Socialized*. Budapest: Akademiai Kiado (Boston Studies in the Philosophy of Science, vol. 109, Dordrecht: Kluwer, 327–345).

Lelas, Srđan (1986), "Epistemic Implication of Two Biological Concepts", *Philosophica* 37.1: 127–150.

Lelas, Srđan (1985), "Topology of Internal and External Factors in the Development of Knowledge", *Ratio* 22.1: 67–81.

Lelas, Srđan (1989), "Evolutionary Naturalist Realism: Can This Blend Be Coherent?", *International Studies in the Philosophy of Science: The Dubrovnik Papers* 3.2: 136–156.

Lelas, Srđan (1993), "Science as Technology", *British Journal for the Philosophy of Science* 44: 423–442.

Leplin, Jarrett, ed. (1984), *Scientific Realism*. Berkeley: University of California Press.

Lewontin, Richard C. (1983), "The Organism as the Subject and Object of Evolution", *Scientia* 118: 65–82.

Liu, Chuang (1997), "Models and Theories" *International Studies in the Philosophy of Science* 11.2: 147–164.

Lombardo, Thomas J. (1987), *The Reciprocity of Perceiver and Environment*. Hillschele NJ: Lawrence Erlbaum Associates.

Luria, Salvador E. (1973), *Life – The Unfinished Experiment*. New York: Charles Scribner's Sons.

MacCormac, Earl R. (1976), *Metaphor and Myth in Science and Religion*. Durham: Duke University Press.

Martinich, Aloysius P., ed. (1985), *The Philosophy of Language*. New York: Oxford University Press, 1990.

Maturana, Humberto R. and Francisco J. Varela (1980), *Autopoiesis and Cognition*. Boston Studies in the Philosophy of Science, vol. 42, Dordrecht: D. Riedel.

Maxwell, James C. (1876), "General Considerations Concerning Scientific Apparatus", in: *Handbook to the Special Loan Collection of Scientific Apparatus*, 1876. South Kensington Museum, London: Chapman and Hall.

Mayr, Ernst (1963), *Animal Species and Evolution*. Cambridge MA: Harvard University Press.

Mayr, Ernst (1996), "What Is Species, and What Is Not", *Philosophy of Science* 63.2: 262–277.

Merton, Robert K. (1936), "Puritanism, Pietism, and Science", *Sociological Review (old series)*28, part 1 (January 1936).
Merton, Robert K. (1938), *Science, Technology and Society in Seventeenth-Century England*. Reprinted, New York: Harper & Row, 1970.
Merton, Robert K. (1949), *Social Theory and Social Structure*. New York: The Free Press.
Mitcham, Carl and Robert Mackey, eds. (1972), *Philosophy and Technology. Readings in the Philosophical Problems of Technology*. New York: The Free Press.
Mumford, Lewis (1963), "Authoritarian and Democratic Technics", in: Kranzberg, Melvin and W. H. Devenport, eds. (1975), *Technology and Culture*. New York: The American Library Inc.
Murray, Patrick (1982), "The Frankfurt School Critique of Technology", in: Durbin, Paul T., ed., *Research in Philosophy and Technology*, vol. 5. Greenwich Con: JAI Press Inc.
Nagel, Ernest (1961), *The Structure of Science*. London: Routledge & Kegan Paul.
Neurath, Otto, Rudolf Carnap, and Charles Morris, eds. (1938), *Foundations of Unity of Science: Toward an International Encyclopedia of Unified Science*. Chicago: University of Chicago Press, 1971.
Newton-Smith, William H. (1981), *The Rationality of Science*. London: Routledge & Kegan Paul.
Ortony, Andrew, ed. (1979), *Metaphor and Thought*. Cambridge: Cambridge University Press.
Pickering, Andrew (1984), *Constructing Quarks*. Chicago: University of Chicago Press.
Pickering, Andrew, ed. (1992), *Science as Practice and Culture*. Chicago:University of Chicago Press.
Pinch, Trevor (1986), *Confronting Nature. The Sociology of Solar-Neutrino Detection*. Dordrecht: D. Riedel.
Polanyi, Michael (1958), *Personal Knowledge*. Chicago: University of Chicago Press.
Popper, Karl R. (1959), *The Logic of Scientific Discovery*. London: Hutchinson.
Popper, Karl R. (1972), *Objective Knowledge*. Oxford: Clarendon Press.
Putnam, Hilary (1975), *Mathematics, Matter and Method*. Cambridge: Cambridge University Press.
Putnam, Hilary (1982), *Reason, Truth and History*. Cambridge.
Quine, Willard V. O. (1951), *From a Logical Point of View*. Cambridge MA: Harvard University Press.
Quine, Willard V. O. (1960), *Word and Object*. New York: Technology Press of MIT.
Quine, Willard V. O. (1968), "Epistemology Naturalized", in: Quine, Willard V. O. (1969), *Ontological Relativity and Other Essays*. New York: Columbia University Press.
Radnitzky, Gerard (1968), *Contemporary Schools of Metascience*. Göteborg: Akademiforlaget.
Reichenbach, Hans (1938), *Experience and Prediction*. Chicago: University of Chicago Press.
Rheinberger, Hans-Jorg (1992), *Studies in History and Philosophy of Science* 23.2: 305–331.
Rogers, Gordon F. C. (1983), *The Nature of Engineering*. London: Macmillan.
Rorty, Richard (1979), *Philosophy and the Mirror of Nature*. Princeton NJ: Princeton University Press.
Rouse, Joseph (1987), *Knowledge and Power*. Ithaca: Cornell University Press.
Rueger, Alexander and W. David Sharp (1996), "Simple Theories of a Messy World", *British Journal for the Philosophy of Science* 47.1: 93–112.
Schrödinger, Erwin (1944), *What is life? The Physical Aspect of the Living Cell*. Cambridge: Cambridge University Press, 1955.
Sellars, Wilfrid (1962), *Science, Perception and Reality*. New York: Humanity Press.
Shapere, Dudley (1982), "The Concept of Observation in Science and Philosophy", *Philosophy of Science* 49: 485–525.
Shapin, Steven (1982), "History of Science and its Sociological Reconstructions", *History of Science* 20: 157–211.
Shapin, Steven (1994), *A Social History of Truth*. Chicago: Chicago University Press.
Shimony, Abner (1970), "Scientific Inference", in: Colodny, Robert G., ed., Pittsburg Studies in the Philosophy of Science, vol. 4. Pittsburgh: University of Pittsburgh Press, 79–179.
Shimony, Abner and Debra Nails, eds. (1987), *Naturalistic Epistemology*. Boston Studies in the Philosophy of Science, vol. 100. Dordrecht: D. Reidel.
Shimony, Abner (1993), *Search for a Naturalistic World View*, vol. I, *Scientific Method and*

Epistemology. Cambridge: Cambridge University Press.

Smart, J. J. C. (1963), *Philosophy and Scientific Realism*. New York: The Humanities Press.

Stroud, Barry (1981), "The Significance of Naturalized Epistemology", in: Midwest Studies in Philosophy, vol. 6. Minneapolis: University of Minnesota Press. Quoted from: Kornblith, Hillary, ed. (1985), *Naturalized Epistemology*. Cambridge MA: MIT Press.

Thayer, Horace S., ed. (1953), *Newton's Philosophy of Nature; Selection from His Writings*. New York: Hafner Press.

Toulmin, Stephen E. (1953), *The Philosophy of Science*. London: Hutchinson.

Uexkull, J. von (1928). *Theoretische Biologie*. Berlin: J. Springer.

Van Fraassen, Bas C. (1980), *The Scientific Image*. Oxford: Clarendon.

Vincenti, Walter G. (1984), "Technological Knowledge without Science: The Innovation of Flush Riveting in American Airplanes", *Technology and Culture* 25.3: 540–576.

Vollmer, Gerhard (1984), "Mesocosm and Objective Knowledge", in: Wuketits, Franz M., ed., *Concepts and Approaches in Evolutionary Epistemology*. Dordrecht: D. Reidel, 1984, 69–121.

Waddington, C. H. (1957), *The Strategy of Genes*. London: Allen and Unwin.

Washburn, Sherwood L. and Ruth Moore (1974), *Ape into Man: A Study of Human Evolution*. Boston: Little, Brown.

Wartofsky, Marx W. (1979), *Models: Representation and the Scientific Understanding*. Boston Studies in the Philosophy of Science, vol. XLVIII, Dordrecht: D. Reidel.

White, Lynn Jr. (1962), *Medieval Technology and Social Change*. Oxford: Oxford University Press.

Wilson, Peter J. (1980), *Man, The Promising Primate*. New Haven: Yale University Press.

Winograd, Terry and Fernando Flores (1986), *Understanding Computers and Cognition: A New Foundation for Design*. Norwood NJ: Ablex.

Wissenschaftliche Weltauffassung: Der Wiener Kreis (1928) (Reprinted: *The Scientific Conception of the World: The Vienna Circle*. Dordrecht: D. Reidel, 1973).

Wittgenstein, Ludwig (1958), *Philosophical Investigation*, 3rd edition. New York: Macmillan.

Woolgar, Steve (1981), "Interests and Explanation in the Social Study of Science", *Social Studies of Science* 11: 365–394.

Wuketits, Franz M., ed. (1984), *Concepts and Approaches in Evolutionary Epistemology*. Dordrecht: D. Reidel.

索　引

（本索引的页码为原文页码，即中译本的边码）

alienation 疏离 4,15,180,198
anti-anthropocentrism 反人类中心说 45
artefact 人工制品
　artefact 人工制品 6,15,111-115,126,129-148,151,157-159,168,175,188-191,194,198-204,206,220,224,233,236,248-251
　scientific 科学 174,209,213,218,219-221,233
antifact 反事实 207 页脚注,219,220,228

Bacon,F. 培根 3,7,11-15,25,26,28,45 页脚注,54,57,122,183,187,198,199,201,203,205,207,208,230
Bohr,N. 玻尔 8,214,215,217,218,225,231,246
Bogen,J. 博根 166,217,236
Bolk,L. 伯尔克 102-104,113

Cameron,R. 卡梅伦 183
Campbell,D. 坎贝尔 xiii,53,57 页脚注,80-82,84,88,94
Carnap,R. 卡尔纳普 18,19-25,27,28
Cartesian demon 笛卡尔式魔鬼 13,52,53,119
Cartwright,N. 卡特莱特 39,43,237,238,240
civil society 文明社会 124,126,256
Conway,G. 康威尔 166,176 页脚注
Correspondence 对应
　approximate 近似对应 42-44
　unique 独特对应 12,49
　unmediated 未经媒介的 42,169
Crease,R. 克里斯 50 页脚注,196,203,208 页脚注,217,221,232,238
culture 文化 xii,54,62,100-102,106,107,252,266

Darwinism 达尔文主义
　classical 经典 81,82,84,85
　modern 现代 81,85
Descartes.R. 笛卡尔 3,5 页脚注,

6,8页脚注,9,11,13,14,15,30页脚注,32,49,52,53,57,122,200,230
Dessauer, F. 德韶尔 135,138-141,211
Dewey, J. 杜威 50,53,196
Dreyfus, H. 德雷菲斯 50页脚注,121-122,124-126,162
Dyke, Ch. 戴克 193

effectors 效应器 75-76,88,90-92,106,117,120,124,151,250,254
Einstein, A. 爱因斯坦 8,32,212,245,276
enframing 托架 184-186,195-196,199
epigenetic system 表观遗传系统 85,86,168,169,198,199
epistemology 认识论
   of divine knowledge 神的知识 31,49
   evolutionary 进化 xiii,54,81-82,84,99,100,132,149
   historical 历史 xiii,62,63
   integral 整体 60,61
   naturalised 自然化 52,54,55,60,61,131
   naturalistic 自然主义的 50页脚注,53,55,57,58,62,63,72页脚注,80,81,99,100,116,130,131,179
estrangement 疏离 6,7,187,196
experiment 实验

experiment 实验 13-16,146,184,199-203,206,208-212,217-222,224,230,231,235-238,240-241,259,262,263,266,274,275
   macroscopic 宏观 207-211
   microscopic 微观 206,212-220
explanation 解释
   explanation 解释 33,36,59,226,233-237,238-241,243,244,255,258页脚注
   narrative 叙事 59
external world 外部世界
   independent existence 独立存在 35,36
   objectness 客观性 35,195,196

Fishbein, H. 费希本 86,153
fitness 适应性
   Darwinian 达尔文主义 89
   fitness 适应性 64,83,87
   instrumental 工具性 83,94,96
   isomorphic 同构 83,94,95
   reproductive 再生 83
Franklin, A. 富兰克林 202页脚注,203,217,220,222

Galilei, G. 伽利略 3,4,6,9,13,15
Galison, P. 伽利森 203,212,217,220
Geertz, C. 格尔茨 100,174
Gehlen, A. 盖伦 100,101,103,104,107,110,112,123,124,

126,133 页脚注,151,152,153
glassy essence 透明本质 12,29,41,56,205,217
God 上帝
  artificer 工匠 5,15,16,201,242,273
  father 父亲 5,6
  perfect being 完美无缺者 8-10,45,52,53,275
  supreme intelligence 至高智性 54,242,273,276
Grene, M. 葛琳 100,101,102

Hacking, I. 哈金 34,39,203 页脚注,203,218-219,220 页脚注,232,234,239,241,246,274
Hegel, C. F. 黑格尔 17,186,188-190
Heidegger, M. 海德格尔 50 页脚注,70 页脚注,121,134-140,143,182-186,188,195-196,199-200,202,212
Heisenberg, W. 海森堡 xiii,184,185,213,216,231,239,240,246,276
hermeneutic circle 解释循环 60,243
Hooker, C. 胡克 34,35,37,39,40,42 页脚注,44,45,58,81,115
Hooykaas, R. 胡卡斯 5-6
human autopoiesis 人类自创生
  agricultural civilisation 农业文明 177,182,252
  entrepreneur 企业家 177,194,196
  hunter-gatherer 狩猎者和采集者 177,178,179,182
  neolithic farmer 新石器时期农耕者 177,178,179
human being 人
  prematurely born mammal 早产哺乳动物 100,101,129
  privileged position of 享有特权的地位 9,10,17,19,45,52,53,54,55,56,97,99,100,271,275
  retarded mammal 发育迟缓的哺乳动物 102

Ihde, D. 伊德 xi,50 页脚注,111,134,141,184 页脚注,188,203,205,233,274
institutions 惯例 108-109,112,113,114,130,131,180,187,188,251,273,276
instrumentalism 工具论 29,30,32,33,41,44,222,233
instrumentality of 工具性
  knowing subject 认知主体 30,31,41,42,82
  observation language 观察语言 30
  organism 生物 94
  technology 技术 134-136,140
  theoretical language 理论语言 30,32,41

Johnson, M. 约翰逊 163,166

Jonas, H. 乔纳斯 65,201,208 页脚注,230

Kant, I. 康德 10,19 页脚注,20,25,45,51,59,138 页脚注,198,200,202,209 页脚注,210,270

knowledge 知识
　descriptive 描写性 147,149
　divine 神的 3,8-12,16,19,31,49,53,55,62,226,275
　explicit 显性 146-147
　identity between Thought and Being 思维与存在的统一性 8,10,12,16,19,53,55,64
　objective 客观 19 页脚注,32,45,62,95,249
　prescriptive 规定性 147,149
　procedural 程序性 147
　as representation 作为描述 13,49,54,56,62,64,65,67,76,77,82,83,90,95,120,128,150,203,228,229,230,233,275
　tacit 隐性 147,207,221,222

Kockelmans, J. J. 科克尔曼斯 50 页脚注,208 页脚注,209,210,211

Kolb, D. 1 科尔勃 84 页脚注,186,187,190

Lakoff, G. 莱科夫 163-166

language 语言
　cosmic 宇宙 25,42,45,56
　formal 形式 24-25,38
　ideal 理想 17,19 页脚注,31,49,62,273
　observation 观察 26,27,29-31
　scientific 科学 20-27,31,36,38,40,41,46,61,150,166,199,224-228,230,233-236,242-243,245-246
　theoretical 理论 26,27,29-32,34,37,42

language, functions 语言功能
　formatting 构造 152
　making 形成 157
　naming 命名 150-152,154,163
　performing 执行 155

language, layers of 语言的层面
　meta-theoretical 元理论 241
　operational 操作 234
　phenomenal 现象 236
　theoretical 理论 238

Latour, B. 拉图尔 256-257,277 页脚注,278

Laudan, L. 劳丹 273

Laudan, R. 劳丹 146

Layton, E. T. 莱顿 146

Lewontin, R. 勒文亭 81,83,84,85,87,89

life 生命
　autopoietic system 自创生系统 66,70,77,80,121,132,143
　circularity 循环性 66
　enclosed selective openness 封闭的选择开放性 72,73

experiment in design 设计实验 86,94,274
homeostatic system 自行平衡系统 66-67
metabolising system 新陈代谢系统 69
linguistic turn 语言学转向 19,21,37,149,224,226,234
linguotype 语言组 168,170,176
logic of science 科学逻辑 19-23,27,28,149
logical empiricism 逻辑经验主义 22,25-29,31,32,34,38,39,46,50,51,58,151,179,199,241,259

mathematics 数学 13,15-16,21,22,23,95,201,210,228,230-231
Maturana,M. 马图拉纳 65-67,68页脚注,40,115,116,118,119,120
Maxwell,J. C. 马克斯韦尔 208-209,214,239
Maxwell's demon 马克斯韦尔精灵 69-70,72,76,111,135,136
McMullin,E. 麦克马林 42,44,45
Merkwelt 知觉世界 75,89,93,275
Merton,R. 默顿 3,4,50页脚注,252,254,276,278
metaphor 隐喻
　of conqueror 征服者 140-141,183,185,219,220
　controlling 控制性 163,225,234,243
　of midwife 助产士 136,139,141,182,212,218,219,220
　structuring 结构 244,274
modernity 现代性
　calculative thinking 计算性思考 186,198,179
　commodification 商品化 186,196,198,275,277
　empty subjectivity 空洞的主体性 186,187,191,279
　formal rationality 形式合理性 186,188,191,192,195,272
　rational economic man 理性的经济人 191,193,277
mode of living 生存方式 77-80,91,113-114,121,128,129,130,131,143,162,170,173,174,175,177,181,186,190,164,196,197,198,222,224,234,242,244,248,251,252,266,267,271,273,274,275,278,279
Mumford,L. 芒福德 110,112,181,183

naturalism 自然主义 46,50,51,52-57,61,64,85,97
Neolithic Revolution 新石器革命 177页脚注,178,182,183
nervous system 神经系统
　architecture 构造 117,118,119,130

incompleteness 不完善性 123,125

relational and state dependent character 关系和状态依赖特性 118

neuron 神经元 116-120

Newton, I. 牛顿 3,6,7,8,14,15,32,192,195,200,207,209,214,265

Newton-Smith, W. 牛顿-史密斯 xiii,34,40,43 页脚注,44,226

observation 观察
 observation 观察 23,27,29,31,39,41,49,128,203-208,212,213,217,220,226,243,266
 theory-ladeness 理论渗透性 245,256

Ortegay Gasset, J. 奥尔特加-加塞特 109,110,113,173,174,272 页脚注

perception 感知 11,27,41,45,51,88,90,92,122,124,126,130,140,151,154,250,254,271,277

Pickering, A. 皮克林 239,241 页脚注,255 页脚注

Polanyi, M. 波拉尼 122,125,126,127,134

Popper, K. 波普 12,30,42,43,50 页脚注,57 页脚注,80,94,95,150 页脚注,179,228,249,258,262

Portmann, A. 波特曼 100-102,108,113

principle of observability 可观察性原则 31,34,44

principle of verification 证实原则 22,26

purification 净化 10-12,15,16,18,22,57,187,248,271

Quine, W. V. O. 奎因 50-53,55,60,160 页脚注,169,234,250 页脚注,255 页脚注

realism 实在论
 blended 混合 81
 metaphysical 形而上学 33
 operational 操作 233,274
 pure 纯 81,93,94,96
 scientific 科学 44-46,50 页脚注,82,84,179,199

realism, components of 实在论的构成要素
 epistemic 认识 40,41,44
 ontological 本体 34,36,37,38,42
 pragmatic 实用 42
 semantic 语义 37

reason 理性
 reason 理性 4,5,8,9-11,16,18,19 页脚注,25,49,52,59,121,122,126,127,131,138 页脚注,

索 引

143-144, 169, 188, 189, 191, 203, 224, 231, 235, 271, 272, 273, 278, 279

  calculative 计算理性 191, 194, 196, 230

  copy of divine mind 神的心智的摹本 9, 16, 56

  formal 形式 192

  technical 技术 143, 146, 147

receptors 受体 51, 67, 75-76, 88-92, 106, 118, 120, 124, 151, 204, 250

referential theory of meaning 意义指称论 42

reification 物化 37

relativism 相对论

  relativism 相对论 56, 250

  species relativism 物种相对论 56, 94

Rogers, G. F. 罗杰斯 144

Rorty, R. 罗蒂 12, 13

scepticism 怀疑论 3-4, 9, 10, 13, 16, 52, 53, 57, 94, 200, 202, 230, 262, 263, 264, 273, 274, 279

Schrondiger, E. 施罗丁格 68-69, 70 页脚注

science of science 科学的科学 20, 23, 27, 59, 63

second law of thermodynamics 热力学第二定律 68, 70, 72, 135

sedimentation 积淀 262, 266, 274, 275

Shimony, A. 西蒙尼 xii, 45, 51, 54, 59, 60, 61, 81, 100, 115

skill 技巧 107, 126-127, 131, 144, 147, 157, 158, 159, 167, 206, 207, 219, 220, 221, 222, 232, 235, 241, 246, 277

Smart, J. J. C. 斯马特 33, 36, 45

social gestation 社会妊娠 101, 102, 108, 129, 131, 248

social uterus 社会子宫 101, 129, 153, 168, 175

sociology 社会学

  of scientific community 科学共同体 249, 254

  of scientific knowledge 科学知识 249, 254, 256, 277

Stroud, B. 斯特劳德 51, 52, 53

systematic fallibilism 系统易谬主义 81, 92

teaching 教学 58, 127, 167-168, 170, 180, 199, 265

technology 技术

  allopoiesis 他创生 132, 136, 137, 139, 141, 143, 144, 145, 147, 159, 218-219, 232, 233, 236, 241, 256, 262, 266, 274

  ancient 古代 139, 189, 212

  cosmic view 宇宙观 135

  instrumental view 工具观 133, 137

  modern 现代 110, 140, 181-186,

189,195,197,199,211,233
theory 理论
    theory 理论 23,24,26,30,32,33,37,40,41,43,44,58,181,195-197,199-203,207,211,212,220-233,224,226,229,230,231-234,236-249,255,263,265,274
    decision 决策 192,272,277
    of evolution 进化 54,80-82,85,87,88,94-96,112
    of science 科学 20,63,88,134 页脚注,149,248,249,250
    speech act 言语行为 155,156,160
    underdetermination of 不完全决定性 227,245,256,262
transparency of the subject 主体的透明性 31,41,248
truth 真理
    coherence 融贯性 187,273,274
    consensus 一致性 274
    correspondence 对应性 8,12,25,28-30,39-40,42-44,49,55,82-85,93-96,150,151,162,170,238,243,274
    truth value 真值 40-41

Umwelt 环境 74,75 页脚注,77,89,93,114,115
urban revolution 城镇革命 177-180

Van Fraassen,B. 范·弗拉森 33,44 页脚注
Varela,P. 瓦里拉 65,66,67,68 页脚注,70,115,116,118-120
Vienna circle 维也纳小组 18,21,22,29
Viennese program 维也纳计划 19-20,22,27,31,32,37,50
Vincenti,W. 文森迪 146,147,161
Vollmer,G. 福尔默 42 页脚注,59,81-83,90,93-64,115

Waddington,C. H. 沃丁顿 86
Wartofsky, M. 瓦托夫斯基 xiii,62,63,179 页脚注,232,271
Weber,M. 韦伯 186-188
Wilson,P. J. 威尔森 100,104-106,108,111,167,178
Wirkwelt 实质行动世界 75,92,93,244,275
Wittgenstein,L. 维特根斯坦 25,27,39,78,122,150,156,160 页脚注,162,169,170,175
Woodward,J. 伍德沃德 217,236
Woolgar,S. 伍尔加 255 页脚注,261,277 页脚注,278
world 世界
    effectoral 效应 91,92,93,123,130
    perceptual 感知 90,91,92,123
    vicarious 代理 89,92

图书在版编目(CIP)数据

科学与现代性:整体科学理论/(克罗地亚)勒拉斯著;
严忠志译. —北京:商务印书馆,2011
(新现代化译丛)
ISBN 978-7-100-07128-4

Ⅰ.科… Ⅱ.①勒…②严… Ⅲ.科学学-研究 Ⅳ.G301

中国版本图书馆 CIP 数据核字(2010)第 073164 号

所有权利保留。
未经许可,不得以任何方式使用。

新现代化译丛
科学与现代性
——整体科学理论

〔克罗地亚〕斯尔丹·勒拉斯 著
严忠志 译

商 务 印 书 馆 出 版
(北京王府井大街36号 邮政编码100710)
商 务 印 书 馆 发 行
北京市白帆印务有限公司印刷
ISBN 978-7-100-07128-4

2011年6月第1版 开本 850×1168 1/32
2011年6月北京第1次印刷 印张 14¾
定价:33.00元